“十三五”国家重点出版物出版规划项目

海 洋 生 态 文 明 建 设 丛 书

海水表面温度、盐度
卫星遥感与业务应用

赵冬至　王　祥　王新新　马玉娟　**编著**

海洋出版社

2019年·北京

图书在版编目（CIP）数据

海水表面温度、盐度卫星遥感与业务应用 / 赵冬至等编著. —北京：海洋出版社，2019.9

ISBN 978-7-5210-0284-3

Ⅰ.①海… Ⅱ.①赵… Ⅲ.①海水温度－表面温度－卫星遥感－卫星探测－研究②海水－盐度－卫星遥感－卫星探测－研究 Ⅳ.①P731.1 ②P715.6

中国版本图书馆CIP数据核字（2018）第280687号

责任编辑：苏　勤
责任印制：赵麟苏

海洋出版社 出版发行
http://www.oceanpress.com.cn
北京市海淀区大慧寺路8号　邮编：100081
北京朝阳印刷厂有限责任公司印刷　新华书店经销
2019年9月第1版　2019年9月北京第1次印刷
开本：889 mm × 1194 mm　1 / 16　印张：11.5
字数：300千字　定价：198.00元
发行部：010-62132549　邮购部：010-68038093　总编室：010-62114335

前　言

海水温度 / 盐度是全球气候变化的关键因子，是气候变化的主要驱动力。从全球尺度来看，了解和掌握其时空变化规律，对揭示全球气候异常（如厄尔尼诺现象、拉尼娜现象等）的趋势和影响具有重要意义；从区域尺度上看，认知洋流、冷水团和上升流等活动范围的变化，对了解海洋生态系统演替、大洋渔业资源的认知变化具有实际意义；从局地尺度来看，对近岸海域的海水养殖、赤潮灾害风险评估、滨海旅游业和海水热污染的监视监测等具有很高的应用价值。

长期以来海水温度 / 盐度的获取主要以岸基台站、船舶现场走航观测和浮标（锚系和漂流两类）为主，其空间覆盖为点和线，时间连续（台站、浮标）而空间不连续（仅覆盖点）；空间连续（船舶走航仅覆盖线）而时间不连续（一年几次），难以形成时空全覆盖，难以了解各种尺度上海洋现象的变化，大大限制了我们对海洋的认知。卫星的出现则极大地改善了这种状况，使实现全球的高时间 / 空间分辨率的全覆盖成为可能。

经过近 40 年的发展，海水温度红外遥感监测技术日臻成熟，形成了静止和极轨两大观测模式，观测时间分辨率达到每 30 min 一次，空间分辨率最高达到了百米极，并生产出了全球全覆盖的卫星产品，极大地提高了观测能力，在应对全球气候变化工作中发挥了重要作用。

卫星的发射不在种类广、数量多，而在质量精。质量的高低不仅在于星载遥感器等硬件本身，更在于数据接收后对于大气、海表等各类影响开展的后处理以及定标和真实性检验工作，这是高精度产品持续性和稳定性的重要保障，才能使其时空可比性更好，可用性更广，如 LANDSAT，NOAA，AVHRR，MODIS 以及后续的 NPP 等都为我们提供了很好的借鉴。我国的星载红外遥感器较多，已形成了稳定的气象、海洋和资源环境等卫星系列，但在硬件、产品方面与国外同类卫星相比还有较大的差距。近年来，随着我国海洋活动范围的日益扩大（由近岸向大洋）和活动类型的日益增加，对卫星产品的时空分辨率需求提升到小时级和百米级，同时在卫星利用目标由科学研究、应用示范转向业务化应用的大背景下，建立基于自主卫星的 SST/SSS 稳定的业务获取能力，是摆在海洋遥感工作者面前的一项艰巨的首要任务，这不仅包括众多前瞻性的工作，更重要的是包括大量基础性的工作。

本书是对近 10 余年来在国家“863 专项”、“908 专项”、财政部海洋公益专项、国家海洋局业务化专项、国家中长期发展规划高分辨率对地观测专项和浙江省、河北省海洋专项资金支持下所取得的研究成果系统全面的总结。这些内容始于赤潮卫星遥感探测的海温研究，并逐步形成了温度对浮游植物的影响机制，遥感探测机制，自主卫星的 SST 模型、我国近海海区和省级 SST 产品的业务生产，其间完成了海洋行业标准 SST 技术规程的制定等，形成了科学研究、应用示范和业务化应用，以期为我国水体红外遥感行业的发展提供有益的借鉴。

此外，为了借鉴国外红外遥感技术的成熟发展经验，将 MODIS Infrared Sea Surface Temperature Algorithm ATBD Version 2.0 的核心内容编译收入本书作为一章。

由于条件和水平所限，不足之处在所难免，敬请谅解。

赵冬至

2018 年 12 月

目　录

第 1 篇　海水表面温度 (SST) 卫星遥感与业务应用/1

第 1 章　绪　论 …… 2

1.1　目的与意义 …… 2
1.2　千米级空间分辨率卫星遥感 SST 的发展 …… 3
1.3　百米级空间分辨率卫星遥感 SST 的发展 …… 3

第 2 章　热红外遥感温度反演基本理论 …… 4

2.1　电磁波谱 …… 4
2.2　热辐射基本概念 …… 5
2.2.1　黑体与灰体 …… 5
2.2.2　发射率 …… 5
2.2.3　反射率、吸收率和透射率 …… 5
2.2.4　SST …… 6
2.2.5　亮度温度 …… 6
2.2.6　辐射强度 …… 6
2.2.7　光谱辐亮度 …… 7
2.3　热辐射基本定律 …… 7
2.3.1　基尔霍夫定律 (Kirchoff Law) …… 7
2.3.2　普朗克定律 (Planck Radiation Law) …… 7
2.3.3　斯忒藩－玻耳兹曼定律 (Stefan–Boltzmann Law) …… 8
2.3.4　维恩位移定律 (Wiens Displacement Law) …… 8
2.4　物体的热红外辐射特性 …… 8
2.4.1　太阳的热红外辐射特性 …… 8
2.4.2　地物的热红外辐射特性 …… 9
2.4.3　大气对热红外辐射的影响 …… 9

2.5 海水的红外特性 …… 10
2.5.1 海水红外特性的影响因素 …… 11
2.5.2 相对反射率 …… 11

第 3 章 海水表面温度遥感反演方法 …… 13

3.1 热红外遥感与大气窗口 …… 13
3.2 辐射传输方程法 …… 14
3.3 单通道法 …… 14
3.4 分裂窗法 …… 15
3.5 多通道法 …… 16

第 4 章 海表温度遥感反演卫星与算法简介 …… 17

4.1 静止轨道卫星 …… 17
4.1.1 Meteosat 气象卫星系列 …… 17
4.1.2 FY–2 气象卫星 …… 18
4.1.3 MTSAT 气象卫星 …… 18
4.2 极地轨道卫星 …… 18
4.2.1 NOAA/AVHRR 气象卫星系列 …… 18
4.2.2 MODIS 传感器 …… 20
4.2.3 FY 系列气象卫星 …… 21
4.2.4 HY 系列卫星 …… 21
4.3 陆地资源类卫星 …… 23
4.3.1 Landsat 系列卫星 …… 23
4.3.2 ASTER 系列传感器 …… 24
4.3.3 中巴 CBERS–02 IRMSS …… 25
4.3.4 环境卫星 HJ–1B IRS …… 26

第 5 章 MODIS 海表温度遥感方法 …… 28

5.1 概述 …… 28
5.1.1 算法和产品标识 …… 28
5.1.2 算法概述 …… 28
5.1.3 文档内容 …… 28
5.1.4 相关文档和出版物 …… 29
5.2 实验目标 …… 29
5.2.1 概要与背景信息 …… 29

5.2.2 实验目标 ……29
5.2.3 历史回顾 ……29
5.2.4 仪器特征 ……30
5.3 海表温度算法 ……30
5.3.1 算法描述 ……30
5.3.2 评测 ……31
5.3.3 前发射算法与测试开发 ……32
5.3.4 后发射算法 ……38
5.3.5 前发射算法与试验 / 开发活动 ……41
5.3.6 后发射活动 ……48
5.3.7 数据生产中真实性检验结果的完成情况 ……50
5.4 使用现场海表温度开展的真实性检验 ……50
5.4.1 用现场 SST 测量数据开展的真实性检验 ……50
5.4.2 现场 SST 源和其他环境变量 ……50
5.4.3 MODIS 数据提取 ……51
5.4.4 匹配数据库含义 ……52
5.4.5 质量控制与诊断 ……52
5.4.6 特殊情况处理 ……53
5.4.7 数据变量 ……53
5.4.8 输出产品 ……53
5.4.9 压制因素 ……53
第 6 章 FY-3A 卫星海表温度业务化算法 ……54
6.1 引言 ……54
6.2 研究区域与数据 ……56
6.2.1 研究区域 ……56
6.2.2 数据 ……56
6.3 研究方法 ……59
6.3.1 技术路线 ……59
6.3.2 精度评价方法 ……60
6.4 FY-3A/VIRR 非线性海表温度反演算法研究 ……60
6.4.1 T_{sfc} 参量的获取 ……61
6.4.2 NMEMC_SST$_{FY-3A}$ 算法建立 ……62
6.5 算法应用与验证 ……62
6.5.1 NMEMC_SST$_{FY-3A}$ 业务化算法实际应用 ……62

6.5.2 算法验证 ······ 63
6.6 FY-3A/VIRR 海表温度专题产品 ······ 63
6.6.1 每日产品 ······ 63
6.6.2 月均产品 ······ 64
第 7 章 FY-3A卫星海洋大气柱水汽含量遥感反演 ······ 65
7.1 引言 ······ 65
7.2 研究区域与数据 ······ 66
7.2.1 研究区域 ······ 66
7.2.2 数据 ······ 67
7.3 研究方法 ······ 69
7.3.1 技术路线 ······ 69
7.3.2 精度评价方法 ······ 70
7.4 算法建立 ······ 71
7.4.1 基本原理 ······ 71
7.4.2 通道比值法 ······ 72
7.4.3 FY-3A/MERSI 大气水汽反演算法 ······ 72
7.5 实际应用与精度分析 ······ 73
7.6 FY-3A/MERSI 大气柱水汽含量专题产品 ······ 76
第 8 章 HJ-1B 卫星海表温度反演算法 ······ 77
8.1 引言 ······ 77
8.2 研究区域与数据 ······ 79
8.2.1 研究区域 ······ 79
8.2.2 现场实测数据 ······ 79
8.2.3 卫星影像数据及预处理 ······ 80
8.2.4 数据匹配及质量控制 ······ 80
8.3 研究方法 ······ 81
8.3.1 技术路线 ······ 81
8.3.2 精度评价方法 ······ 82
8.4 HJ-1B/IRS SST 反演业务化云检测方法 ······ 82
8.4.1 卫星云检测光谱基础 ······ 83
8.4.2 真实性检验数据 ······ 84
8.4.3 云检测方法 ······ 84
8.4.4 云检测技术流程 ······ 85
8.4.5 云检测结果与对比分析 ······ 85

8.5 改进Qin单窗算法的建立 …………………………………………… 88
8.5.1 算法的建立 ……………………………………………………………88
8.5.2 算法验证 ………………………………………………………………89
8.5.3 关键参量敏感性分析 …………………………………………………90
8.6 线性订正Artis算法建立 ……………………………………………… 92
8.6.1 Artis 算法简介 ………………………………………………………92
8.6.2 线性修订 Artis 算法的建立 …………………………………………93
8.6.3 算法验证 ………………………………………………………………94
8.6.4 关键参量敏感性分析 …………………………………………………96
8.7 HJ–1B 海表温度专题产品……………………………………………… 97

第 9 章 海表温度卫星产品的业务化生产与质量控制 ………… 98

9.1 卫星遥感业务化监测的意义 ………………………………………… 98
9.2 技术依据 ……………………………………………………………… 98
9.3 数据源 ………………………………………………………………… 99
9.3.1 卫星数据 ………………………………………………………………99
9.3.2 浮标数据 ………………………………………………………………99
9.4 SST卫星产品生产 ……………………………………………………… 99
9.4.1 单轨 SST 产品 …………………………………………………………99
9.4.2 单轨卫星海表温度产品的准确度检验 ……………………………… 100
9.4.3 平均 SST 产品计算 ………………………………………………… 100
9.4.4 评价结果的不确定性分析 ………………………………………… 101
9.5 SST业务化卫星产品 ………………………………………………… 102
9.5.1 全国海水温度状况 ………………………………………………… 102
9.5.2 海区 SST 卫星产品 ………………………………………………… 106
9.5.3 省级 SST 卫星产品 ………………………………………………… 107

第 10 章 海水温度的时空变化分析 ………………………… 108

10.1 长时序海水温度变化趋势分析…………………………………… 108
10.1.1 数据来源 ………………………………………………………… 108
10.1.2 分析方法 ………………………………………………………… 108
10.1.3 分析结果 ………………………………………………………… 109
10.2 2003—2013 年海表温度时空变化规律 ………………………… 111
10.2.1 数据来源 ………………………………………………………… 111
10.2.2 分析方法 ………………………………………………………… 111
10.2.3 结果与讨论 ……………………………………………………… 113

第 2 篇　海水表面盐度 (SSS) 遥感/119

第 11 章　SSS 微波遥感 ······ 120

11.1　研究背景及意义 ······ 120

11.2　观测方式发展进程 ······ 120

11.2.1　SSS 微波遥感理论 ······ 122

11.2.2　SSS 卫星遥感方法 ······ 123

11.2.3　SSS 卫星遥感影响因子 ······ 123

第 12 章　SSS 卫星遥感 ······ 126

12.1　SMOS卫星 ······ 126

12.1.1　SMOS 卫星计划 ······ 126

12.1.2　SMOS 卫星 SSS 遥感方法 ······ 127

12.1.3　卫星产品 ······ 130

12.2　Aquarius/SAC-D卫星 ······ 130

12.2.1　Aquarius/SAC-D 卫星计划 ······ 130

12.2.2　遥感方法 ······ 132

12.2.3　卫星产品 ······ 132

第 13 章　中国南海 SSS 卫星遥感准确度评估 ······ 133

13.1　SMOS卫星 ······ 133

13.1.1　评估数据与方法 ······ 133

13.1.2　评估结果 ······ 135

13.2　Aquarius/SAC-D卫星 ······ 136

13.2.1　评估数据与方法 ······ 136

13.2.2　评估结果 ······ 136

第 14 章　SMOS 卫星 RFI 源检测及算法修正 ······ 138

14.1　MIRAS成像仪的特征 ······ 138

14.2　RFI 源检测算法 ······ 139

14.2.1　角域检测算法 ······ 139

14.2.2　Stokes 参数检测算法 ······ 139

14.3　RFI 源检测结果 ······ 140

14.3.1　Stokes 参数检测结果 ······ 140

14.3.2　角域检测结果 ······ 141

14.3.3　结果分析 ······ 143

14.4 RFI 减缓及算法参数修正 …… 145
14.4.1 RFI 减缓算法相关程序 …… 145
14.4.2 RFI 减缓后数据准确度评估 …… 145
14.4.3 RFI 减缓算法参数修正 …… 146
14.4.4 修正算法可行性分析 …… 147
第 15 章 SSS 卫星遥感业务化产品 …… 150
15.1 产品生产流程 …… 150
15.1.1 数据预处理 …… 151
15.1.2 时空修正 …… 151
15.1.3 最优插值法 …… 151
15.2 产品真实性检验 …… 152
参考文献 …… 154
附录 A FY-3A_VIRR L1 数据定标方法及相关参数 …… 166
附录 B FY-3A_MERSI L1 数据定标方法及相关参数 …… 169
附录 C 环境减灾星座A/B星各载荷在轨绝对辐射定标系数—2012 …… 171

第 1 篇　海水表面温度 (SST) 卫星遥感与业务应用

第1章　绪　论

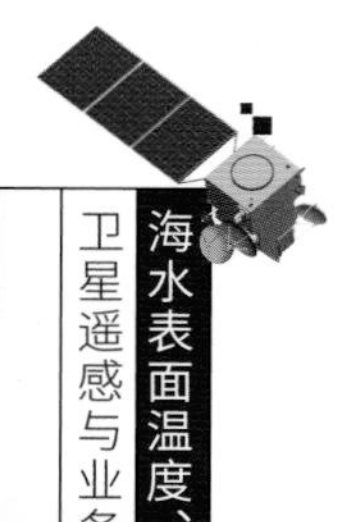

1.1　目的与意义

海洋占地球表面面积高达71%。海水所具有的大热容及高比热特性，使之能够储存与输送很多的热能，影响甚至决定海气的热量、动量交换及水汽交流，这种作用一定程度上影响着局地的天气与气候。据研究，El Niño现象在东南太平洋海面导致水温升高3～4℃，其温差热能约相当于美国1995年全年的总发电量。而海水表面温度SST (Sea Surface Temperature) 作为海洋研究中重要的物理参数，对从根本上了解海洋物化特性具有重要作用，在诸多学科研究中占据重要地位。传统点状及走航测量方式受限于海洋空间的大尺度特性，重复观测周期长，数据获取成本高，数据空白区域极多，而卫星遥感定量获取SST则具有空间分辨率高、重复观测周期短及成本低廉等优势，很好弥补了传统测量方式的缺陷。但需注意的是，遥感获取的SST为海洋水体表层微米级海水的温度，一般称为"皮温"(Skin Temperature)，现场所测得的为海水表层温度，称为"体温"(Bulk Temperature)，二者之间由于海洋气象条件（如风速、波浪、光照等）的影响而存在差异。卫星遥感手段获取的SST在空间和时间尺度上的优越性，已使其成为一个不可或缺的数据来源而被广泛应用于多个研究领域，如传统的渔业捕捞及海洋勘探，以及近几年特别关注的海洋污染（如赤潮、温排水等）及全球气候变化研究等领域。因此，以遥感方式便捷快速地获取全球海洋表面热力变化，了解海洋表面温度场状况，对大尺度的全球气候变化研究及中小尺度的各类海洋学研究工作均具有重要的意义。

近几十年来，迅速兴起的遥感技术成为大尺度环境下SST获取的新方法。研究者们很早便开始SST的反演研究，其成为遥感反演的主要参数之一要追溯到最初的气象卫星。卫星遥感手段探测SST主要采用红外和微波两种方式，它们在利用不同谱段的电磁波中优势各异。前者采用红外光谱被动遥感方式，接收海表面发射辐射信息，以定量反演SST。由电磁波波动理论可知，红外波长比微波波长短，因而较微波传感器具有更高的空间分辨率和定量反演精度，且受太阳高度角及海面风速等因素的影响很小，但其探测易受大气条件的影响。微波方式采用电磁波谱4～10 GHz的部分，可在除雨天外的任意天气条件下进行观测，弥补了红外遥感器视场被云雾遮盖时无法完成现场探测的缺陷，而成为可提供稳定数据来源的唯一有效途径。但微波信号同样受多种因素的干扰，其温度反演算法目前尚不成熟，有待进一步研究。热红外遥感和微波遥感存在一定互补性，二者在全天候、全天时的观测中相辅相成，发挥着积极的作用。

1.2 千米级空间分辨率卫星遥感SST的发展

20 世纪以来，沿海各国纷纷将目光投向海洋，海洋成为新一轮国际竞争的主要舞台，而对海洋环境的认知能力是竞争的核心内容之一。人类利用热红外遥感手段进行 SST 测量要追溯到 TIROS–Ⅱ气象卫星的发射。正是因为卫星遥感克服了传统点状观测的局限性，以其大尺度和短周期重复观测等优势成为提升海洋环境认知能力的重要技术手段。迄今，大量热红外遥感数据，如低分辨率的 Meteosat (Meteorological Satellites)、FY–2 (FengYun–2)/VISSR (Visible and Infrared Spin Scan–Radiometer) 系列卫星数据，中等分辨率的 NOAA (National Oceanic and Atmospheric Administration)/AVHRR (Advanced Very High Resolution Radiometer)、TERRA&AQUA/MODIS (Moderate–resolution Imaging Spectroradiometer)、ERS(European Remote Sensing Satellite)/ATSR (Along–Track Scanning Radiometer)、ENVISAT(ENVIronmental SATellite)/AATSR (Advanced Along Track Scanning Radiometer)、FY–1/MVISR (Multispectral Visible and IR Scan Radiometer)、HY/COCTS (Chinese Ocean Colour and Temperature Scanner) 及 FY–3/VIRR (Visible and InfraRed Radiometer)，高分辨率的 Landsat/TM (Thematic Mapper)、ETM+ (Enhanced Thematic Mapper Plus)、TERRA/ASTER (Advanced Spaceborne Thermal Emission and Reflection Radiometer)、CBERS (China–Brazil Earth Resources Satellite Program)/IRMSS (Infrared Multispectral Scanner Camera) 及 HJ–1B/IRS (InfraRed Scanner) 等被广泛地应用于全球不同尺度的 SST 监测当中。其中，NOAA/AVHRR 及 TERRA、AQUA/MODIS 最早实现了全球高质量 SST 产品的业务化生产与实时网络免费发布。

千米级空间分辨率热红外数据 NOAA/AVHRR 及 TERRA&AQUA/MODIS 以其业务化的高质量 SST 产品实时生产与免费网络发布，在国内外得到了极其广泛的应用，其产品数据甚至成为大量实际应用的底层基础支撑数据。

1.3 百米级空间分辨率卫星遥感SST的发展

随着热红外遥感技术发展及小区域热量差异状况研究对遥感数据空间分辨率的需求，热红外遥感传感器空间分辨率不断提高，国外陆续出现如 TM 的 120 m、ASTER 的 90 m、ETM+ 的 60 m，国内的 CBERS 的 156 m、HJ–1B 的 300 m 等高空间分辨率热红外传感器，数据资料广泛用于 SST 反演研究。除 ASTER 传感器具有多热红外通道外，其余卫星均只有一个热红外通道。针对单热红外通道传感器的特点，比较典型的单窗算法包括：Weng 等的反演方法、覃志豪等针对 Landsat TM 数据提出来的单窗算法和 Jimenez–Muñoz&Sobrino 提出的单通道算法。

第 2 章　热红外遥感温度反演基本理论

不同地物与电磁波相互作用表现出的吸收、发射与反射特性构成了卫星遥感的物理基础。遥感的科学定义是：利用电磁波与地球表面物质的相互作用而具有不同的性质作为基础来探测、分析和研究目标的性质。已经有 50 多年发展历史的卫星遥感是获取地表热状况信息的一种非常重要的技术手段。根据传感器搭载平台的不同，遥感可分为：地面遥感、机载遥感和星载遥感；根据遥感的性质可分为：主动遥感和被动遥感；根据电磁波长可分为：光学遥感、热红外遥感以及微波遥感。目前，遥感研究已渗入到各个领域，本章主要介绍热红外遥感在温度反演方面的一些重要概念、定律及算法。

2.1　电磁波谱

遥感的主要研究对象是电磁波信号，而波长和频率是电磁波特性的主要因子。通常以电磁波波长为横轴，电磁波经过大气层后的透过率为纵轴的分布称为电磁波谱。由于大气对电磁波有吸收作用，因此形成了“大气窗口”。实际应用研究中，需依据研究目的的不同选取相应的电磁波谱区。根据遥感所用波谱区段的不同，可将遥感分为可见光遥感、热红外遥感、被动微波遥感、主动雷达微波遥感，各自的优缺点如表 2.1 所示。

表 2.1　不同遥感类型对比

遥感类型	获取地表参数	优点	缺点
可见光遥感	地表反射率	分辨率高，数据易获取	受气象条件影响较大
热红外遥感	表面温度与发射率	空间分辨率高	受云等气象条件及地形条件影响较大；测量深度仅限于表层
主动微波遥感	后向散射系数、介电常数	全天候观测	受表面粗糙度、地形及植被等影响
被动微波遥感	表面温度、发射率、介电常数		空间分辨率较低

2.2 热辐射基本概念

温度超过 0 K 的所有物质均会不断向外发射红外辐射。地球上的一切常温物体，其发射的红外辐射主要集中于大于 3 μm 的中红外区，即称为热辐射。在大气辐射传输过程中，热辐射能量主要通过 3 ～ 5 μm 和 8 ～ 14 μm 两个大气窗口向外发散。热辐射性质与辐射源的表面状态、内部组成及温度等有关。热红外遥感即为利用不同平台搭载的热红外传感器来收集并记录目标物的热红外辐射特征信息，而后通过分析处理这些特征信息来达到地物鉴别及目标物特征参数反演的目的，典型应用如 SST 定量热红外遥感反演。

2.2.1 黑体与灰体

任何物体都具有不断发射、吸收和反射电磁波的特性。发射的电磁波具有一定的能量谱分布，这种分布的差异与物体本身的性质及其温度相关。为了研究的方便，物理学家定义了一种理想物体——黑体 (Black Body)，作为热辐射研究的标准参照物。

绝对黑体是指该物体对任何波长的辐射均能够全部吸收；而灰体则是对于各种波长的电磁波，吸收系数为常数且与波长无关的物体，其吸收系数介于 0 ～ 1 之间。

研究发现，在可见光至近红外波段，地球和太阳表面的发射率接近 1。因而，在该谱段范围内，地球和太阳可近似看作黑体。自然界当中并不存在绝对黑体，但绝对黑体的概念在理论研究上却有着重要作用。目前，可采用人工方式制造出极为接近黑体的表面。

2.2.2 发射率

发射率，又称为比辐射率，无量纲，为波长的函数。其可定义为：物体在一定温度和波长下的辐射强度与相同温度和波长条件下黑体辐射强度的比值，即：

$$\varepsilon = \frac{\boldsymbol{M}(\lambda)}{M_{\mathrm{BLACK}}(\lambda)} = \frac{E(\lambda)}{E_{\mathrm{BLACK}}(\lambda)} \tag{2.1}$$

式中，$M(\lambda)$ 为发射度；ε 为发射率；$M_{\mathrm{BLACK}}(\lambda)$ 为与辐射源具有相同温度的黑体发射度；$E_{\mathrm{BLACK}}(\lambda)$ 是与辐射源具有相同温度的黑体发射的辐照度。

自然界中绝大多数的实际地物为灰体。因而，表面温度的反演要考虑发射率的影响。对于大多数地物而言，在波谱区间 8 ～ 14 μm 范围内，发射率在 0.91 ～ 0.98 之间。赵英时等依据发射率的大小及其与波长的关系，将物体的热辐射分为 3 类：发射率与波长无关的灰体、接近于黑体的灰体和接近于黑体的物体。

2.2.3 反射率、吸收率和透射率

根据能量守恒定律，入射的光谱辐照度可表示为：

$$E_i(\lambda) = E_r(\lambda) + E_a(\lambda) + E_t(\lambda) \tag{2.2}$$

式中，$E_i(\lambda)$ 表示入射；$E_r(\lambda)$ 表示反射；$E_a(\lambda)$ 表示吸收；$E_t(\lambda)$ 表示透射。

反射率(Reflectance) $r(\lambda)$ 定义为：

$$r(\lambda)=\frac{E_r(\lambda)}{E_i(\lambda)} \tag{2.3}$$

吸收率(Absorptance) $a(\lambda)$ 定义为：

$$a(\lambda)=\frac{E_a(\lambda)}{E_i(\lambda)} \tag{2.4}$$

透射率(Transmittance) $t(\lambda)$ 定义为：

$$t(\lambda)=\frac{E_t(\lambda)}{E_i(\lambda)} \tag{2.5}$$

在介质内部，$r(\lambda)$、$a(\lambda)$ 及 $t(\lambda)$ 之间存在守恒关系：

$$a(\lambda)+r(\lambda)+t(\lambda)=1 \tag{2.6}$$

2.2.4 SST

SST 通常被称为海表温度。其又分为海表皮温 (Skin Temperature) 和海表体温 (Bulk Temperature)。因为只有接近海面非常薄的水层的水分子发射的电磁波辐射能够溢出水面，所以表面薄层水分子的平均温度决定了海表面的辐射强度，代表了热红外辐射计或者微波辐射计探测的海表面温度。该表面薄层的实际厚度，也称为皮层深度 (Skin Depth)，是随辐射波长而变化的。对于 3 ~ 15 μm 波长的热红外而言，在海水中传播的皮层深度不超过 0.1 mm。如 11 μm 波长的热红外光在海水中传播的皮层深度大约为 30 μm。而实际上，业务化系统（如 NOAA/AVHRR、EOS/MODIS）则是通过建立卫星观测计数值与浮标测量的海表体温之间的关系，来定量研究 SST。

2.2.5 亮度温度

由卫星传感器获取的辐射能经 Planck 方程转换所得到的温度，成为目标地物的亮度温度 (Bright Temperature)。它是衡量目标物温度高低的一个指标，与辐射温度一致，但亮度温度并不等同于目标物的真实温度，主要差别在于地物发射率及大气的影响。

若已知海面发射辐亮度，则由普朗克 (Planck) 辐射定律计算可获取一个黑体等效辐射温度 (Blackbody Equivalent Radiometric Temperature)。这样获得的温度不是真实的海表面温度 (SST)，它被称为海表面亮温或黑体温度，它表示根据与海表面具有相同温度黑体自发辐射的辐亮度计算获得的温度。欲反演真实海表温度，必须对卫星传感器获取的辐亮度做大气订正及海表面发射率的订正，以去除大气和灰体发射率低于黑体对反演结果的影响。

2.2.6 辐射强度

辐射强度 (Radiant Intensity) I 的单位是 W/sr，代表一个点光源在特定方向上单位立体角的辐射通量：

$$I=\mathrm{d}\phi/\mathrm{d}\varphi\ [\mathrm{W/sr}] \tag{2.7}$$

2.2.7 光谱辐亮度

“光谱的”或“单色的”辐亮度 (Spectral Radiance) 代表在单位波段内（单位波长或单位频率）沿辐射方向单位面积和单位立体角的辐射通量，单位 μW/(cm^2·nm·sr) 或 μW/(cm^2·μm·sr)。

2.3 热辐射基本定律

空间所有物体均通过辐射方式交换能量。热力学定律可用于研究平衡辐射时的吸收与发射规律。一般认为，自地表向上直至 60 km 高度处范围内的大气可视为处于局地的热辐射平衡状态，而非热力平衡状态一般位于地气的耦合面，通常在几个微米的表层范围内。通过对热辐射传输的研究，人们得到了 4 个基本热辐射定律。

2.3.1 基尔霍夫定律（Kirchoff Law）

同一温度下，物体的吸收率与出射度之间严格成正比例关系，这个规律称之为基尔霍夫定律。基尔霍夫定律的第一种表达是：若介质处于当地热动态平衡条件下，则其吸收能量的速率 $a(\lambda)$ 和辐射能量的速率 $e(\lambda)$ 相等，即：

$$e(\lambda) = a(\lambda) \tag{2.8}$$

式 (2.8) 是最普遍适用的基尔霍夫定律的表达形式，具有介质内部和介质界面处的普适性。基尔霍夫定律的另一种等价表达方式为：灰体的发射度等于其灰度与具有相同温度的黑体发射度的乘积，如式 (2.9)。

$$\mathrm{M}(\lambda,T) = a(\lambda)M(\lambda,T)|_{\mathrm{BLACK}} \tag{2.9}$$

式中，M 为发射度。对于灰体，其灰度等于吸收率 $a(\lambda)$ 和发射率 $e(\lambda)$。

基尔霍夫定律表明：任何物体的辐射出射度与其吸收率之比都等于同一温度下的黑体辐射出射度。其吸收率越大，则放射能力越强。即在热辐射平衡状态的物体所辐射的能量与吸收率之比，与物体本身性质无关，只与波长和温度有关。依照该定律可知，在一定温度下，吸收率为 1 的黑体必然是辐射本领最大的物体。因而，由已知物体的吸收光谱，便可确定其辐射光谱。

2.3.2 普朗克定律（Planck Radiation Law）

为了克服经典物理学在热辐射研究中的缺陷，德国物理学家普朗克 (Max Planck) 采用内插方法将适用于短波的维恩公式与适用于长波的瑞利－金斯公式衔接起来，并于 1900 年创立普朗克定律。普朗克定律是公认的物体间热力传导的基本法则，用以描述在任意温度下，黑体发射的电磁辐射的辐射率与电磁辐射的频率的关系式，其工作基础是维恩公式和瑞利－金斯公式。

普朗克定律定量地描述了黑体自发辐射的辐亮度 $L(\lambda)$：

$$L(\lambda) = \frac{2hc^2}{\lambda^5}\frac{1}{\exp[hc/(k_b T\lambda)]-1} \tag{2.10}$$

式中，λ 为电磁波波长；c 为光速；h 为普朗克常数（取值 6.626×10^{-34} J·s)；k_b 为玻尔兹曼常数（取值 1.381×10^{-23}J/K)；T 为黑体温度。

2.3.3 斯忒藩－玻耳兹曼定律 (Stefan–Boltzmann Law)

斯忒藩－玻耳兹曼定律由 Jozef Stefan 及 Boltzmann 分别于 1879 年和 1884 年提出。其内容为：黑体表面单位面积在单位时间内辐射出的总能量与黑体本身的热力学温度的 4 次方成正比。即：

$$E=\int_0^{\infty}E(f)\mathrm{d}f=\sigma T^4 \tag{2.11}$$

式中，σ 为斯忒藩－玻耳兹曼常数，$\sigma=5.67\times10^{-8}$ W/(m$^2\cdot$K^4)。

2.3.4 维恩位移定律 (Wiens Displacement Law)

维恩位移定律由德国物理学家 Wilhelm Wien 于 1893 年提出。定律内容为：在一定温度下，绝对黑体的与辐射本领最大值相对应的波长和绝对温度的乘积为一常数。定律表明：当绝对黑体的温度升高时，辐射峰值向短波方向移动，二者关系可表示为：

$$\lambda_m=b/T \tag{2.12}$$

式 (2.12) 称为维恩位移定律。式中，$b=2.897\,8\times10^{-3}$ m·K。

根据维恩位移定律，表面温度越高的黑体的辐射峰值对应的波长越短。地球环境的代表性温度为 300 K，对应的峰值波长接近 10 μm，处于热红外大气窗口区。对于 3.5 ~ 5.0 μm 中红外波段窗区，白天地表反射太阳辐射的中红外波段能量在数量级上与地物自身发射中红外波段热辐射相当，目前还很难从星上传感器所接受的辐射能量中将二者区分开来，因此中红外波段在白天的应用受到了限制。普朗克定律确定了黑体表面自发辐射的能量分布曲线，维恩位移定律指出了对应自发辐射峰值波长位置。

2.4 物体的热红外辐射特性

遥感的辐射源包含了人工辐射源和天然辐射源两种。人工辐射源如雷达系统，主要采用人为发射的具有一定波长的波束，利用传感器接收主动发射的电磁波回波信号进行遥感探测，称为主动遥感方式。天然辐射源如太阳和地球，主要接收地物反射太阳辐射或地物自身的发射辐射来进行遥感探测，称为被动遥感方式。太阳和地球是被动遥感的主要辐射源。

2.4.1 太阳的热红外辐射特性

太阳具有高达 6 000 K 的表面温度，是发射电磁能量的辐射源。太阳辐射涵盖了很宽的波谱范围，主要辐射能量集中于可见光波段。太阳辐射在经过大气时由于吸收、散射及反射等而产生损耗，是被动式遥感的主要辐射源。地球所接收的太阳辐射能只是总辐射能的一小部分而已。环绕地球的大气层对透射的太阳辐射形成吸收和散射，使得太阳辐射总能量中只有一小部分可以顺利到达地表，约为 1.73×10^{17}W。

依据 Planck 黑体公式可知，太阳辐射能主要集中于波长 0.17 ～ 4 μm 的短波区域。太阳发射辐射经太阳大气与地球大气衰减后谱线形态发生明显变化，原来连续的太阳光谱在到达地球表面后，峰值减低，且谱线中增加了许多由大气成分吸收导致的凹陷，多达 26 000 处。太阳辐射光谱谱线中 0.29 μm 以下的部分几乎全部被地球大气所吸收。

2.4.2 地物的热红外辐射特性

地物常温约 300 K，辐射能量基本以长波谱段为主（大于 3 μm），地球长波辐射与太阳短波辐射重叠部分很少。因而，遥感探测传感器接收到的信号中，波长小于 3 μm 的电磁辐射主要来源于地物反射的太阳辐射能量；波长长于 6 μm 的电磁辐射主要来源于地物自身的发射辐射；3 ～ 6 μm 间的电磁辐射则太阳和地球的贡献都要纳入考虑的范围。

由基尔霍夫定律可知，地物的热红外辐射能量由温度和发射率两个因素共同决定。而在给定温度下，任何物体的发射率在数值上等于相同温度与波长条件下的吸收率。基于物体反射、吸收、发射与透射总和为 1 及红外只对半导体特性的地物具有一定的透射率的理论，对于不透明的物体，在一定情况下，可用反射率来估算发射率，即：发射率 = 吸收率 = 1– 反射率。

一般来说，地球可近似看作为黑体，其对长波辐射的吸收率非常接近 1。在 8 ～ 14 μm 的热红外大气窗口区，大多数地物的比辐射率大于 0.98，且随波长变化不大。其中，纯水、海水与雪表面最接近黑体面源，草地与冰面次之，建筑材料及地面铺设材料等最低。有研究表明：土壤、沙层及植被冠层等部分地物类型的比辐射率会随观测角度的变化而变化，但有关地物比辐射率的方向谱问题的研究还很少。

2.4.3 大气对热红外辐射的影响

热红外辐射在大气传输过程中由于大气成分的吸收等影响会产生电磁能量的损耗，但大气本身也具有温度，也是热红外辐射的源，甚至在某些极端情况下，大气热红外辐射的信号强度要高于地物辐射。可见，热红外辐射在大气中的传输，是一种漫射辐射在没有散射，但有吸收和发射的介质中的传输。因而，热红外遥感研究中必须将大气的发射和吸收纳入到考虑范围。研究表明，除非在热红外辐射传播路径中有许多大颗粒质点存在，否则，由于小颗粒质点粒径与热红外长波波长相差甚远，能够对热红外长波辐射造成的削弱很小，一般情况下可以忽略不计。因而，大气对热红外辐射的影响常常只考虑吸收而忽略散射。

大气的热红外辐射性质与大气状态（温度、压力等）及大气成分（如 H_2O、CO_2 及 O_3 等）有关。大气各成分吸收带分布情况如表 2.2 所示。可见，水汽在红外谱段吸收很强，自近红外至远红外均存在较强吸收带且带宽较宽，尤其对于波长大于 13 μm 的长波辐射全部吸收。热红外谱段的 8 ～ 14 μm 是一个“大气窗口”，区间内唯一的影响因素是位于 9.6 μm 附近的一个臭氧窄吸收带。

表 2.2 大气各主要成分光谱吸收带

大气成分		吸收带中心波长（μm）	
		强吸收带	弱吸收带
水汽	H_2O	1.4；1.9；2.7；6.3；13.0 ~ 1 000	0.9；1.1
二氧化碳	CO_2	2.7；4.3；14.7	1.4；1.6；2.0；9.4；10.4
臭氧	O_3	4.7；9.6；14.1；	3.3；3.6；5.7；
一氧化氮	N_2O	4.5；7.8	3.9；4.1；9.6；17.0
甲烷	CH_4	3.3；3.8；7.7	
一氧化碳	CO	4.7	2.3

2.4.3.1 大气水汽的吸收特性

大气水汽对电磁辐射的吸收最为显著，水汽吸收带大部分集中在红外区域。水汽含量越大，吸收越强。水汽吸收带很多，大致可归纳为：2.27 ~ 3.57 μm 和 4.9 ~ 8.7 μm 两个宽的强吸收带；中心波长分别位于 1.38 μm 和 2.0 μm 两个窄的强吸收带及 0.7 ~ 1.23 μm 弱的窄吸收带。

2.4.3.2 二氧化碳吸收特性

通常位于底层大气的二氧化碳在红外区域存在明显的 3 个强吸收峰，中心分别位于 2.7 μm、4.3 μm 和 14.7 μm 附近。二氧化碳位于大于 2 μm 的红外区域吸收带可分两种类型：波长 14 ~ 18 μm 的完全吸收带和中心波长分别位于 2.7 μm、4.3 μm 的两个窄的吸收带，其中 2.7 μm 吸收带与水汽 3.2 μm 吸收带相连。

2.4.3.3 臭氧吸收特性

臭氧分子由太阳紫外辐射作用下氧分子分解出的氧原子复合而成，高空大气中，臭氧主要集中分布于 10 ~ 40 km 的高度范围。臭氧层能够吸收太阳辐射中波长小于 0.3 μm 的紫外线部分，主要包括部分 UV–B（波长 290 ~ 300 nm）及全部的 UV–C（波长小于 290 nm），阻隔了短波紫外对人类及动植物的伤害。臭氧对长波辐射的吸收较弱，仅在 9 ~ 10 μm 波谱范围内有一个窄的吸收带。

2.4.3.4 大气中其他气体成分的吸收特性

地球大气中其他一些气体成分，如 N_2O、CO、CH_4 及氧等均对太阳光谱有吸收作用，但总体吸收很少。

2.5 海水的红外特性

许多物理海洋研究关注水汽界面水体反射和发射的红外能量的测量，Mclellan (1965) 等获取的数据显示溶解的盐分将对水体的光学特性有明显的影响。因此，了解和掌握计算 1.5 ~ 15 μm 的海水反射率的折射因子和消光系数的方程和查找表是一项非常重要的工作。此部分引用了 D.Friedman (1969) 的研究成果以介绍海水的红外特性。

2.5.1 海水红外特性的影响因素

首先假设海水的红外特性可由纯水的相关参数反演，因此，纯水的折射因子和消光系数数值的实验获取是必须的。

溶解态离子对水体红外特性的影响呈现两个现象，即折射因子的增加和吸收波段的漂移。

Mclellan 报道了折射因子随氯度而增加，其由单色光源在 0.589 3 μm 波长测量得到。对于 19.0 ppt 典型大洋水体，折射因子的增加值为 6×10^{-3}，且是盐度浓度的线性函数。由于没有红外波段范围内相关测量的报道，因此假定这种校正在 1.5 ~ 15 μm 范围内是同等有效的。

Williams 和 Millett 报道了水体红外吸收波段的平移，其由溶解态离子引起。尽管在 1.5 ~ 15 μm 波谱范围内有许多这样的波段，但发现只有一个波段必须考虑：即吸收波段始于 9.0 μm，延伸到 15 μm，吸收波段平移的数值由纯水和人工海水的透射率测量来表征。

2.5.2 相对反射率

2.5.2.1 水汽界面反射率方程

在红外能量入射在水汽界面时，一部分反射回大气中，剩余部分则折射进水中被吸收。反射和折射的相对强度取决于入射光的偏振特性，计算水汽界面反射率的方程如下：

$$R_1=\left[\frac{(N^2-\sin^2\theta)^{1/2}-N^2\cos\theta}{(N^2-\sin^2\theta)^{1/2}+N^2\cos\theta}\right]^2 \tag{2.13}$$

$$R_2=\left[\frac{(N^2-\sin^2\theta)^{1/2}-\cos\theta}{(N^2-\sin^2\theta)^{1/2}+\cos\theta}\right]^2 \tag{2.14}$$

其中，R_1 为入射面偏振能量的反射率；R_2 为垂直于入射面的平面上的偏振能量的反射率；θ 为从垂直于水体表面的平面测量的入射角，对于吸收介质来说

$$N=(R-\mathrm{i})\,k \tag{2.15}$$

其中，R 为水的折射因子；k 为水的消光系数，方程 (2.15) 代入到方程 (2.13) 和方程 (2.14)，反射率方程为：

$$R_1=\left[\frac{a+b\cos^2\theta-z[c(R^2-K^2)+zdKR]\cos\theta}{a+b\cos^2\theta+z[c(R^2-K^2)+zdKR]\cos\theta}\right] \tag{2.16}$$

$$R_2=\frac{a+\cos^2\theta-zc\cos\theta}{a+\cos^2\theta+zc\cos\theta} \tag{2.17}$$

其中，$a=(C^2+4K^2R^2)^{1/2}$；$b=(R^2-K^2)+44K^2R^2$；$c=[(b+e)/2]^{1/2}$，$d=[(b-e)/2]^{1/2}$，$e=R^2-K^2\sin^2\theta$。

2.5.2.2 相对反射率

上节讨论的方程的准确性通过测量人工海水相对纯水的反射率来检测。相对反射率的测量采用双光束分光光度计，参考光束为纯水界面的反射，样品光束反射与人工海水界面。

相对反射率的计算用式 (2.16) 和式 (2.17)。首先假设观测的反射率等于用式 (2.16) 和式 (2.17) 计算的反射率的算数平均。

为了检测非线性影响的可能性，采用 4 个盐度浓度进行测量，图 2.1 显示相对反射率是盐度的线性函数。1.5 ~ 11.5 μm 波谱范围内的预测和测量之间的一致性非常好，但是 11.5 μm 以远的测量结果的一致性不好。其被认为是盐度浓度函数的波段吸收强度的降低所致，而盐度浓度变化因素则设在反演消光系数值时考虑。这个假设是基于理论论文的研究结果。其指出引起吸收波段位置变化的任何介质也应产生吸收波段强度的变化。

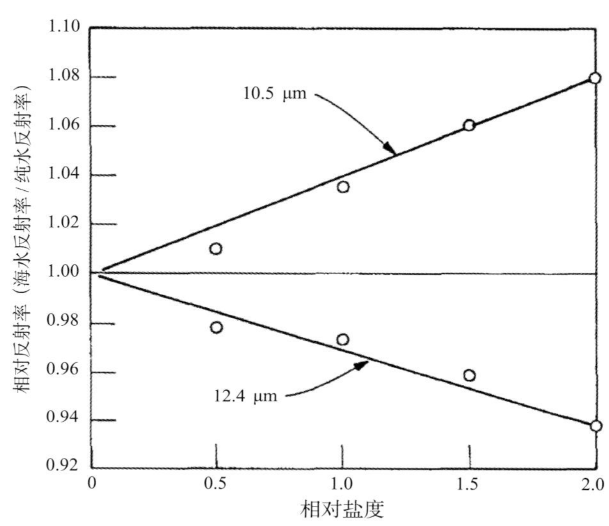

图 2.1　两种典型波长条件下盐度对人工海水反射率的影响

2.5.2.3 结论

在 1.5 ~ 9 μm 的红外波谱范围内，水汽界面的反射率可通过纯水消光系数和折射因子加上溶解盐度效应的校正。对氯度 19.0 ppt 的水体，推荐的校正值为 6×10^{-3}，且是盐度的线性函数。在 9 ~ 11.6 μm 的红外光谱范围区，已提供氯度为 19.0 ppt 大洋水体折射因子和消光系数的推荐校正系数，对其他盐度浓度，推荐使用内插或外推方法。在 11.8 ~ 15 μm 红外光谱区间，消光系数应采用另外的校正系数 K′，对氯度为 19.0 ppt 之外的水体，推荐采用内插或外推方法。

第 3 章　海水表面温度遥感反演方法

3.1　热红外遥感与大气窗口

热红外辐射传输是一个非常复杂的过程，如热红外辐射电磁波在大气中的传播路径上，必然受到大气吸收气体成分的影响，某些被强吸收的电磁波谱段辐射能量还没有来得及到达传感器便已经被损耗殆尽，而有些谱段则基本不受大气影响，或者影响极小，而形成了一些大气窗口。遥感手段正是利用这些透过率较高的大气窗口，接收目标物反射或发射的电磁波信号，实现空间传感器对地目标的观测，例如 3 ～ 5 μm 和 8 ～ 14 μm 便是热红外谱段区间主要的两个大气窗口。因而，采用热红外遥感手段对地物目标的探测应用研究中，大气窗口波谱区间的地物发射辐射特性和大气吸收特性要一并考虑。根据热辐射基本定律，地物常温的热辐射峰值波长大致位于 9 ～ 13 μm，恰好位于热红外大气窗口之中。随着目标地物温度升高，热辐射谱段峰值波长会向短波方向移动（维恩位移定律）。对于温度较高的森林火点，火灾燃点及火山口等高温地物，其热辐射的峰值波长在 4.8 μm 左右，刚好落入热红外大气窗口的 3 ～ 5 μm 区间内。因而，地物常温目标及林火等高温目标构成了热红外遥感的主要研究对象。

以遥感方式研究地表的热辐射必须同时考虑大气及地表的双重影响。首先，大气成分复杂，且各组分比例及时空分布变化很大，有效的实时测量是极为不易的；其次，热辐射由地表经大气到达遥感器的路径中，辐射能量不止一次地为大气所吸收、散射和折射，同时，大气本身也是热辐射的一个源头，自身也存在发射辐射；最后，地表不是黑体，也存在发射率的问题。因此，综合考虑以上 3 点，将热辐射过程表述为：

$$B_i(T_i)=\tau_i(\theta)[\varepsilon_i(\theta)B_i(T_s)+(1-\varepsilon_i(\theta))I_i^{\downarrow}]+I_i^{\uparrow} \tag{3.1}$$

式中，$\tau_i(\theta)$ 为在观测角度 θ 下的大气透射率；$\varepsilon_i(\theta)$ 为在观测角度 θ 方向的地物比辐射率；T_s 为真实的地物温度；T_i 为星上观测的亮度温度；$I_i^{\downarrow}$ 为大气下行辐射；$I_i^{\uparrow}$ 为大气上行辐射。

卫星平台采用热红外遥感手段探测海洋，所获取的是海洋表面水体发射辐射与大气影响综合作用下的亮度温度值，而我们研究的目的及实际应用中所需要的是海洋水体的真实温度值，两种温度值中包含了大气及海洋表面水体的比辐射率的影响。为了剔除影响因素，由卫星观测信号获取海洋水体的真实温度，研究者们进行了一系列的研究探索，并基于对辐射传输的不同假定而提出了许多的 SST 反演方法，主要可划分为：辐射传输方程法、单通道法、分裂窗法和多通道法（多角度法）。

3.2 辐射传输方程法

辐射传输方程法是最基本的温度反演方法。以热辐射传输方程为基础，大气的影响采用大气廓线数据进行订正剔除，从卫星观测辐射中分离出海表的发射辐射分量，经海表发射率订正得到最终的 SST。这种反演方法计算繁琐且必需同步的大气廓线数据，由于该数据实时测量难度极大，导致大气廓线数据的失真和非同步，必然影响 SST 的反演精度。

辐射传输方程法将大气的种种影响均纳入了算法考虑范围之内，从理论上讲是最为全面和精确的算法。但因其必不可少的大气廓线数据极难实时获取，一般采用大气辐射传输模型（如 HITRAN、MODTRAN、LOWTRAN、6S 等）的模拟数据来替代使用，所以结果精度难以保证。

3.3 单通道法

单通道法是利用单通道热红外数据反演 SST 的方法。它的提出是基于已知发射率和大气参数条件的假设。单通道法也是一种非常原始的温度反演方法，算法的前提条件较多。代表性单通道算法主要包含覃志豪等单窗算法和 Jiménez–Muñoz 等普适单通道法。

覃志豪单窗算法：

该算法是覃志豪基于 Landsat 卫星热红外通道特点提出的单通道温度反演方法。算法模型见式 (3.2)。

$$T_s = \frac{1}{c}[a(1-C-D)+(b(1-C-D)+C+D)]\cdot T_{\text{sensor}} - DT_a \tag{3.2}$$

其中，$C=\varepsilon\cdot\tau$，$D=(1-\tau)\,[1+(1-\varepsilon)\cdot\tau]$。
式中，a、b 为辐亮度与温度的线性化系数；T_{sensor} 为卫星传感器接收到的地物目标亮温；T_a 为大气平均作用温度；ε 为下垫面比辐射率；τ 为大气透射率。

算法中考虑到大气垂直剖面的差异而引入大气平均作用温度的概念。通常情况下，大气的上行辐射要大于下行辐射，而下垫面海水的比辐射率一般大于 0.96，因而使得大气下行辐射项的系数变得很小，如式 (3.1)，下行辐射项 $(1-\varepsilon_i(\theta))I_i^{\downarrow}$ 几近可以忽略，因而以上行辐射替代下行辐射对整个计算结果的影响不大。这样就能够将上行的温度和下行的温度两个量统一到一个标准的量——大气平均作用温度。而大气平均作用温度又可以通过研究区域内观测大气或标准大气剖面资料估算；大气透过率可根据大气水汽含量或地表附近空气的湿度来估算。

覃志豪单窗算法的优点在于算法的输入参数较少，仅需下垫面发射率、大气透射率和大气平均作用温度。同时，针对研究区域缺少大气实时剖面资料的情况，覃志豪等给出了基于常规气象观测数据参数估算大气透射率及有效大气平均作用温度的实用方法。算法输入参数没有误差和存在一定误差情况下，Qin 单窗算法的温度反演精度分别为 0.4 K 和 1.1 K，显现出算法对参数估算误差的敏感性。

Jiménez–Muñoz 普适单通道算法：

该算法于2003年提出，通过对Planck函数在某一温度附近做一阶Taylor级数展开得到，算法模型如式(3.3)。算法中通过模拟建立了大气水汽含量与3个大气函数的关系，而3个大气函数与大气透过率、大气上行辐射和大气下行辐射有关。

$$\begin{cases} T_s = \gamma[\varepsilon^{-1}(\varphi_1 L_{sensor} + \varphi_2 + \varphi_3)] + \delta \\ \gamma = [\frac{C_2 L_{sensor}}{T_{sensor}^2}(\frac{\lambda_e^4}{C_1} L_{sensor} + \lambda_e^{-1})]^{-1} \\ \delta = -\gamma L_{sensor} + T_{sensor} \end{cases} \tag{3.3}$$

式中，ε 为下垫面的比辐射率；L_{sensor} 为热辐射强度 (W/(m^2·sr·μm))；T_{sensor} 为星上亮度温度；λ 为TM6的通道有效波长；C_1=1.191 04×10^8 μm^4/(m^2·sr)；C_2=14 387.7 μm·K；大气参数 φ_1，φ_2 和 φ_3 为大气水汽含量 ω 的函数，Jiménez–Muñoz 针对TM6数据给出了 φ_1，φ_2 和 φ_3 的估算方程式：

$$\begin{cases} \varphi_1 = 0.147\,14\,\omega^2 - 0.155\,83\,\omega + 1.123\,4 \\ \varphi_2 = -1.183\,6\,\omega^2 - 0.376\,07\,\omega - 0.528\,94 \\ \varphi_3 = -0.045\,546\,\omega^2 + 1.871\,9\,\omega - 0.390\,71 \end{cases} \tag{3.4}$$

3.4 分裂窗法

针对NOAA的两个热红外分裂窗通道首次提出，是比较成熟的SST反演方法。原理是利用热红外谱段大气窗口两分裂窗通道对大气水汽吸收的差异性建立线性或非线性方程组，以部分地剔除大气影响而反演真实温度的方法。研究者们对算法作不同方式的推导与演化，形成了许多版本不同的算法形式。迄今，约有近20种之多。这些算法的基本理论依据是相同的，主要区别在于具体输入参数的估算方式及算法模型的表达形式。分裂窗算法SST反演的关键在于海表比辐射率和大气透射率这两个参量的估算。比辐射率受海水组成成分、表面状态（粗糙度及泡沫等）以及卫星观测角度（比辐射率的方向性问题）等因素的影响，实地精确测量难度极大；大气透射率受到大气成分（主要是大气水汽及气溶胶）的吸收和散射影响，而能够精确估算大气水汽及气溶胶等含量及分布的大气廓线数据难以准确获取，不得不以标准大气辐射传输软件模拟的大气剖面数据资料来估算相关参量，SST反演结果的精度难以得到保证。

目前，海表温度的业务化处理算法，如NLSST算法，均是基于分裂窗技术，依据大气对不同波长的红外遥感有不同的影响效应，采用不同波段测量值的线性组合来消除大气的影响，定量反演海表温度。Anding等首先提出对热红外通道数据进行大气校正处理，并通过求解辐射传输方程来校正具有不同大气透射特性的两个热红外通道的水汽吸收，以准确定量地获取海表温度。Prabhakara等以及Mcmillin在辐射传输方程基础上，分析了热红外通道间大气效应的差异对大气校正的影响，并提出以多通道热红外数据反演海表温度。Deschamps等通过将多个热红外通道数据进行线性组合来部分地剔除大气的影响，进一步简化与完善了热红外遥感SST的大气校正算法。Barton研究指出，两分裂窗热红外通道表面温度存在线性关系，据此可获取精度优于0.3 K的海表温度。McClain等于1985年提出了多通道海表温度反演算法 (Multi-channel Sea Surface Temperature, MCSST)，并应用于 NOAA/AVHRR 数据业务化获取全球海表温度。早期的多通道 SST 反演算法 (MCSST, 见式 (3.5)) 假定实际的海表温度与 AVHRR 卫星数据获取的等效黑体温度及两分裂窗通道亮温差存在线性关系，因而，实际海表温度可通过 AVHRR 两热红外通道亮温差估算出来。Walton将MCSST算法进一步发展，提出了AVHRR SST反演的非线性算法(CPSST)。1991年，CPSST 算法的简化变形非线性算法 (Non-linear Sea Surface Temperature, NLSST) 在 NOAA/NESDIS 进入业务化应用，获取白天全球海洋表面温度数据，算法形式如式 (3.6)。

$$MCSST = B_1T_{11} + B_2(T_{11} - T_{12}) + B_3(T_{11} - T_{12})(\sec\theta - 1) - B_4 \tag{3.5}$$

$$NLSST(\text{day}) = A_1T_{11} + A_2T_{\text{sfc}}(T_{11} - T_{12}) + A_3(T_{11} - T_{12})(\sec\theta - 1) - A_4 \tag{3.6}$$

式中，T_{11}、T_{12} 为 11 μm 与 12 μm 通道等效黑体温度，单位 K；T_{sfc} 为初始估计温度场，单位℃；θ 为卫星天顶角，单位为弧度；A_i，$B_i(i = 1, 2, 3, 4)$ 为模型参数值。

目前，普遍采用的业务化 SST 反演算法是 MCSST 及 NLSST 两种形式，二者形式基本一致，主要差别在于 NLSST 采用了一个先验的 SST 估算值对两热红外分裂窗数据的亮温差进行订正，该值可以采用最近时间的 NESDIS 全球海表温度 OISST (Optimum Interpolation Sea Surface Temperature) 数据或 SST 气候值，或以 MCSST 算法反演得到的 SST 值替代。NESDIS 提供自 1981 年至今的每日全球 SST 网格数据产品，空间分辨率为 0.25°。多项研究表明，NLSST 较 MCSST 算法具有更高的反演精度。

3.5 多通道法

多通道法是利用多个热红外通道数据来反演温度的方法，代表性算法有 ASTER 数据的官方 TES 算法、Li 和 Becker 及 Wan 和 Li 分别针对 AVHRR 和 MODIS 数据提出的多通道反演方法。但后两个方法至少需要同一个地方的白天和夜间两景影像，在天气变化比较大的地方，反演精度不是非常稳定。

ASTER TES 算法主要包含 4 个模块：NEM (Normalized Emissivity Method) 模块、RAT (RATIO Algorithm) 模块、MMD (Maximum-Minimum Difference) 模块和 QA (Quality Assurance) 模块。首先，算法估算最大比辐射率 $\varepsilon_{\max}$，利用 NEM 模块预先估算出目标的表面温度 Tb，并从星上辐亮度 Lb 中扣除程辐射（反射的大气辐射）部分 $(1-\varepsilon_{\max})S_{\downarrow b}$，进而得到目标温度的初步估计值和目标发射辐射亮度分量，用迭代优化的方法逐步去除反射的环境程辐射；其次，利用 RAT 模块将波段比辐射率 ε_b 与所有波段平均值相除，计算相对比辐射率 β_b；再次，通过 MMD 模块与最小比辐射率的经验关系来确定最小比辐射率 $\varepsilon_{\min}$，进一步估算比辐射率和温度；最后，再次校正反射的大气下行辐射和比辐射率的偏差。反演结果的精度验证表明：TES 算法结果精度优于 1.5K，比辐射率误差一般情况下优于 0.015。

第 4 章　海表温度遥感反演卫星与算法简介

4.1　静止轨道卫星

4.1.1　Meteosat 气象卫星系列

Meteosat 是欧洲地球同步气象卫星系列。首颗卫星 (Meteosat–1) 发射于 1977 年。Meteosat 卫星的发展历经三代，光谱通道由第一代的三通道遥感器（表 4.1）发展到现在第三代 12 通道 SEVIRI 传感器（表 4.2），用于 SST 探测的热红外通道由 5 km 空间分辨率的单通道（10.5 ～ 12.5 μm）演变为 3 km 空间分辨率的多通道。Meteosat 自 2004 年开始业务化 SST 产品生产，采用 SAF 云检测方法及 NLSST 反演算法，模型如下（模型系数见表 4.3）：

$$T_s = aT_{11} + (bT_{\mathrm{sclim}} + cS_\theta)(T_{11} - T_{12}) + d \tag{4.1}$$

$$T_s = (a + bS_\theta)T_{39} + (c + dS_\theta)(T_{11} - T_{12}) + eS_\theta + f \tag{4.2}$$

式中，T_{39}，T_{11}，T_{12} 分别为 3.9 μm、10.8 μm 和 12 μm 通道亮温；$S_\theta = \sec(\theta) - 1$；$\theta$ 为观测天顶角，T_{sclim} 为气候态平均值。

表 4.1　第一代 Meteosat 卫星通道光谱信息

通道	波长 (μm)	星下点空间分辨率 (km)
可见光通道	0.45 ～ 1.00	2.5
红外通道	10.5 ～ 12.5	5
水汽通道	5.7 ～ 7.1	5

表 4.2　第三代 Meteosat 卫星 SEVIRI 通道光谱信息

通道	波长 (μm)	空间分辨率 (km)	通道	波长 (μm)	空间分辨率 (km)
VIS 0.6	0.56 ～ 0.71	3	IR 8.7	8.3 ～ 9.1	3
VIS 0.8	0.74 ～ 0.88	3	IR 9.7	9.38 ～ 9.94	3
NIR 1.6	1.50 ～ 1.78	3	IR 10.8	9.80 ～ 11.80	3
IR 3.9	3.48 ～ 4.36	3	IR 12.0	11.00 ～ 13.00	3
WV 6.2	5.35 ～ 7.15	3	IR 13.4	12.40 ～ 14.40	3
WV 7.3	6.85 ～ 7.85	3	HRV	0.4 ～ 1.1	1

表 4.3 Meteosat 卫星 SST 反演模型参数信息

	a	*b*	*c*	*d*	*e*	*f*
NLSST	0.988 26	0.072 93	1.181 16	1.307 18	—	—
T_{39}	1.038 37	0.023 48	0.585 50	0.356 86	2.125 93	4.995 61

4.1.2 FY–2气象卫星

FY–2 气象卫星是中国研制的第一代地球同步轨道气象卫星。主要任务是对地观测，每小时获取一次对地观测的可见光、红外和水汽云图。风云二号 02、03 批星自 2004 年陆续发射，FY–2E 星投入业务运作后改为区域观测。VISSR 是 SST 探测的核心仪器，包含 5 km 分辨率的热红外分裂窗通道，详参见表 4.4。

表 4.4 FY–2 卫星 VISSR 通道光谱信息

通道	波长（μm）	星下点空间分辨率（km）	主要用途
长波红外	10.3 ~ 11.3	5	洋面温度，白天 / 夜间云层
红外分裂窗	11.5 ~ 12.5	5	洋面温度，白天 / 夜间云层
水汽通道	6.5 ~ 7.0	5	水汽通道
中波红外	3.5 ~ 4.0	5	火点热源，夜间云层
可见光	0.55 ~ 0.90	1.25	白天云层，冰，雪，植被

4.1.3 MTSAT 气象卫星

静止气象卫星 MTSAT 于 2005 年发射，位于 145° E 赤道上空约 36 000 km 高度处，设计寿命超过 10 年。较前期的 GMS 卫星，MTSAT 卫星在姿态控制及传感器的通道设置方面均进行了较大改进，能更好地满足业务化工作对卫星遥感数据的需求。发射后卫星更名为 Himawari 7，通道光谱信息见表 4.5。

表 4.5 MTSAT–2 卫星通道光谱信息

通道	波段范围（μm）	空间分辨率（km）
VIS	0.55 ~ 0.80	1.25
IR1	10.3 ~ 11.3	5
IR2	11.5 ~ 12.5	
IR3	6.5 ~ 7.0	
NIR	3.5 ~ 4.0	

4.2 极地轨道卫星

4.2.1 NOAA/AVHRR气象卫星系列

自 1958 年，美国国家航空航天局 NASA (National Aeronautics and Space Administration) 便着力开展全球 SST 定量反演及其对环境变化的影响研究。采用双星系统的 NOAA 系列卫星是美国发射的太阳同步近极地圆形轨道系列气象卫星，可确保同一时间与地点的上午、下午成像。首颗卫星发射于 1970 年 12 月，近 40 年来已陆续发射 19 颗卫星。第一代 AVHRR 传感器是四通道辐射仪，搭载于 1978 年发射的 TIROS–N 卫星上。此后发展成五通道的第二代传感器 AVHRR–2，首次搭载于 1981 年 6 月发射的 NOAA–7 卫星。最新一代为六通道 AVHRR–3，首次搭载于 NOAA–15 卫星，1998 年 5 月发射升空，通道信息见表 4.6。

表 4.6　NOAA/AVHRR 通道信息

通道	波长范围（μm）	地面分辨率（km）
AVHRR–1	0.55 ～ 0.68	1.1
AVHRR–2	0.725 ～ 1.1	1.1
AVHRR–3a	1.58 ～ 1.64	1.1
AVHRR–3b	3.55 ～ 3.93	1.1
AVHRR–4	10.5 ～ 11.3	1.1
AVHRR–5	11.5 ～ 12.5	1.1

针对 AVHRR 数据，McMillin 在 1975 年提出分裂窗算法，并最先应用于 SST 反演。分裂窗算法的原理是：大气在 AVHRR 传感器第 4 与第 5 通道两分裂窗区具有不同的大气吸收特性，因而可采用两通道线性校正方式剔除大气的影响以定量获取 SST。算法的提出基于一些假设条件：首先，将海水视为比辐射率约为 1 的近似黑体辐射源；其次，大气窗口内水汽的吸收很弱，并可将其吸收视为常数；最后，海气界面大气的温度与界面处海水的温度应相差不大，黑体辐射公式可以采用线性方式近似。

分裂窗算法是目前发展最为成熟的算法，并已投入 SST 产品业务化生产应用中。针对 AVHRR 数据，McClain 最早提出估算 SST 的第一代算法——线性算法（称为 MCSST 算法）。算法假定：窗区通道测值与实际 SST 的衰减量，与两窗区通道测值的温度差呈线性相关。MCSST 算法的标准形式为：

$$MCSST = T_i + \Gamma(T_i - T_j) \tag{4.3}$$

Walton 对该线性算法进行非线性推导改进，提出交叉 SST 算法（简称为 CPSST 算法），NESDIS 于 1991 年对 Walton 的 CPSST 算法作进一步的简化，变为非线性算法（又简称为 NLSST 算法），并将该算法定为业务化算法而投入实用，算法形式如式 (4.4)。

$$T_{\mathrm{NLSST}} = A_1 T_{11} + A_2 T_{\mathrm{GUESS}}(T_{11} - T_{12}) + A_3(T_{11} - T_{12})(\sec\theta - 1) + A_4 \tag{4.4}$$

式中，T_{NLSST} 为 NLSST 算法卫星反演海表温度；T_{GUESS} 为海表温度的初始估测值；T_{11} 和 T_{12} 分别是 AVHRR 第 4、第 5 通道（11 μm 和 12 μm 谱段）的亮度温度；θ 是卫星观测天顶角。

学者们针对具体的研究情况，依据辐射传输方程及热红外分裂窗通道差分吸收理论，对分裂窗原型算法进行了各种改进：Becker 和 Li 提出局地分裂窗算法；Wan 和 Dozier 提出一种通用的分裂窗算法；Niclos 等采用热红外分裂窗数据进行 SST 反演等。截至目前，针对双通道热红外数据 SST 反演已经提出了十几种分裂窗算法。

NOAA 采用 CAPS (Common AVHRR Processing Software) 软件进行数据处理，实现卫星数据的辐射校正、几何校正及云检测，并根据不同海区和昼夜变化采用不同的温度反演算法模型。

4.2.2 MODIS 传感器

NASA 自 1991 年开始地球观测系统 EOS (Earth Observation System) 计划，MODIS 是 NASA 研制的大型空间遥感仪器，搭载于 EOS 计划中 Terra 和 Aqua 卫星上，有 36 个离散光谱通道，光谱范围较宽，覆盖从 0.4 μm 的可见光到 14.4 μm 的热红外，空间分辨率为 250 ～ 1 000 m。

首颗 TERRA 卫星于 1999 年 12 月发射，太阳同步轨道，卫星设计寿命为 5 年。过境时间为地方时的 10:30AM 前后，一天最多可获取 4 条轨道数据。其中两个热红外分裂窗通道可进行长期全球 SST 观测。AQUA 星为下午星，保留了 TERRA 星上的 MODIS 传感器，并在数据采集时间上与 TERRA 互补，每日下午地方时 01:30PM 前后过境，卫星轨道高度为 705 km，太阳同步，轨道周期 98.8 min，重访周期 16 d。

MODIS 可以同时接收来自地球表面及大气的发射、反射光谱信息。卫星每 1 ～ 2 d 可获取一次全球观测数据，幅宽 2 330 km，适于大中尺度的地球表面动态监测。MODIS SST 反演算法公式来源于“迈阿密探路人”海表温度算法 MPSST (Miami Pathfinder SST Algorithm)。

该算法模拟 NOAA 气象卫星 AVHRR 的 MCSST 算法。运用分裂窗通道亮温差进行大气校正，剔除大气衰减的影响。其中，T_{31} 和 T_{32} 分别为 31 和 32 波段的亮度温度；z 为卫星天顶角；T_{env} 为环境温度；a、b、c、d 为算法系数；详见表 4.7。MODIS 数据实现了全球 SST 实时观测与数据发布，产品包含日均、8 d 平均、月均、季均及年均全球 SST 产品，空间分辨率包括 1 km、4 km 和 9 km。

表 4.7 MPSST 算法参数

卫星	昼夜	系数			
		a	*b*	*c*	*d*
AQUA	白天	1.152	0.960	0.151	2.021
	夜晚	2.133	0.926	0.125	1.198
TERRA	白天	1.052	0.984	0.130	1.860
	夜晚	1.886	0.938	0.128	1.094

4.2.3 FY 系列气象卫星

FY 系列卫星是中国自主研发的气象卫星，目前有 FY-2D/E/F 及 FY-3A/B 星在轨运行。FY-3A/B 星分别于 2008 年 5 月和 2010 年 11 月成功发射，星上搭载的 SST 探测器主要有 1 km 空间分辨率的 10 通道可见光红外扫描辐射计 VIRR 和 250 m 至 1 km 空间分辨率 20 通道中分辨率光谱成像仪 MERSI。目前，该星已被纳入国际新一代极轨气象卫星网络。VIRR 包含两个热红外分裂窗通道，扫描张角 ±55.4°，详参见表 4.8，可用于 SST 监测。MERSI 有一个宽波段热红外通道，星下点空间分辨率为 250 m，详参见表 4.9。FY-3A/B 双星观测，数据时间分辨率较高。

中国国家卫星气象中心提供 FY 系列卫星数据 L1 至 L2 数据产品的下载，其中包含全球 SST 产品。FY-3 星采用 NLSST 算法模型，SST 产品以 HDF5 格式存储，分辨率 1 km，包括日产品、旬产品、月产品和候产品；FY-2 星提供 9210 格式日均 SST，标称格式 3 h 平均 SST、日均、旬均产品、月均产品和候均产品。

4.2.4 HY 系列卫星

HY-1A 是中国第一颗用于海洋水色探测的试验型业务卫星。星上装载 2 台遥感器，10 波段 COCTS 及 4 波段 CCD 成像仪。卫星于 2002 年 5 月 15 日发射，并于当月 29 日开始对地观测，主要观测要素包含 SST。HY-1B 是 HY-1A 的后续星，星上载有一台 10 波段 COCTS 和一台 4 波段海岸带成像仪。该星在 HY-1A 基础上研制，观测能力和探测精度进一步提高。

表 4.8 FY-3A/B 卫星 VIRR 通道光谱信息

通道	波段范围（μm）	噪声等效反射率 / 温差	动态范围	通道	波段范围（μm）	噪声等效反射率 / 温差	动态范围
1	0.58 ~ 0.68	0.1%	0 ~ 100%	6	1.55 ~ 1.64	0.15%	0 ~ 90%
2	0.84 ~ 0.89	0.1%	0 ~ 100%	7	0.43 ~ 0.48	0.05%	0 ~ 50%
3	3.55 ~ 3.93	0.3 K / 300 K	180 ~ 350 K	8	0.48 ~ 0.53	0.05%	0 ~ 50%
4	10.3 ~ 11.3	0.2 K / 300 K	180 ~ 330 K	9	0.53 ~ 0.58	0.05%	0 ~ 50%
5	11.5 ~ 12.5	0.2 K / 300 K	180 ~ 330 K	10	1.325 ~ 1.395	0.19%	0 ~ 90%

表 4.9 FY-3A/B 卫星 MERSI 通道光谱信息

通道	中心波长（μm）	光谱带宽（μm）	空间分辨率 (m)	噪声等效反射率 噪声等效温差 (300 K)	动态范围
1	0.470	0.05	250	0.45	100%
2	0.550	0.05	250	0.4	100%
3	0.650	0.05	250	0.3	100%
4	0.865	0.05	250	0.3	100%

续表4.9

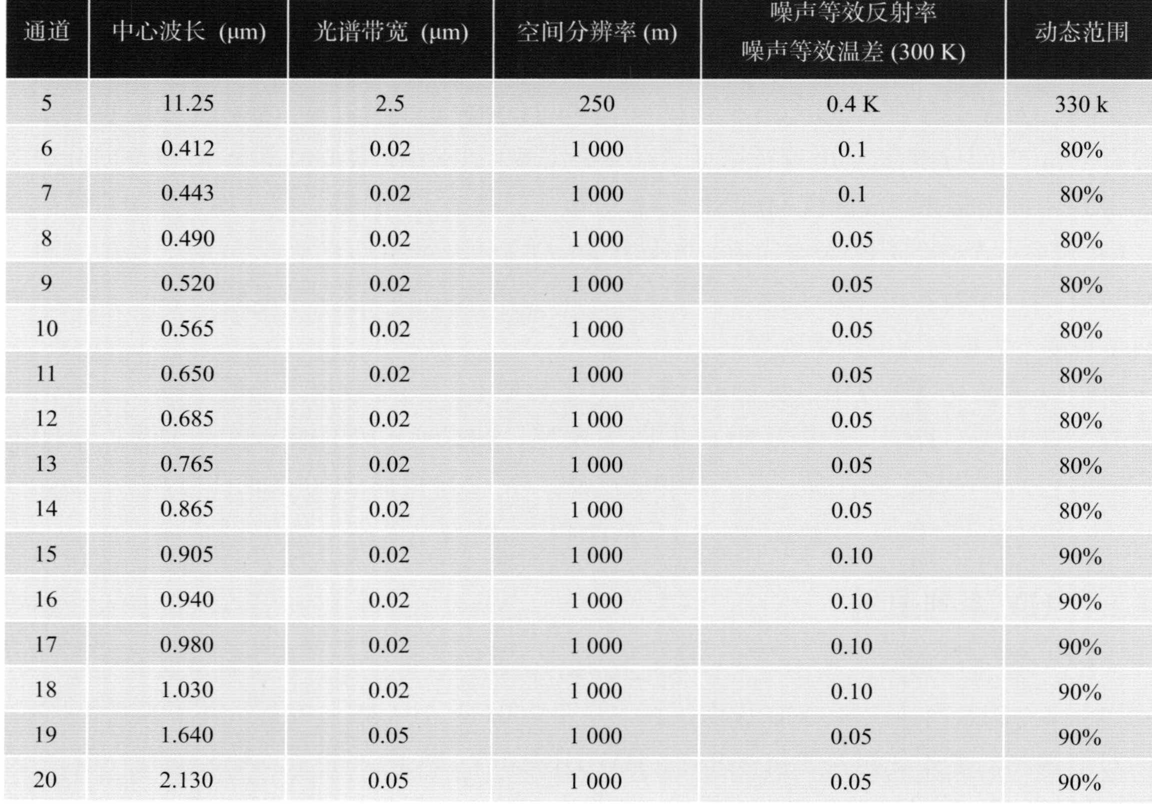

通道	中心波长（μm）	光谱带宽（μm）	空间分辨率 (m)	噪声等效反射率 噪声等效温差 (300 K)	动态范围
5	11.25	2.5	250	0.4 K	330 k
6	0.412	0.02	1 000	0.1	80%
7	0.443	0.02	1 000	0.1	80%
8	0.490	0.02	1 000	0.05	80%
9	0.520	0.02	1 000	0.05	80%
10	0.565	0.02	1 000	0.05	80%
11	0.650	0.02	1 000	0.05	80%
12	0.685	0.02	1 000	0.05	80%
13	0.765	0.02	1 000	0.05	80%
14	0.865	0.02	1 000	0.05	80%
15	0.905	0.02	1 000	0.10	90%
16	0.940	0.02	1 000	0.10	90%
17	0.980	0.02	1 000	0.10	90%
18	1.030	0.02	1 000	0.10	90%
19	1.640	0.05	1 000	0.05	90%
20	2.130	0.05	1 000	0.05	90%

COCTS 包含两个相邻的热红外波段 (10.3 ～ 11.4 μm 和 11.4 ～ 12.5 μm)，星下点空间分辨率为小于 1.1 km，详参见表 4.10。

表 4.10　HY–1 卫星 COCTS 通道光谱信息

通道	波段范围（μm）	动态范围	监测内容	量化等级
1	0.402 ～ 0.422	40%	黄色物质，水体污染	10 bit
2	0.433 ～ 0.453	35%	叶绿素吸收	
3	0.480 ～ 0.500	30%	叶绿素，水色，海冰，浅海地形	
4	0.510 ～ 0.530	28%	叶绿素，水深，污染，低含量泥沙	
5	0.555 ～ 0.575	25%	叶绿素，低含量泥沙	
6	0.660 ～ 0.680	20%	荧光峰，高含量泥沙，大气校正，气溶胶	
7	0.740 ～ 0.760	15%	大气校正，高含量泥沙	
8	0.845 ～ 0.885	15%	大气校正，水汽总量	
9	10.30 ～ 11.40	200 ～ 320 K	水温，海冰	
10	11.40 ～ 12.50	200 ～ 320 K	水温，海冰	

4.3 陆地资源类卫星

4.3.1 Landsat 系列卫星

美国于 1972 年发射了第一颗 “陆地卫星”(Landsat–1)，迄今共发射陆地卫星 7 颗。TM 是搭载于 Landsat–5，ETM+ 搭载于 Landsat–7。TM 和 ETM+ 均只有一个热红外通道 (10.4 ～ 12.5 μm)，空间分辨率分别为 120 m 和 60 m，通道设置详见表 4.11。

表 4.11　TM 与 ETM+ 通道信息

波段	波长范围 (μm)	分辨率 (m)	波段	波长范围 (μm)	分辨率 (m)
TM 波段	0.45 ～ 0.53	30	ETM ＋波段	0.45 ～ 0.515	30
	0.52 ～ 0.60			0.525 ～ 0.605	
	0.63 ～ 0.69			0.63 ～ 0.690	
	0.76 ～ 0.90			0.75 ～ 0.90	
	1.55 ～ 1.75			1.55 ～ 1.75	
	10.40 ～ 12.50	120		10.40 ～ 12.50	60
				2.09 ～ 2.35	30
				0.52 ～ 0.90	15

Landsat 卫星高空间分辨率热红外数据是百米级空间分辨率 SST 遥感反演研究中应用最广泛的。良好的成像质量和较高的空间分辨率，很好地满足了如陆源热污染排放及海湾水体热特性研究等很多近海小区域精细研究的需求，相关的研究成果很多。

Landsat TM/ETM+ 只有一个热红外波段，且谱段设置同为 10.4 ～ 12.5 μm，仅是分辨率有所不同（详参见表 4.11）。依据以上对各种算法的适用性分析，其适于采用单通道法。

4.3.1.1　覃志豪的单窗算法

覃志豪等为了避免辐射传输方程对大气探空数据的依赖，针对 Landsat TM6 提出了一种温度反演的单窗算法，绝对误差小于 0.4℃。算法表达式为：

$$T_s = \frac{1}{c}[a(1-C-D)+(b(1-C-D)+C+D)\cdot T_{\text{sensor}} - DT_a] \tag{4.5}$$

式中，T_s 为地表温度；a，b 为回归系数。

覃志豪等依据大气水汽含量和近地层气温给出了大气透射率和大气平均作用温度的估算方程式，如表 4.12、表 4.13 所示。

表 4.12　覃志豪等针对 Landsat TM6 的大气透射率估算方程

剖面	水蒸汽含量 w (g/cm^2)	大气透射率 τ_6 估算方程
高温剖面	0.4 ～ 1.6	τ_6=0.974 290–0.080 07 w
	1.6 ～ 4.0	τ_6=1.031 412–0.115 36 w
低温剖面	0.4 ～ 1.6	τ_6=0.982 007–0.096 11 w
	1.6 ～ 4.0	τ_6=1.053 710–0.141 42 w

表 4.13　覃志豪等针对 Landsat TM6 的大气平均作用温度估算方程

大气模式	大气平均作用温度 T_a 估算方程
美国 1976 标准大气	T_a=25.939 6+0.880 45 T_0
热带大气	T_a=17.976 9+0.917 15 T_0
中纬度夏季大气	T_a=16.011 0+0.926 21 T_0
中纬度冬季大气	T_a=19.270 4+0.911 18 T_0

4.3.1.2　刑前国等的改进算法

刑前国等介绍了一种基于覃志豪单窗算法的改进算法，并利用 Landsat TM/ETM+ 数据进行近岸的海温反演，随后与 Landsat 5 TM 过境的同日在大亚湾海域进行实地海表温度同步测量，水温取水面下 0.5 m 处的 20 个站位的温度，20 个站位实测温度范围为 16.47 ～ 18.45℃，反演所得各站温度比实测温度平均低 2.40℃。对于 Landsat 7 ETM+ 则采用同日上午卫星过境时刻的 MODIS Terra TIR 数据处理所得的 SST 结果进行了对比，两者相差 0.23℃±0.57℃，其算法表达式同式 (4.5)。

刑前国算法摒弃了原算法基于相应大气模式估算有效大气温度和水汽含量的方法，给出了估算平均大气作用温度及水汽含量的通用模式。

4.3.2　ASTER 系列传感器

ASTER 是 NASA 与日本经贸及工业部 METI 合作并有两国的科学界、工业界积极参与的项目，是搭载于 Terra 星上的高分辨率星载热量发射和反射辐射仪，1999 年 12 月 18 日发射升空，太阳同步轨道，轨道高度 705 km，轨道倾角 98.2°±0.15°，重复周期 16 d，赤道上相邻轨间距为 172 km。ASTER 传感器包括了从可见光至热红外共 14 个光谱通道，分成 3 个独立的子系统，分别处于可见光至近红外 (1 ～ 3 波段，空间分辨率为 15 m)、短波红外 (4 ～ 9 波段，空间分辨率为 30 m)、热红外波段 (10 ～ 14 波段，空间分辨率为 90m)，详参见表 4.14。

表 4.14　ASTER 传感器通道信息

波段	波长范围 (μm)	地面分辨率 (m)	波段	波长范围 (μm)	地面分辨率 (m)
1	0.52 ～ 0.60	15	8	2.295 ～ 2.365	30
2	0.63 ～ 0.69		9	2.36 ～ 2.43	
3	0.76 ～ 0.86		10	8.125 ～ 8.475	90
4	1.60 ～ 1.70	30	11	8.475 ～ 8.825	
5	2.145 ～ 2.185		12	8.925 ～ 9.275	
6	2.185 ～ 2.225		13	10.25 ～ 10.95	
7	2.235 ～ 2.285		14	10.95 ～ 11.65	

ASTER 具有多个热红外通道，可采用多通道法进行 SST 反演。但目前，同时反演地表温度和发射率的多通道算法研究并不成熟。但 Wan 和 Li 提出的同时利用白天及黑夜数据的多波段算法，李召良等提出来的独立指数法 (TISI) 也颇具代表性。ASTER 官方 SST 算法为 TES (Temperature Emissivity Separation) 算法，温度反演精度约为 ±1.5 K，发射率估算精度约为 ±0.015。基于实际应用的需求，研究者提出了多种基于 ASTER 数据的 SST 反演新算法。

ASTER TES (Temperature/Emissivity Separation) 算法是目前 ASTER 温度产品官方采用的反演方法，即利用热红外高光谱或多光谱的一个时相的观测来同时计算温度和发射率的算法。

ASTER TES 算法主要包括 4 个部分：① 估算最大发射率 ε_{max}，利用 NEM (Normalized Emissivity Method) 模块初步估计目标表面温度 T_b，并从星上辐亮度 L_b 中扣除反射的大气辐射 $(1-\varepsilon_{max})S_{\downarrow b}$，进而得到目标温度的初步估计和目标发射辐射亮度分量，用迭代优化的方法逐步去除反射的环境辐射；② 利用 RAT (RATIO Algorithm) 模块将波段发射率 ε_b 与所有波段平均值相除计算相对比辐射率 β_b；③ 通过 MMD (Maximum–Minimum Difference) 与最小发射率的经验关系确定最小发射率 ε_{min}，进一步估算发射率和温度；④ 再次校正反射的大气下行辐射和发射率形状谱中的偏差。研究表明：算法反演温度误差一般小于 1.5 K，发射率误差一般小于 0.015。

4.3.3 中巴 CBERS–02 IRMSS

中巴地球资源卫星 CBERS 是一颗数字传输型资源卫星，是中、巴两国于 1988 年联合议定书批准，两国共同研制的卫星，通道详见表 4.15。卫星采用太阳同步轨道，轨道高度 778 km，轨道倾角 98.5°，重复周期为 26 d，平均降交点地方时为 10:30 AM，幅宽 185 km。星上搭载 CCD 传感器、IRMSS 红外扫描仪、WFI 广角成像仪，可提供空间分辨率 20 ~ 256 m 的 11 个波段不同幅宽的遥感影像数据，成为资源卫星系列中别具特色的一员。基于单通道法反演 SST，CBERS 数据在国内外诸多研究中发挥了重要作用。

针对 CBERS–02 IRMSS 的热红外通道辐射特性，张勇等对 Jimenez–Munoz 等的普适单通道法进行改进，并进行了温度反演实验。利用 2004 年 8 月 17 日在青海湖的野外实测数据对该算法的温度反演结果进行的验证表明：遥感反演的水面温度与同步实测水温相差 0.09℃。

张勇等根据 IRMSS 传感器热红外通道的光谱响应函数，利用 Jimenez–Munoz 和 Sobrino 给出的与传感器通道响应函数和大气水汽含量相关的大气状态方程的数值表达式，给出了适用于 CBERS–02 IRMSS TIR 的大气状态方程：

$$
\begin{aligned}
\varphi_1^{IRMSS9} &= 0.016\,42\,\omega^3 - 0.006\,62\,\omega^2 + 0.133\,14\,\omega + 0.992\,53 \\
\varphi_2^{IRMSS9} &= -0.105\,63\,\omega^3 - 0.338\,96\,\omega^2 - 1.910\,05\,\omega + 0.235\,45 \\
\varphi_3^{IRMSS9} &= -0.054\,95\,\omega^3 - 0.391\,16\,\omega^2 + 0.987\,75\,\omega + 0.088\,96
\end{aligned}
\tag{4.6}
$$

表 4.15 CBERS/IRMSS 传感器通道信息

传感器名称	CCD	WFI	IRMSS
传感器类型	推扫式	推扫式	振荡扫描式
可见 / 近红外波段 (μm)	1：0.45 ~ 0.52 2：0.52 ~ 0.59 3：0.63 ~ 0.69 4：0.77 ~ 0.89 5：0.51 ~ 0.73	10：0.63 ~ 0.69 11：0.77 ~ 0.89	6：0.50 ~ 0.90
短波红外波段 (μm)	—	—	7：1.55 ~ 1.75 8：2.08 ~ 2.35
热红外波段 (μm)	—	—	9：10.4 ~ 12.5
量化等级	8 bit	8 bit	8 bit
扫描带宽 (km)	113	890	119.5
每波段像元数	5 812 像元	3 456 像元	波段 6 ~ 8：1 536 像元 波段 9：768 像元
空间分辨率 (m)	19.5	258	波段 6 ~ 8：78 波段 9：156
视场角 (°)	8.32	59.6	8.80

4.3.4 环境卫星 HJ–1B IRS

于 2008 年 9 月发射的环境与灾害监测小卫星 HJ–1A/B 搭载有红外相机 IRS（具体通道光谱特性见表 4.16），包含一个热红外波段 (10.5 ~ 12.5 μm)，空间分辨率为 300 m，重复观测周期为 2 d，扫描角度为 30°。卫星热红外通道 300 m 的空间分辨率使之适于小型水域的 SST 反演研究。

表 4.16 HJ–1B/IRS 传感器通道信息

卫星平台	有效载荷	波段	光谱范围 (μm)	空间分辨率 (m)	幅宽 (km)	侧摆能力	重访时间 (d)
HJ–1B	IRS	5	0.75 ~ 1.10	150	720	无	4
		6	1.55 ~ 1.75				
		7	3.50 ~ 3.90				
		8	10.5 ~ 12.5	300			

我国于 2008 年 9 月 6 日发射了环境与减灾监测预报小卫星星座 A、B 星 (HJ–1A/1B)，其中 HJ–1B 星携带的红外多光谱相机 (IRS) 仅包含一个热红外波段（详参见表 4.16）。由于发射时间较短，卫星数据温度反演算法的研究成果极少，最具代表性的是段四波等利用 HJ–1B 模拟数据温度反演的两种单通道算法。

段四波等利用现有的两种单通道算法——覃志豪单窗算法和 Jimenez–Munoz 等的普适单通道算法，结合 HJ–1B 热红外波段的光谱响应特性对这两种算法进行修订，并对修订后的算法进行了算法精度评价、参数敏感性分析和算法综合误差分析。段四波等用于温度反演的 HJ–1B 热红外遥感图像是通过机载 AHS 数据模拟得到的。在应用改进的覃志豪单窗算法进行温度反演时，给定参数地表比辐射率误差为 0.01，大气透过率误差为 0.02，大气平均作用温度误差为 2 K，反演所得温度范围为 299.9 ~ 352.7 K，与模拟温度范围 301 ~ 352 K 非常接近，温度差值集中在 –0.95 K 和 –1.25 K 附近，反演温度比模拟温度低约 1.2 K。在应用改进 Jimenez–Munoz 等普适单通道法进行温度反演时，给定参数地表比辐射率误差为 0.01，大气水汽含量误差为 0.2 g/cm^2，反演所得温度范围为 300.0 ~ 352.5 K，与模拟温度范围 301 ~ 352 K 相差不大，温度差值在 –0.65 K 和 –0.85 K 处，反演温度比模拟温度低约 0.8 K。

第 5 章　MODIS 海表温度遥感方法

5.1　概述

地球观测系统 (EOS) 中分辨率成像光谱仪 (MODIS) 是用于陆地和海洋现象观测搭载有可见 / 近红外辐射计的卫星。MODIS 的设计继承了几十年来 NOAA 红外辐射计使用的经验。MODIS 仪器团队的期望是开发用于估算海表温度 (SST) 的更为完美的算法。这个文档的目标是阐述 MODIS 的前发射 (Pre–launch) SST 原型算法，即 1.0 版本，包括在这些表述之内的内容主要有物理方面的进展，校准和定标需求，质量保证、SST 产品界定和要解决的问题。

5.1.1　算法和产品标识

由原型算法产生的 SST 标识为 1.0 版本，其为二级产品，EOS 的产品序号为 2527，MODIS 产品序号为 28，标识为 Sea–sfc 温度。

5.1.2　算法概述

这个由 MODIS 海洋团队计算组 (MOTCF) 开发的算法用在 EOSDIS (Eos Data and Information System)，这个计划设施位于迈阿密大学的海洋与大气科学学院。Sea–sfc 意义为基于卫星的大洋温度的红外反演，而且通过综合使用几个 MODIS 的中远红外波段进行大气吸收校正。云剔除主要有两种方法，即云剔除产品的使用和海温反演时的云标识。后一种方法包括几个独立的环节，即系列的点负阈值检测，空间均质性和数据气候学测试。SST 输出产品的质量评估是由估算海温、输入的定标辐射、反演的每个波段的亮温、定量云剔除结果的标识 / 扫描坐标信息，经度纬度和时间。分发的 Sea–sfc 产品包括 SST、经度纬度、时间和质量评估标识。

5.1.3　文档内容

文档叙述了 SST (Sea–sfc Temperature) 算法的物理基础，综合了目前 1.0 版本算法的结构，讨论了取决于数据流的实现过程， 而且阐述了真实性检验需求。在轨大气校正算法也有描述，反演的海表温度场的预计误差也有讨论。

本版本将替代 1996 年 10 月 21 日发布的 1.0 版本，其目前的大气校正算法完全不同于早期的版本，同时给出了更为详细的真实性检验对策，这包括了前发射航次的研究结果，这些证明了在海上使用光谱辐射计检验大气校正的算法表现的可行性，提供了在海洋表面观察物理过程的新视角，即在 MODIS、SST 反演过程中不确定性检测的极端重要性。

5.1.4 相关文档和出版物

MODIS SST Proposal, 1990, Infrared Algorithm Development for Ocean Observations with EOS/MODIS, Otis B.Brown. MODIS IR SST Execution phase Proposal, 1991, Infrared Algorithm Development for Ocean Observations with EOS/MODIS, Otis B.Brown.

5.2 实验目标

5.2.1 概要与背景信息

天基测量对于研究海表温度的全球分布与变化的重要性在 MODIS Instrument Panel Report (MODIS, 1986) 和其他文献 (ESSC, 1988; WOCE, 1985; Weller 和 Tafor, 1993）中已有阐述，在此不再讨论。有足够的理由说明全球海表温度场需要在中等分辨率，如 10 ~ 200 km，日到周的时间尺度。自 Andicy 和 Kautle 以及 Prabhakara (1974) 的开拓性工作以来，红外波段的大气水汽吸收效应可以通过多个波段的线性组合进行高精度地校正已被人们所认识，MODIS 的特殊设计确保了非常低的辐射计噪声（在 10 ~ 12 μm 之间时，小于 0.05 K）以及在 3.7 μm 和 4.2 μm 波段非常窄的精心制作的窗口 (Salomonson 等，1980)。这些改进和与 MODIS 波段选择相匹配的新辐射传输模型结合在一起，将达到在约 10 km 的空间尺度和时间尺度为周的情况下，中纬度地区为小于等于 0.45 K，赤道地区为小于 0.5 K 的反演精度，这些工作确保达到 0.2 K 和 $2^\circ \times 2^\circ$ 的阶段目标。

5.2.2 实验目标

算法开发是 MODIS 仪器研究队伍大型研发工作的一部分，以开发海表温度探测、SST 温度场制图、真实性检验它们的特点、探测这些场时空变化的主要特征，以及开发一系列简单的模型并将这些场同化到特定的科学问题如全球变暖等的精确模型。这些努力将直接针对上层海洋混合层，以计算热量场的季节变化，这些结果将用于 JGOFS 和 WOCE (World Ocean Circulation Experiment) 计划。这些结果将提供海洋在季节年际尺度上变暖的证据，而且，将直接对接 NASA 的地球系统科学目标 (ESSC, 1998)，由于这些领域的定标、大气校正和数据同化等方面的复杂性，所有工作需要与计划的 EOS 工作紧密结合，并尊重 MODIS 和 ADEONSCAT 测量系统的成果。

5.2.3 历史回顾

自 1960 年以来，众多的开发人员、机构和政府一直在推动利用天基红外辐射计进行可靠 SST 数据生产算法的开发。如 NOAA、NASA 和 RAL/WK 指明了应用辐射传输模式、模型变化的红外辐射计方法，并观测了温度、湿度的垂直分布和实际的观测工作。Minnett

(1986,1990)和Bartan (1995)归纳总结了NOAA/AVHRR经典遥感器高质量反演方法的现状。本次工作的目前状态受限于辐射计窗口质量、辐射计噪声、前发射遥感器质量、在轨定标质量、观测几何和大气校正。

5.2.4 仪器特征

MODIS 有多个位于中远红外光谱区的红外波段，这些波段设计用于 SST 探测，专门用于红外遥感 SST 的波段见表 5.1。

表 5.1 MODIS SST 红外探测波段

波段号	波长 (μm)	波段带宽 (μm)	NE.T (K)
20	3.750	0.180 00	0.05
22	3.959	0.059 4	0.07
23	4.050	0.060 8	0.07
31	11.030	0.500 0	0.05
32	12.020	0.500 0	0.05

MODIS 这些波段的选择立足于各中远红外光谱中大气透射特性。位于 4 μm (20、22 和 23) 的波段呈现出很高的敏感性（定义为$\frac{1}{L}\cdot\frac{\mathrm{d}L}{\mathrm{d}T}$），而且位于柱水汽 (Colum Water Vapor) 对遥感辐射影响最小的位置。10 μm 和 12 μm (31 和 32) 的红外波段位于 300 K 黑体接近地球平均温度的最大辐射区。而且，对两个波段而言，在水汽吸收方面有明显的差异。有着最小水汽吸收的中红外波段，则受制于降低的有效地球辐射、窗口波段带宽和白天可能的太阳辐射反射。远红外波段靠近太阳发射的最大值区有较大的波段带宽，但却被在赤道空气体的较强水汽吸收和白天可能的太阳辐射所葬送，中远红外波段的两个波段对大气柱水汽呈现不同的敏感性，提供了可用的 SST 红外观测对策。每个波段特定的 NEΔT 小于 0.07 K。正如所看到的，这些特征是在期望的准确度水平上精确 SST 探测的必要保障。

5.3 海表温度算法

5.3.1 算法描述

利用 MODIS 精确定标的辐亮度来反演精确的海表温度场和相应的统计产品取决于影响光谱辐亮度的大气校正能力以及提供覆盖感兴趣时空窗口的同化机制的能力。用热红外波段透过大气遥感到的 SST 对几个影响的温度精度的环境因子非常敏感。在辐射探测过程中误差的主要来源是：① 太阳耀斑 (MODIS 波段 20、22 和 23)；② 大气层内的水汽吸收 (MODIS 波段 31、32)；③ 痕量气体吸收（所有波段）；④ 由于火山喷发、吹向海洋的陆源尘埃气溶胶吸收产生的偶然性变化（所有波段）。尽管卫星遥感器感测到了称之为“皮温”的大气辐射温度，卫星遥感的结果通常与大洋表层几米的“体积温度”相比较。海洋界面的相互作用改变了这两个变量的关系，并产生了“体温”和辐射温度的观测差异，我们必须定量体温与皮温之间的区域和时间差异，这是现场 SST 定标和真实性检验工作的目标之一。

每个 MODIS 红外波段（20、22、23、31 和 32）积分的大气透过率是不同的。而且，算法的推导取决于这些波段测量的温度之间的差异。这样最简单的算法假设为，大气层有最小程度的水汽吸收、且理想的地表，任何波段内测量的温度间的差异和真实的表层温度间能参数化为简单的线性函数。

我们使用英国 Rurherford Appleton 实验室开发的线性辐射传输数值模型作为模拟 MODIS 红外波段大气吸收和辐射过程的基础。表层温度 的线性算法 (MCSST) 基于下列公式

$$T_s = \alpha + \beta T_i + \gamma(\mathrm{T}_i - \mathrm{J}_i) \tag{5.1}$$

其中，T_i 为不同波段的亮温；参数 α，β，γ 为修正参数，公式 (5.1) 中，利用波段 31 和 32 推导的算法将分别用 31 和 32 替代 i，j。等式关系能用任何两个波段对推导出。对典型的 AVHRR4、5 算法而言，α，β，γ 值分别为 -1，1 和 3。

尽管公式 (5.1) 很容易得到，但并不能校正由于扫描角度引起的空气体的变化。(L lewellyn Jones) 等利用数值模拟开发了一个方法来修正公式 (5.1)：

$$T_s = \alpha + \beta' T_i + \gamma(\mathrm{T}_i - \mathrm{J}_j) + \delta(1 - \sec(\theta)) \tag{5.2}$$

其中，θ 为天顶角；δ 为扫描角系数。这个方法降低了潮湿大气在大扫描角时的误差 1 K 多。

对 MODIS Sea-sfc 温度估算（原型算法）来讲，我们将得到针对多个有效波段对的公式 (5.2)，变量的校正方程。我们也将检验获取 NLSST 技术的可行性，它提供了大气校正的非线性方法。

5.3.2 评测

5.3.2.1 方差或不确定性估计

MODIS 红外 SST 反演的不确定性可直接计算。可以看到，T_s 的误差可表示为：

$$e_t = \sqrt{\sum_{i=1}^{n} a_i e_i^2} \tag{5.3}$$

其中，e_t 为总误差，a_i 为估算系数；e_i 为算法中使用的各波段误差。e_i 表示为：

$$e_i = \sqrt{(e_i^a)^2 + (\mathrm{NE}\Delta T_i)^2} \tag{5.4}$$

其中，e_i^a 为大气校正引起的误差；$\mathrm{NE}\Delta T_i$ 来自于仪器设计和运行考虑。

这个分析清晰地表明，定标和 / 或大气校正误差是误差来源的重要组成，如，假设合适的大气校正前提下，单波段定标产生的 0.1 K 误差相当于双波段的 RMS 误差 0.14 K。因此，我们需要定标精度控制在 0.05 K 的水平上，以把定标误差效应降到最小。目前对 ATSR 最有效的大气校正显示在仪器观测天顶角最优状态下，大气校正误差接近 0.3 K。

如果假设定标误差和大气误差是随机的，并如上述分析一样可被整合，两个波段反演的最好误差期望值为 0.35 ～ 0.4 K。这个方程也指明增加更多的波段来改善大气校正则需要相应的花费，此外，虽然提供了用于大气校正信息，但是每个增加的波段也引入了噪声到 SST 反演中。

5.3.3 前发射算法与测试开发

5.3.3.1 在轨大气校正算法

本节，我们将叙述用定标的 MODIS 波段辐亮度反演 SST 的在轨算法的推导。由于算法已经在卫星第一次在轨测量时就固定了下来，其推导则必定立足于以前发射的遥感器测量结果分析经验和测量机制的数值模拟。MODIS 观测的数值模拟有 3 个部分，它们是：

（1）控制红外发射的大洋表面过程；

（2）改变大洋表面到卫星遥感器之间红外辐射的大气过程；

（3）引入不确定性到观测中的遥感器本身性能的影响。

在我们关注的红外光谱区间内，海面的发射率是高的，在通常的环境条件下，是相对不变的。作为结论，在 MODIS 测量过程中，海表过程的变化并不是不确定性的主要来源，作为发射角（或等同于扫描角或卫星高度角）函数的表层发射率的波动可用数值方法拟合，但是，风速和清洁度则不然。由风速引起的海表面的倾斜使得发射率是风速的显著变量，反射率亦是如此。最近的模拟结果显示风速变量比早期研究结果要小很多，而且在发射角小于 60° 时也小。这样，表层发射率的风速变量超越 MODIS 刈幅的发射角度成为次要因素。

模拟工作的努力主要集中在干扰的大气影响上。当然，云是表层发射的辐射传播的主要障碍，并包括在模拟中。要求受云污染的 MODIS 像素区分开来并从 MODIS 反演过程中剔除，其模拟被限制在无云条件下，但是 AVHRR 和 ATSR 数据处理经验表明，气溶胶也是明显的误差源。气溶胶影响的一些初步结果在下面阐述。

此处表述的模拟过程并未包括辐射通过仪器到探测器之间的传播环节，模拟适用于卫星高度上在大气层顶部红外辐射的光谱。仪器影响模型已由 MCST 开发出来，用在这里的这些结果包含了 SST 反演误差估算。

5.3.3.2 数值模拟

用于模拟大气层顶辐亮度的大气辐射传输模型由英国 Ratherford Appleton Laboratory (RAL) 实验室开发，以服务于 ATSR 发射前运行状态的预测以及大气校正算法的反演。它首先用 NOAA–7 上的 AVHRR 数据定标，其中，使用模拟反演的一组大气校正算法生产了与 NOAA SST 产品精度相当的 SST 场，NOAA SST 产品是由与浮标匹配数据反演的算法生产的。

此模型为高光谱分辨率的逐线模型，可应对遥感器视场内辐亮度的 3 个组分，即表层发射、从大气层进入视场的发射以及在海表反射到光束内的下行大气发射。

模型的光谱分辨率为 0.4/cm 且大气层被分为 128 个独立等压间隔的平行层。每个吸收线的光谱特征（光谱位置，线强度，温度变量和压力扩展系数）从 HITRAN 数据库中获取。随着模型逐步穿过光谱区，所有线视为在它们的线中心的 20/cm 之内，其线的形状由 Gross (1955) 逼近给出。

考虑的大气层成分为臭氧 (O_3)，氮气 (N_2)，硝酸 (HNO_3)，氧化亚氮，氨 (NH_3)，甲烷 (CH_4)，羟基硫化物 (OCS) 以及氟利昂 F11 (CCL_3F) 和 F12 (CCL_2F_2)，这些均视为浓度混合均匀的气体以及水汽 (H_2O)。水汽既视为独立的光谱线又是连续和不规则的吸收线，其见于 Clough 等最新的成果。大气层水汽浓度的空间和时间变化需在模拟中假设为理想分布。这里提供的有两种形式：由高空无线探测反演的海洋大气剖面的区域和季节数据集和由 ZCMWF 的全球同化模型生产的一组剖面。这些数据集也提供了大气温度和压力剖面的相关分布。

模型公式允许在大气层中插入气溶胶层，因为已确信它对红外辐射的传播有深远的影响，但是，它有很大的不确定性，与气溶胶的光谱特性、大尺寸、空间和时间分布等特征有关。而且，提供理想模拟的气溶胶相关内容还需进一步研究（见下）。为了建立在轨 SST 反演算法，假设大气层为无气溶胶状态，在 SST 反演中预设了云剔除环节，这样将气溶胶视为云，由 MODIS 大气组反演的气溶胶产品 (Mod04) 将在气溶胶效应污染到 SST 反演时提供进一步的指示。

覆盖 MODIS 刈幅的模拟通过大气层原值除以 $\sec(\theta)$（卫星高度角）等比放大来实现。

模型的输出为一组大气传输光谱，$\tau(\lambda,\theta)$，在顶部的向上大气发射 $L\downarrow(\lambda,\theta)$。这些变量和来自海表的发射光谱 $L_s(\lambda,SST)$ 和表层发射率 $\varepsilon(\lambda,\theta)$ 一起使用来产生大气层顶合并的辐射光谱 $L_{\mathrm{toa}}(\lambda,\theta)$：

$$L_{\mathrm{toa}}(\lambda,\theta)=\varepsilon(\lambda,\theta)L_s(\lambda,SST)+(1-\varepsilon(\lambda,\theta))L\downarrow(\lambda,\theta)\tau(\lambda,\theta)+L\uparrow(\lambda,\theta) \tag{5.5}$$

其中，SST 是在参考大气剖面表层气温基础上由筛选过的气—海温度差得出。$L_{\mathrm{toa}}(\lambda,\theta)$ 与波段 τ 的归一化系统响应函数 $\varphi(\lambda)$ (Normalized System-level Response Function) 相结合，在模型输入条件下产生模拟的辐亮度。模型的更多细节和以前的应用见 Llewellyn-Jones 等 (1984)，Mennett (1986, 1990) 和 Zavody 等 (1995)。

5.3.3.3 热红外算法（10～12 μm）

本节，我们叙述了使用两组明确的大气剖面应用 RAL 模型来反演在轨大气校正算法。其结果参数是相似的。

1）基于无线探空设备

RAL 辐射传输模型使用了 5 个高度角和 5 个气—海温度差以及 1 200 个质量控制的无线探空全球数据集。产生了 MODIS 波段 31 和 32 的各 30 000 个高温数据集。MODIS v.2 前发射 SST 算法基础为在 UM-RSMAS 开发的迈阿密探路者 SST 算法 (Mpfsst)。

算法利用不同大气水汽含量引起的两通道亮温的差异来建模，其系数按 T_{3132} 大于或小于 0.7 K 时分别给出。在应用时，其系数由测量到的 T_{3132} 加权得到。

MODIS-SST 的拟合用鲁棒回归分析 3 000 个数据得到。数据按照残差加权，并剔除大于回归系数一个标准偏差的数据。进一步的回归反演了系数，回归的残差在南极 (Arctic) 和北极 (Antarctic) 表面温度低于 -2℃的陆地站显著地增加，其完全不同于海洋大气。除去这些极端寒冷的数据，重新回归得到的 MODIS 发射前 SST 算法 RMS 误差为 0.337 K，平均误差约为 0。

无线电探空数据库更倾向于温暖的海表温度和更洁净的大气层，这个倾向可通过统计方法剔除。模拟的波段 31 和 32 的散点图与先前收集的探路者 (Pathfinder) 数据分布（图 5.1）类似，与高度角或 SST 的残差没有明显的趋势，但在高纬度地区更大些。

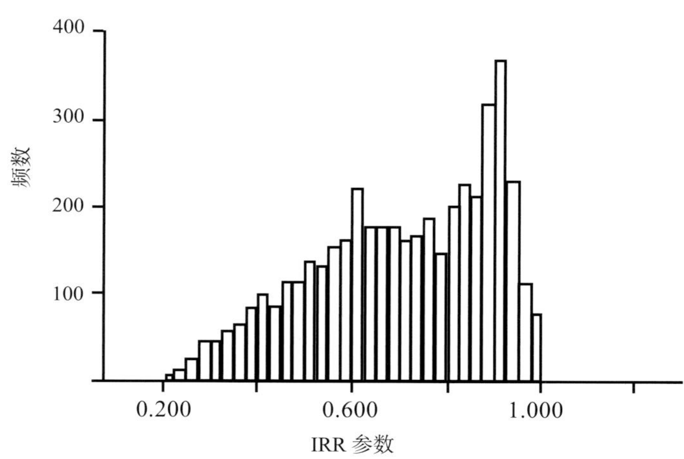

图 5.1 大气净度分布，用 31 波段离地辐射与卫星观测辐射比值表示，并剔除低于 -2℃的数据

2）基于 ECMWF

继上述系数反演之后，产生了一个新的大气条件数据集，其基于 ECMWF 同化模型的输出。这些是 10° 纬度或经度间隔均匀分布的伪探空数据，它们从 ECMWF 全球数据同化模型中按 1996 年每隔两个月（1 月，3 月）的第 1 和第 16 天的 00 点和 12 点 (UTC) 提取，其优点是代表了全球海洋大气条件变化范围的一致，从统计角度真实地代表了实际的大气。利用它们将导出计算温度场的一组系数，将比基于无线电探空数据集具有更小的不确定性，以弥补其无法在整个大气参数空间取样的不足。

将 90 组 ECMWF 伪探空仪数据以 8 个天顶角（0° ~ 60°，如 1 ~ 2 气体层）和 5 个海气温度差（-0.5 ~ 1.5 K）用在模型中，推导出的系数见表 5.3。由于它们的较强代表性，和与真实探空数据的反演结果无论在数值和特性上均无显著差别的客观事实，用 ECMWF 剖面数据反演的系数构成了 MODIS 在轨 SST 算法的基础。

本算法的均方根 RMS 不确定性为 0.345 K，比无线电探空仪反演的系数值稍大。从事实得出的结果确信新系数数据集代表了更宽泛的大气条件。与早期的数据集相比，不确定性随着天顶角的增加而增加，这是在期望之中的，但更需进一步的努力去尝试降低天顶角的影响。

3）中红外算法（3.7 ~ 4.2 μm）

MODIS 是第一个在适合海温反演的 3.7 ~ 4.1 μm 大气窗口有多个红外波段的星载遥感器，这个窗口比 10 ~ 12 μm（波段 31 和 32）的更为透明，提供了反演更为精确的 SST 场的机会。尽管其前任遥感器在这个窗口有单独的波段，其数据需和更长波长的数据协同来反演 SST（如 Llewelly-Jonesetal 等，1984），MODIS 则是首个单独使用这个区间的测量结果反演 SST 的遥感器。在开发这些波段的 SST 算法过程中，开始用的是最简单的线性方程，在初期，模拟从 0° 天顶角做起，天顶角变量逐步成为一个包括 $\sec(\theta)$ 函数在内的数据项。

这个用于 SST 测量的光谱区间的缺点是在白天易受到反射的太阳辐射的污染。由于海表面风的粗糙化，当遥感器从太空俯视时，太阳反射在大范围内扩展，即太阳耀斑（如 Cox 和 Munk, 1954）。这使得白天刈幅的大部分不能用于 SST 探测，因此推断，用这个光谱区测量 SST 的算法限定在夜间使用，或白天刈幅受太阳污染的这些部分可以不计算在内，因此，MODIS 波段 20、22 和 23 具有比波段 31 和 32 更好的辐射优势，即它们不能提供白天和夜间应用。

RAL 模型首先使用 761 个海洋和海岸带无线电探空仪全球数据集利用 MODIS AM–1 波段 20、22 和 23 的在用波段响应函数来模拟星视亮温 (BTS)（波段 21 也在这个大气窗口，但因为它是用于森林火灾测量，动态范围较宽，不适合于 SST 探测的敏感性辐射要求）。

表 5.2　MODIS 波段 20、22 和 23 响应函数

波段	中心波长 (μm)	波段宽度 (nm)
20	3 788.2	182.6
22	3 971.9	88.2
23	4 056.7	87.8

最简单的 SST 算法为单波段的线性函数。如果其波段为基本不受水汽影响的非常清洁的光谱区间，则其具有高效的应用前景。其算法为：

$$SST_i = a_i + b_i T_i \tag{5.6}$$

其中，i 为波段号。

系数和 SST 残差见表 5.3，说明了这些波段的潜力，尤其是波段 22。

表 5.3　线性单波段 SST 算法的系数和残差

波段	a_i	b_i	ε (SST)
20	1.013 42	1.049 48	0.320
22	1.645 47	1.023 02	0.170
23	3.652 64	1.046 57	0.446

在洁净的大气状态下，22 和 23 波段对是补偿大气变化效应的最佳组合，如果没有明确的季节和区域项，算法中更多函数项的加入不能降低简单算法业已存在的低残差。波段 20 的使用引入了一个较大的与大气变化有关的变量，对 20、22 和 20、23 波段组合而言，其算法的某些改进主要由更复杂的公式实现。

气溶胶的状态明显取决于区域和季节变化，而季节和区域变化可以作为一个额外函数项来很好地弥补反演误差，在清洁的空气情况下，最有效的波段对为 22 和 23。

极区数据点的数据量太少不能稳定地估算系数，因而在这个区域使用了全球数据集。在把数据分成纬度带时，在一些状态下，ε(SST) 呈现增加趋势，尽管在反演时剔除了少量数据，但保持了评估精度。我们期望值数据库扩展到高纬度剖面时，异常将得到解决，并且残差将有所降低。

天底点不确定性的波段 22、23 和 20、22 RMS 值分别为 0.269 K 和 0.285 K。

算法研发过程中的分析显示，某些波段差是总水汽柱非常好的表征，回归残差和无线电探空总水汽 (*w*) 散点图显示其关系最好，为 $-1\ \mathrm{K} \leqslant T_{20}-T_{22} \leqslant 1\ \mathrm{K}$ 和 $0 \leqslant w \leqslant 60\ \mathrm{kg/m^2}$。$T_{22}-T_{23}$ 差事实上并不依赖水汽负荷，波段 22 和 23 的主要污染是由 4.3 mm 的 CO_2 强吸收引起的，CO_2 在全球尺度上的变化并不剧烈。这个结果促使我们认识到在不需求助诸如 SSM/2 等额外卫星数据的情况下，在 SST 反演过程中，提供了精确计算水汽含量的可能方法。

目前有关算法的研究主要聚焦在三个方面：一是算法中的天顶角效应；二是反演中精确获取大气水汽含量信息的方法；三是利用 ECMWF 剖面产生基于更宽泛大气条件的一组系数。

5.3.3.4 总误差

如上所述，有 3 个影响 MODIS 红外测量的过程：① 在大洋表面控制红外发射的过程；② 在大气层中影响大气层和遥感器入瞳处的过程；③ 遥感器特性。不确定性存在于所有这些过程之中，这些限制了我们更好地理解物理的遥感器的过程，或受限于环境的自然变化，而这些变化不能在测量中或者在数据处理中难以精确的补偿。这些导致了 SST 反演的误差。误差的大小能用均方根 (RMS) 来估算，提供的这些是不相关的。

使用波段 31 和 32 测量的在轨算法的残差不确定性由天底点大气变化贡献为 0.337 K，卫星 45° 天顶角时的贡献为 0.48 K，表面发射过程对不确定性贡献为 0.05 K。

最近来自 MCST 的信息表明，波段 31 和 32 两个波段有显著的遥感器不确定性，这些通过 MODIS–SST 反演算法传播导致了 SST 误差的放大。

当把这些加入到由大气变化引起的不确定性时，我们依据仪器误差源和大气路径长度之间的相关程度得到了反演的 SST 过程中的不确定性范围，如下：

不相关误差：

在天底点：$\varepsilon(\mathrm{SST}) = 1.09 \sim 1.42\ \mathrm{K}$

在 45°：$\varepsilon(\mathrm{SST}) = 1.16 \sim 1.62\ \mathrm{K}$

相关误差：

在天底点：$\varepsilon(\mathrm{SST}) = 0.45\ \mathrm{K}$

在 45°：$\varepsilon(\mathrm{SST}) = 0.56\ \mathrm{K}$

在不相关误差中，数值的扩大表明是由不同类型的大气条件引起的。这些估计没有包括波段、残留云的污染和气溶胶效应之间的电子和光学过程的交叉影响。

尽管 MODIS 前发射特征研究非常广泛，并一旦入轨后显示出遥感器达到了很多预期目标，但是，仍然有一些不确定性，尤其是作为扫描角度函数 (rvs) 的扫描镜面反射贡献了总误差的很大一部分，由于 MCST 没有在可靠的系统层面开展波段 20、22、23、31 和 32 的扫描角度函数测量和分析，重点开展的部分测量（包括实验室在镜面样品上的 rvs 测量）表明在典型条件下残差不确定性大于 0.1 K，由于在扫描镜像上辐射的入射角在整个刈幅的不同地方是变化的，不同于星载黑体校准靶标的测量和用于红外校准的冷空观测在每个像元上仪器扫描角度函数不确定性对总误差的贡献有几个渠道，作为结论，AVHRR 反演的 SST 精度通常为人们所接受，不太可能进一步改进。为了改善这个状况，计划采用在轨机动方法，即旋转卫星以让 MODIS 对地端口指向冷空，使得 MODIS 能扫描的稳定的冷靶标，希望这些将明显地降低 rvs 不确定性。SST 反演不确定性的改进预期即目前发射前水平的 50% ～ 10%，要达到与历史仪器同等的水平，需要残差不确定性在目前水平约 10% 以上及波段之间有很好的相关性。

5.3.3.5 气溶胶

AVHRR 探路者数据集（见 ATBD, R.H.Evans）误差特性最近研究表明大气层气溶胶在分类为无云的情况下是残差的主要来源，这些误差经常存在于已知气溶胶输出的地区，如西北非洲的撒哈拉尘暴。

有关气溶胶红外特性的公开出版物非常有限，而且，公开的此类信息表明在气溶胶红外特性上有一个相对小的光谱结构。Alweida.Koepke 和 Shettle (1991) 等的气溶胶参数已经利用 RAL 辐射传输模型用于气溶胶对 MODIS 红外波段效应影响的初步模拟研究中，使用了冬季和夏季两种气溶胶类型。模型中使用的气溶胶参数为理想化的粒径分布谱和 550 nm 气溶胶光学厚度的数量密度。模拟中使用了两个高度剖面，每个起始于 0.5 km 高度，延伸到 2.5 ～ 3.5 km，采用 $\sin^2$ 包络线，集中在 1.5 km 和 2.5 km。

模拟的气溶胶结果出现了非常明显的亮温降低，而且与气溶胶光学厚度 (AOD) 有几近线性的相关。其依赖关系在所有模拟情况下呈现出一致性，即在不同类型大气结果不显著的情况下，最重要的变量为气溶胶层的高度。其光谱行为与水汽 (T_{32} 小于 T_{31}) 引起的状况非常相似，这也意味着在实际应用中气溶胶和清洁大气效应的区分将变得非常困难。为了完成气溶胶校正计划将需要额外的信息，尤其是气溶胶高度分布类型以及光学厚度，无论 MODIS 能否提供这样的信息，足够的精度依然是可预见的。

这些结果的光谱干涉性是在实际参数化中缺乏重要光谱信息的直接后果。但在对西北非洲向海上输送的撒哈拉尘暴开展的 AVHRR 和 SeaWiFS 联合测量结果显示，至少在某种状况下 T_{32} 大于 T_{31}，这个特征明显不同于水汽引起的状况，提供了在没有借助外部测量的情况下，识别污染 MODIS 数据的气溶胶的替在机制 , 这是需要进一步研究的课题。

5.3.3.6 偏振效应

水体的光谱发射呈现出偏振特性，有时 P 偏振（垂直）高于 S 偏振。作为结论，在远离天顶处测量的亮温发射是 P 偏振较高。随着辐射通过大气层传播、吸收、再发射和散射降低了偏振率，因此，在大气层顶部，辐射的偏振度取决于大气状态和表层发射角度。作为在 MODIS 光学路径不同表面的发射结果，红外波段易于产生偏振现象，必然导致 BT 测量中的误差，这使得偏差的形式在整个 MODIS 刈幅上变化（发射角度效应），并随大气层的状态有所不同。

通过 RAL 辐射传输模型模拟了 3 种大气类型（热带，中纬和高纬度）1 000 km 的偏振效应。

在大气层顶部，受大气层偏振混合效应降低的光子通量率比表层发射率小。在长波红外波段，这种效应更多见于低透射性的热带大气，在短波波段发射率低。因此，光子通量率低至 0.9，但是这里比率很少受水汽数量的影响，因此大气引起的变化非常低。其导致的 BT 差异是可以估计的，但每个波段的这些值受偏振现象影响而降低。

在 MODIS 前发射阶段，为了反演 MODIS 偏振性，开展了相关测量工作，但目前没有可用的成果。而 ATSR 利用较简单的光学路径进行了研究可以借鉴，绘出了热带、中纬和高纬度大气层 0.9 mK，1.5 mK 和 4.2 mK 下 55° 发射角的误差（误差为在偏振和非偏振状态和相同光子通量大反演的 BT 差）。在对 MODIS 偏振特性有更多的认识时，还会继续深入分析，而且如有必要，引导开发相应的校正算法。此算法将由交叉轨道距离，校正后的亮温和表示大气吸收状态的亮温差做其参数。

5.3.4 后发射算法

5.3.4.1 定标和算法真实性检验

定标 / 真实性检验有两个非常重要的方面：遥感器定标和真空热实验改正特性的发射前检测与在轨运行状态的真实性检验。假定在前发射阶段我们的角色是咨询角色，如 MCST 定标和特性方面的努力将直接监控热真空状态，并提交模型以将 MODIS 遥感器的数值转换成定标过的辐亮度。在轨运行特性包括两个方面：评估定标模型的表现和评估 MODIS Sea–sfc 温度算法的表现。假定由仪器数值计算的辐亮度将采用 MCST 定标项目提供的定标模型完成。依靠由数值到辐亮度的转换，例如，在转换过程中没有信息损失。但是需要指出的是，在定标工作中，原始数值数据可能需要选定的地点。将需要持续地获取 MCST 定标运行状态结果以便了解在轨定标模型运行状态对算法运行状态的影响。需要持续地获取从计划的冷空观测机动中得到的结果以及可能的原始数据，以掌握扫描镜对扫描角度 (rvs) 的响应特征。依靠冷空机动的结果，明确阐述 SST 反演算法中的 rvs 或在分析真实性检验数据过程中使用这些结果是十分必要的。

5.3.4.2 经过真实性检验的后发射算法

MODIS 的红外波段构成了一个自定标的辐射仪，通过冷空和星载黑体定标靶标两种测量模式，在由各波段的系统响应函数界定的光谱区间内，来定标对地观测到的红外测量，产生辐亮度。这些定标后的辐亮度可被转换成亮温（如能给出同样的波段辐亮度黑体温度）。为了在卫星高度上用定标后的辐亮度反演大洋表层温度（或大气层顶亮温），校正干扰的大气的影响是十分必要的，这就是海表温度反演算法所扮演的角色，这个算法有时也称为大气校正算法。

最初设计的后发射真实性检验工作是试验海表温度反演算法的功效，而非检验前发射特性或在轨定标过程。我们姑且相信由在轨机动支撑的前发射实验将提供仪器的精细特性以增强定标后的波段辐亮度测量的信心。有了这个自信，真实性检验工作才能解释为大气校正算法的表现这个意思；没有这个自信，遥感器表现状况和算法表现状况的区分是无法完成的，而且，真实性检验数据集的解释将是非常困难的。在发射前最为重要的是 MODIS 波段光谱响应函数的确定、波段间对比的定量化以及随着扫描角度的变化扫描镜面特点的描述。在发射前不能正确地刻画这些将严重地降低我们理解 SST 反演算法的特点、强度和缺点以及证明反演的 SST 的有效性。

1）科学目标

需要几个基本不同但互补的数据集以提供海洋大气条件和海表温度的足够样本，这些是真实性检验 MODIS 红外波段测量和反演 SST 场所必需的。真实性检验对策是双重的：

使用最佳校正的光谱辐射计并由检测大气状态的大量仪器组合支撑的高度集中的外业考察队是理解限制反演 SST 精度的大气和海洋过程所必需的。另外，长期全球尺度的数据集，对提供揭示定标漂移和极端或突发大气事件结果对全球 SST 产品的影响如火山喷发，陆海气溶胶的冷空气等（跨洋输运等）的监测也是十分必要的。

2）任务

MODIS 及其相关的遥感器的期望运行寿命自 1999 年发射的 AM-12 平台（上午星）起的 15 年。我们决心利用卫星发射前和运行期间开展的外业计划作为 MODIS 真实性检验实验的基础，尤为特别的是，它们提供了空前未有的仪器探测大气层状态，地点位于赤道西太平洋 (TWP) 和阿拉斯加北坡与极地毗邻海域 (NSA-AAO) 的 DOE ARM (Atmospheric Radiation Measurements) 计划为 MODIS 真实性检验提供了有价值的框架。这些海域的调查工作涵盖了极端范围的海洋和大气条件，并将持续约 10 年，其中 TWP 始于 1996 年后期，NSA-AAO 约在 1997 年。除这两个长期地点外，作为补充，期望海洋 ARM 实验区为专项研究工作开展周期性的短期实验。这些区域包括东北太平洋或大西洋（可能为亚速尔群岛）、美国东部的湾流以及白令海或格陵兰海。

应抓住利用基于船舶浮标、固定平台、飞机和岛基站等的大洋和海洋大气观测数据的机会，以此作为数据基础和来源。

前发射工程主要用于测试对策、压力测试以及开发仪器和用于后发射真实性检验的计算工具等。这些例子包括将遥感器计划航次与 1996 年 3—4 月的热带西太平洋、1998 年 3—7 月的国际水体考察和 1999 年 6 月的在热带西太平洋的秘鲁“99 计划”。

用于前发射研究的考察船航迹见图 5.2。其中包括一些后发射真实性检验计划和其他协商中的计划。

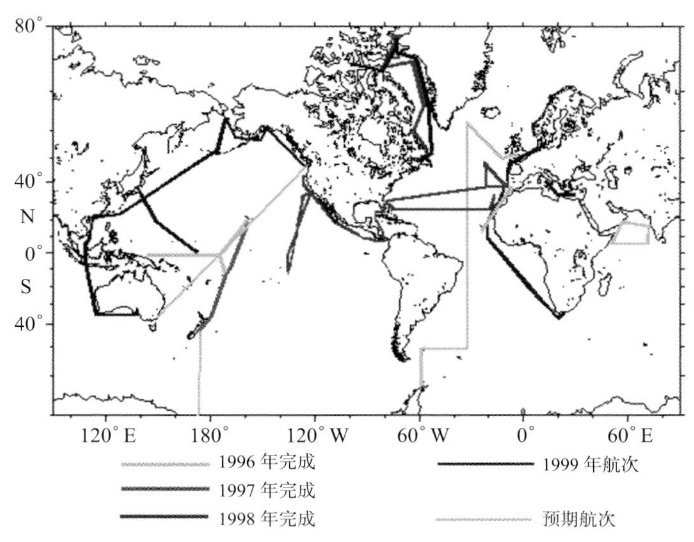

图 5.2　M-AERI 运行轨迹图示

3）科学数据产品

经过真实性检验的初级科学数据产品是海表温度 (MODIS 产品号 28/EOSdis 产品号 2527)。为达到这个目标，需要了解影响 MODIS 反演的 SST 的大气和海洋表层变量的详细情况。由 MODIS 大气组 (Paul Menzel) (EOSdis 产品号 3660) 提供的云剔除产品将用于消除云的污染。但是，要消除大气组分的影响，如气溶胶等仍需要校正。在海洋表面，光谱发射和其在一起的表面积精度以及发射角变量必须要考虑在内，海表温度反演当然也限定在无冰的海区；冰剔除产品 (MODIS Mod29) 将用于画出无冰区的外廓。

5.3.4.3 真实性检验标准

MODIS 红外波段的后发射真实性检验需要监视在轨飞行定标系统的运行状态以探测可能的衰减，揭示遥感器潜在的问题（如扫描镜的角度反射率可能的不适），但是，最初的考虑是确定大气校正算法的效率。理想状态而言，用于真实性检验的数据的准确性和噪声特征将是这些 MODIS 测量优先考虑的，这可能很难实现和给出 MODIS 的理想运行状态。

1）真实性检验状态

真实性检验需要贯穿 MODIS 任务的生命周期，真实性检验仪器必须适应覆盖表面温度和大气变量整个范围的情况，由于没有一个单独方法能提供全部的真实性测量，选择的技术和仪器需要提供适当的真实性检验数据集。内容包括：① 大气层顶辐亮度真实性检验；② 表层辐亮度的真实性检验；③ 表层温度的真实性检验。

（1）有以下 3 个可能的方法检验大气层顶辐亮度。

· 与其他卫星测量结果的对比。

· 与运行卫星下同步飞行的机载辐射计的对比。

· 利用辐射传输模型模拟 MODIS 观测。

（2）表层辐亮度的真实性检验通过校准的光谱辐射计来表现，如海洋大气发射的辐亮度干涉仪或宽波段红外热辐射仪，这些仪器能安装在低空飞行的飞机、船或固定的平台。现场测量主要是使用安装在自由漂移或锚系浮标上和船上的常规热辐射计。

应尽可能地考虑与 MODIS 水色和大气组的真实性检验工作集结合以平衡测量装备和数据，这样的例子是 1999 年 10 月在东太平洋开展的水色和 SST 项目的联合测量。

2）取样需求和交替使用

与其他红外辐射计的比较有很多优点。这个方法的问题在两颗卫星过顶时大气层顶辐射场的可能变化（由表层温度和干扰的大气变化引起的），两颗卫星观测几何的不同和不同卫星仪器波段的光谱响应的差异。另一个问题是可能检测不到真实性检验辐射计在轨飞行时的衰减，如果发现系统的差异，不一定是卫星遥感器出现故障。

利用机载辐射计的明显优势是数据可以与 MODIS 测量同步获取。但是，由于卫星和飞机速度的差异，真正同步的测量数据非常少，但在卫星过顶的 30 min 窗口内，可以获取大量的真实性检验数据（经确定的精确间隔，Minnett, 1990），而且，机载辐射计可按卫星方式安装以匹配 MODIS 观测几何，也可以按卫星方式计划，以避免造成数据解译困难。这项技术的缺点包括飞机上方的大气效应，其可用假设或测量的温度及温度剖面模拟处理，其二是机载仪器的准确度。用于 SST 探测波段大气顶辐亮度真实性检验的候选机载仪器包括 MoAS (MODIS Airborne Simulator)，His (High-Resolution Interferometer Sounder)，仪器安装在 NASA ER-2 上的研究飞机一般正常按约 20 km 的高度飞行，在这样的条件下，空间分辨率分别为 50 m (NAS) 和 2 m (His)。仪器的噪声水平高于 MODIS 红外波段，MAS 3.7 ～ 4.0 μm 波段约 290 K 时对应目标靶标的 NEΔT 约为 0.3 K，11 ～ 12 μm 波段为 0.1 ～

0.2 K。但是，如果将这些数据平均到 MODIS1 km^2 的空间分辨率，这些可以大幅改进（如果这些噪声确实是随机的，可以降到 1/20）。His 光谱 800 ～ 1 050/cm，范围内噪声水平为 0.2 ～ 0.45 mW/m^2·sr·cm，这些因素导致从 His 反演波温的不确定性约为 0.15 K。

用辐射传输的数值模型模拟经过大气到卫星的测量需要卫星过顶时获取的高质量的相关大气特性（温度、湿度剖面、气溶胶特征）和海表辐亮度。这个方法的优点是，能生成较长时期大量的测量数据，呈现大范围的大气条件、表面温度和观测几何，这些费用则在相对节制的范围内。缺点是由业务化无线电探空仪数据反演的大气剖面的不确定性以及辐射传输模型中的物理过程理解的不全面等，如大气水汽数据发射，对大气层和同温层气溶胶效应。

海水表层发射的辐亮度或波段亮温的长期观测服务于监测 SST 算法表现和 MODIS 的运行状态。表层观测包括发射的辐亮度加上源于大气的下行辐亮度的反射组分。MODIS 在太空观测到的是大气吸收散射衰减后的组合加上由大气发射或散射到 MODIS 视场中的辐亮度。因而真实性检验观测不完全是与大气层顶的对比，表层观测通过辐射传输模型提供大气衰减与向上和散射的辐射估算或通过将表层测量转换成温度并和 MODIS 反演的表层温度比较两种方式与 MODIS 观测相关联。在任何情况下，成功的解译均需要对大气和表层特征（皮温、表层发射和风速）的定量描述。在后一种情况下，下行辐射的测量需要从表面观测中反演温度。这可以将表面辐射计指向天空来实现。适用的仪器包括 AERI (Atmosphere Emitted Radiation Interferometer) 或者海上使用的 Marine–AERI (M–AERI) 和宽波段的红外热辐射计。M–AERI 有内置的黑体定标靶标因而能提供定标测量，它们可以 –0.5/cm 的光谱分辨率测量 3.3 ～ 18 μm 范围内的红外辐射光谱。这些光谱在与 MODIS 归一化波段光谱响应函数相乘后与 MODIS 观测结果对比。M–AERI 光谱也可以利用天空辐射光谱，大气温度和湿度结构来分析反演表层温度和发射率。

宽波段红外热辐射计价格不贵，比 M–AERI 有优势。它们通常没有达到 0.1 K 的精度要求，但有简单的内置定标器，尽管如此，最近开展用某些类型进行的实验表明它们能形成有用的观测，可适合于大批量地安装在临时平台上。

表层温度热辐射计能大量使用以提供 MODIS 运行状态的精确监测。但是，它们有一个很大的不足，即受近表层温度梯度的影响，它们的观测与 MODIS 的观测失去关联性。如海表温度，现场热辐射计浸在水中 0 ～ 1 m 深，它的测量与大洋表皮温度差大于 0.1 K，这些梯度源于海洋与大气之间的热交换，或受低风速条件下的日加热因而减少了海表混合。除了这些问题外，现场热辐射计已经广泛应用于检验卫星的 SST。

3）成功的度量

真实性检验的结果将用于修正 SST 大气反演算法。算法将不断地完善直到达到 MODIS 任务的精确度目标。

5.3.5 前发射算法与试验/开发活动

前发射活动极其重要的方面是全面刻画 MODIS 飞行模式下的红外波段。这包括给出独立波段光谱和空间响应的全面定义；制定用于在轨定标其各组件的特性以及提供在轨时期望的仪器内外热环境条件下的最佳要求。没有这些信息，由真实性检验实验反演的数据的解释将是非常困难的。

前发射真实性检验活动直接针对利用 AVHRR 数据检验 SST 公式，完善改进真实性检验仪以及为发射真实性检验确定最佳对策。

最初用于 MODIS 红外波段表层真实性检验的仪器为海洋大气发射辐射干涉计 (M-AERI)，部分前发射活动已能确保仪器的精度，海上走航试验以及开发必要的软件。

5.3.5.1 M-AERI

M-AERI 是 AERI（大气发射辐射干涉计）的改进版，仪器由 Wisconsin-Madison 大学空间科学与工程中心为能源大气辐射测量计划开发，是基于 NASA ER-2 研究飞机上飞行过的机载定分辨率干涉光谱辐射计 (His)。原型仪器 1995 年 1 月用在墨西哥湾开展了海上验证试验，效果非常好。这证明了其测量与近表层现场实测吻合非常好的皮温的能力，不同于已有从表层热交换得到的认知。在这个航次实验基础上，开发了更为强健的 M-AERI 大气发射辐射干涉计，用于 1996 年春季赤道西太平洋的联合遥感器计划 (Combined Sensor Program, CSP) 航次。为了在极端条件下试验仪器，这个航次获取了极有价值的数据集以研究热带大气对红外卫星 SST 测量的影响，包括相关大气组分，近表层水平和垂直热梯度的空间和时间变化相关特征。现在有 3 种 M-AERI 的远洋型号，将用于 MODIS 表温的真实性检验。

5.3.5.2 仪器

M-AERI（图 5.3，图 5.4）是傅里叶变换干涉辐射计，工作波段为 3 ~ 18 μm (500 ~ 3 000/cm) 的红外波段，光谱分辨率约为 0.5/cm，它使用并在一起的两个红外探测器 (Indium Anttmonide and Mercury Cadmium Telluride) 实现宽的光谱范围。这些仪器通过斯特林循环机械制冷器冷却到约 78 K 以减少等效噪声温度差到低于 0.1 的水平。M-AERI 包括两个内置黑体靶标以用于精确实时定标。扫描镜指引干涉计从视场到黑体定标靶标或从天底到天顶。扫描镜经编程按预设的角度范围逐步移动，当扫描镜扫描角度低于水平时，仪器测量由海表发射的辐射光谱；当其指向水平以上时，它测量由大气发射的辐射。海表测量也包括一小部分反射的天空辐射。干涉计的每次观测积分了 40 ~ 90 s 内的测量（取决于探测器的 NEΔT：M-AERI 02 比 M-AERI 01 有更低的噪声，因而每次光谱测量需要更少的时间），以得到满意的信噪比。一个典型的测量循环包括对大气的两个观测角度，一个对海洋和定标测量，整个过程花费的时间少于 4 min。M-AERI 装备了纵摇和横摇传感器，因此可以确定船的晃动对测量的影响，装备的 GPS 可以记录每次测量的精确时间和位置。

图 5.3 M-AERI 架设到 NOAA S Ronald H Brown

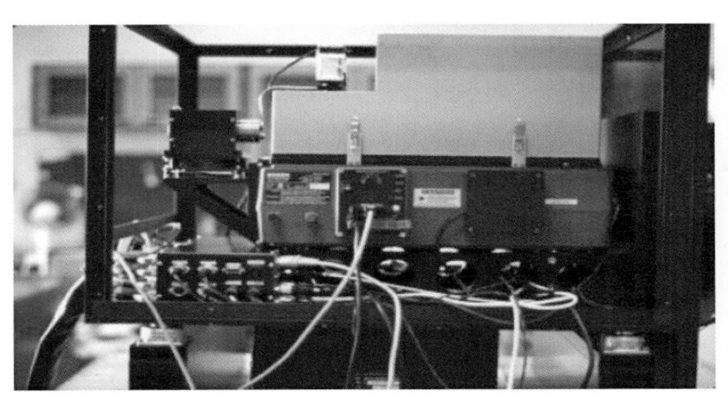

图 5.4　M-AERI 设备

5.3.5.3　操作

M-AERI 被设计成在计算机控制下连续运行。在 VTC 午夜，计算机重启，以保证新一天的测量有足够的磁盘空间。如果有效磁盘空间太小，前一天数据则被删除，因此为避免数据丢失，操作员必须把前一天的测量数据拷备到 CD 或磁带上。当出现少量（几分钟）数据缺失时，每日的重启用于识别和纠正计算机仪器或软件出现操作员不易察觉的状况，甚至导致系统崩溃的问题。

为了帮助操作员监视仪器的状态和数据流，M-AERI 装备了报告硬件状态的传感器。而且，数据获取软件应用了实时质量保证模块到干涉计的数据流和“护家”式测量。几个参数在计算机屏幕上按时间序列实时显示，不正常的行为通常由监视操作员快速识别。而且，48 个关键变量按照预设的阈值检查，当它们逸出时，可视的警告以图形的形式在屏幕上显示，并从绿黄到红改变颜色。最后，当计算机与 FTIR 本身之间的通信缺失时，计算机会出现声音和可视报警，这些是由电缆或连接器问题或是由于 FTIR 的内部温度高于操作范围之外所引起的。简单而言，更多关注于 M-AERI 的正常运行时使数据缺失最小化。

然而，数据缺失的一个根源是扫描镜被大雨或海水飞沫污染。M-AERI 的镜子必须保持清洁和干燥以提供需要的测量。维萨拉公司的 Vaisala 雨量传感器安装在靠近 M-AERI 孔径处，当其输出通过预先确定的阈值时，镜子被移到“安全”位置。镜子被封装在一个内有圆孔的金属筒内用于观测，并随镜子旋转。在安全模式扫描镜面指向较低的环境温度黑体定标腔，镜子的背面面向雨或飞沫。当雨量传感器输出再次超过阈值时，镜子扫描顺序被重设。有一个自动扫描镜安全机制的操作员特权功能，可使扫描镜立即进入或退出安全模式。当进入仪器的盐沫风险高以及大雨期间，M-AERI 被盖上进入保护模式，没有可用的数据集。同样，当有直接太阳光进入镜头的信息时，保护罩被使用，可能在影响的扫描镜角度上模糊了一些环境视场。

海表界面温度由 55° 海空观测数据反演，数据以 7.7 μm (1 302.0 ～ 1 307.0/cm) 的窄光谱间隔测量，其大气仅为中等透明。用于反演的发射率为 0.962 627。这比 10 ～ 12 μm 的值小，其海温常由红外辐射计以常规方式测量。但是，在较长的波长范围，大气相对透明的地方，反射组分在大气中较高，因而起源于界面的辐射更冷些。它也对低云敏感，低云在反射的天空辐射中插入了较暖的辐射。这样，即使 7.7 μm 的反射组分比 10 ~ 12 μm 的高，天空辐射的校正较少依赖于云条件，这是因为几乎所有反射的天空辐射源于较低的对流层。反射组分校正的不确定性取决于表层和大气组分的温度差，其在 7.7 μm 处的温度比 12 μm 处要小很多。

由风产生的海表面的倾斜引入了发射率和反射率的表现风速变量，最近的模拟结果表明风速变量比早先研究显示的更小以及比发射角低于 60° 时小。这样，由 55° 发射角和 7.7 μm 波长测量结果反演的界面温度相对来说不受污染效应的影响。

5.3.5.4 准确度

在组装 M–AERI 期间关注的重点是以 SSEC 确保测量尽可能精确。设计目标是反演的 SST 绝对不确定性小于 0.1 K，这是需求的硬目标。绝对精度取决于 M–AERI 内置黑体定标腔的精度，其中之一被加热到 60 ℃，另一个“浮”在环境温度上。这些被设计成有凹面圆锥形基底的桶形空腔。光线跟踪模拟表明 8% 的自然辐射来自于这个反射点，其余的来自于空腔的边壁。每个腔体的温度由 3 个热敏电阻监测，其专门用 NIST 标准定标。因为 SST 非常接近于环境空气温度。SST 的不确定性影响最大的是这些黑体腔的环境温度，但是，既然这不是加热或冷却内部温度的活动，其梯度是最小的，温度测量的可信度则是高的。

1997 年秋季从夏威夷到新西兰的 R/V Roger Revelle（航次），得到了利用两个 M–AERI（型号 01 和型号 02）的测量结果，并利用两个独立定标仪器比较同一地点的两个皮温测量结果，两台仪器并排固定在调查船前不受船头波浪扰动的前甲板上。海表视场没有叠加，测量不同步，因而点对点比较是不可能的，但是将 M–AERI01 内插到 M–AERI02 时间后，两个时序的统计分析产生了非常棒的结果。

这些结果表明 M–AERI 测量的不确定性 < 0.1 K（记住这个变化的某些原因是两套数据集缺乏搭配和同步性）。然而，因为两套 M–AERI 在同一个实验室建造，使用了公共的设施，存在着偏移误差潜移默化地影响定标的风险。1998 年 3 月在 UM–RSMAS 举行的红外辐射计工作会议提供了 M–AERI 和其他辐射计在海上对着定标靶标的绝对定标测试结果。其中之一由 NIST 提供，其使用保持深度稳定的水槽对着黑色锥形靶标用于检查 M–AERI (02) 的绝对辐射准确度。测量用 NIST 定标靶标在 20℃，30℃和 60℃三个温度梯度进行。

M–AERI02 与 NIST 结果比较表明非常小的绝对不确定性，尤其在 20℃，接近环境温度。随着温度增加而增加的差异可解释为 NIST 靶标的有效发射率为 0.998. 当用在民船上时，M–AERI SST 测量结果接近于环境温度测量在 1 302.0 ~ 1 307.0 波数范围内进行，此范围内绝对定标不确定性确实非常小。

有了这些实验室和现场进行的测量结果，我们确信皮温测量的绝对准确度非常好，< 0.1 K 的设计目标。

5.3.5.5 辅助测量

为了进行 M–AERI 工作环境条件的测量，开发了一套船上用的辅助传感器（图 5.5）。在许多 M–AERI 航次中表层气象参数的测量使用了海岸带环境气象系统，由于大洋皮温对云覆盖有响应，采用了全天空相机来记录云条件。

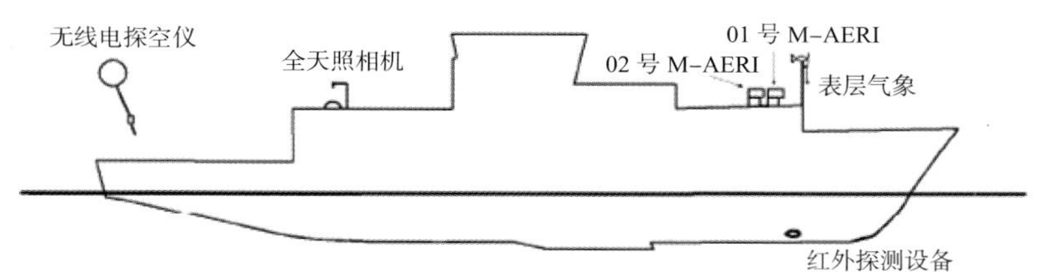

图 5.5 设备在 R/V Roger Revelle 上的布设示意图

体温测量用架置在船上的温盐系统在航次中浸在水下 5 m 深处进行。当船到站位或以 12 kn 速度航行时，体温由安装在浮标上的精确热敏电阻（YSI 型号 44032）测量，温度计放在船头不受扰动 2 ～ 5 m 深的水里，此处所用的浮标由填充了泡沫的硬物构成。

大气温度和相对温度剖面用 Vaisala PP 15 无线电探空系统测量，其上升到 50 hPa 或更低（20 km 高度或更多），测量需 1 ～ 2 h 完成。在可能的条件下，我们尝试无线电探空仪的上升过程和卫星过顶时间一致，这些剖面用于刻划 M-AERI 和卫星数据获取时的大气条件，也使用了 RAL 辐射传辐模型以模拟大气层顶的发射辐亮度光谱。

两个新仪器增加到这套测量设备中提供额外的测量以获取更多的环境条件。

如上讨论，气溶胶是卫星 SST 测量的明显误差源。为了提供能反演气溶胶特性的参数测量，增加了新辐射计到走航仪器中。即便携式辐射仪器，仪器由 Brookhaven 国家实验室开发，仪器的核心是快速旋转的暗波段辐射计，陆基多频率旋转虚拟波段辐射计 (Harrison 等，1994) 经修改增强后能在海上使用。中心波长在 412 μm、500 μm、615 μm、673 μm、870 μm 和 940 μm，波段宽度为 10 nm 的波段 6 个以及 410 ～ 1 000 nm 宽波段一个。关闭的半球臂每 6 s 旋转传感器一圈，遮挡镜头上方的阴影 1 s，每个扫描期内，每个波段在臂的上半球过渡期内从处理器上获取的 250 个样本来反演统计参数。所有独立数据储存、传递处理成 2 s 的全球漫射和直射光束辐亮度；气溶胶光学厚度稍后反演。在写这本书的时候，仪器已开发出来并用在 USCGC 极地海上，数据还没有分析。

目前正在 RSMAS 测试的第二种新仪器是光学雨量计，将用在海上测量降雨。理论研究表明由降雨打破的皮温层以及盐滴时对表层皮温层静态稳定性的后续修正对表温梯度的维持和形成均有显著的影响。

5.3.5.6 M-AERI航次考察

M-AERI 前发射航次将提供：

（1）在海上使用这些仪器有价值的经验；

（2）硬件运行软件和分析软件的改进依据；

（3）表面皮层特性研究所需的测量；

（4）使用 AVHRR 真实性检验实验所需的数据。

在这些航次期间，仪器和软件改进很多，除了整个防水附件外，均按时间完成了第一次 MODIS 真实性检验开发工作。

接下来的三节，叙述了一些由航次皮温测量与现场温度相关的发现，以及 M-AERI 皮温与 AVHRR SST 反演的比较结果。

5.3.5.7 热皮效应

由船（体温）和 M–AERI–01（皮温）测量的表面温度可以看到，正如所期望的，在几乎所有情况下，皮温比体温凉。这些情况出现在低风速的地方时间下午。这表明全天的加热过程将恰恰低于海表面的现场温度提升到比船测深度上的温度更高的数值，即使是冷的海水表面也使得皮温比船测的体温更高。同样的日效应在其他点的数据中可以看到，即使在信风区也是如此，即使振幅（波动幅度降低），皮–体温差也没有改变，然而，仍然存在 0.1 K 的皮–体温差的调节。

实测的皮温差与表面风速（经船速校正过的）的散点图显示散点的分布随风速的增加而变窄。在低风速时，在下午包括负值在内的散点分布变宽，这是大洋顶层几米周日热加热产生的效应，其使得皮温比 5 m 处的体温暖和一些。实际上，表皮仍然比在几厘米的深度上测到的体温要冷。在夜间，高风速时表皮比体温低约 0.2 K ± 0.2 K。

用扰动通量和其后的热通量内容进行的类似分析没有产生这样分明的结果。这可解释为通量评估中的很大的不确定性导致的结果，即搞混了变量的因素大于变量缺测。

5.3.5.8 采用AVHRR的SST真实性检验

由 M–AERI 测量结果反演的皮温与使用迈阿密 AVHRR 探路者算法（见上与 R.H.Evans 所著 ATBD）反演的 AVHRR SST 对比以作为 MODIS 真实性检验之前的实战演练。在产生对比数据集之前，M–AERI 与 AVHRR 要先进行质量控制，理想条件下，每个数据流（M–AERI 与 AVHRR 探路者 SST）的质量控制应是独立的，两个数据流只在对比时放在一起，但是，在这种情况下，我们知道在操作时可能会将误差引入到晴空 SST 算法数据中。对 AVHRR 而言，这些误差是亚像元云和仪器影响，如数据变化误差；对 M–AERI 而言，这些误差是没探测到的飞沫或其他视场沾污，或非常少见，迄今没有确定的测量，或可能是无线电频率干扰导致的数据传输误差。因此可以说，AVHRR 探路者 SST 和来自于漂流浮标的现场实测数据的广泛对比表明：对比中预期的不确定性对 AVHRR 探路者算法误差贡献分别为，RMS 约 0.5 K，而平均误差约小于 0.1 K，这是在 M–AERI 质量保证前提下试验调查的结果，主要包括在 M–AERI 数据和基于 OISST 的 Reynoeds AVHRR 二者比较的基础上异常数据的剔除等工作。M–AERI 质量控制的第一步是除去所有在镜头盖着时获取的测量数据。然后清除与 Renolds OISST 温度差大于 ±3 K 的测量数据，同时也除去与船上温盐计同步获取温差大于给定阈值的 M–AERI SST 数据。在正常风速和海况范围内，发现表–体温差 ΔT 为 $-1.75\ \text{K} < \Delta T < 0.5\ \text{K}$。最后，每个 M–AERI 空气温度与 SST 反演值（由用于产生每个光谱的独立 M–AERI 干涉计的变化确定）用于消除空气温度估计的标准偏差超过 0.06 K，或海表温度估计超过 0.09 K 的测量值，对 AVHRR 数据而言，质量保证测试使用了探路者–浮标数据对。

AVHRR 探路者 SST 重采样成 4 km 分辨率的数据。与 M–AERI 站位在 4 km 和 90 min 之内的像素被提取出来，在某些情况下，AVHRR 像素可与多余 1 个站位的 M–AERI SST 比较。

一些辅助信息也收集起来协助对比数据的解译，为了提供每个匹配像素大气水汽含量的独立估计，将每天获取的 SSM/I 水汽含量值按空间双线性内插到其位置上，每 30 s 获取 SST 的温盐计 (TSG) 数据提供了每个航次 SST 的体温估计值。对于 NOW98 航次，承担质量保证的日本小组还没有提供这些数据，他们必须提供这个航次内外的一些统计结果。每周 Reynoeds OISST 也按每个目标像素提取，并由 1° 场内插而来，这些值将按整个航次航迹与 M–AERI SST 比较。与 M–AERI 测量值对比的其他 SST 估算值将允许用于替换 M–AERI– 探路者对比中更多类似的内容。

1998 年 GASEX 航次的 M–AERI– 探路者 SST 也给出了 M–AERI– 探路者点的时间和位置以及 TSG 的连续记录和 OISST 的内插值。

与 M–AERI–TSG 和 M–AERI SST 比较，M–AERI– 探路者数据对的匮乏是显而易见的。用 M–AERI SST 作为参考温度，单个航次和全部 SST 结果进行了比对分析。应指出的是包括中纬度航次所有记录在内的探路者与 M–AERI SST 平均差值为 0.06 K，标准偏差为 0.29 K，噪声较大的 NOW 数据加入将误差估算值增加到 0.13 K ± 0.37 K。GASEX98 和 Now98 航次的结果偏离了上述结果，是因为这些航次期间采集的数据量远远多于其他短期航次。

这些结果与 Casey 和 Cornillon (1999) 的气象研究结果相类似，与 NOAA–14 MPFSST– 浮标对比显示，平均误差为 0.02 K，标准偏差 0.53 K。出现实质差异的这些时间与高隔离（孤立点）和小风速混合时间的皮 – 体 SST 差有关。其次，好的是探路者 4 km 分辨率的估算值，一般比 TSG 差，大于 10%，增加的偏差几乎为 0.5 K， Reynoeds OISST 的误差最大，其在对比区域内的周平均和平滑结果导致这样的结局并不令人吃惊。OISST 的出局是 OISST 在极区和北美西海岸较少的边界条件所致。

假设最小规模的 M–AERI 数据集情况下，云、水蒸气和气溶胶对探路者 SST 影响的精确描绘将期待 M–AERI 在更大范围内的大气条件方面的进一步开发。然而，展示几个这样的关系是指导性的。当所有点被视为与像素均质性有关系的高质量时，探路者 M–AERI 差值与 SSM/I 水汽含量关系表明大天顶角时 (＞45°)，随积分的水汽含量的增加出现 SST 低估的趋势，本研究中没有足够的独立数据来精确模拟这个关系，Kumar 等 (1999) 也指出存在这个效应。

极地 NOW98 航次数据对比结果误差的增加有几个原因。TSG 数据和同样的 Reynoeds OISST 场的缺乏阻碍了 M–AERI 质量控制以致异常数据更难识别。更重要的是，由于用于计算合适的探路者算法系数的现场浮标数据的缺乏，探路者算法在极区的使用效果不好，由 Reynoeds OISST 平均提供的一次推测场和海冰可能影响了 AVHRR 反演。

尽管 M–AERI– 探路者匹配点的数量相对很小，但这些结果说明迈阿密探路者算法比先前研究所估计的更为精确，这归功于 6 个航次所采集的大气和海洋条件。与 M–AERI 比较时，探路者 SST 几乎和调查的温盐计温度一样好，这个事实特别增强了我们用 AVHRR 数据开展全球 SST 研究的信心。探路者和 TSG 统计结果的相似性使我们确信，作为一个系数反演方法的直接结果，探路者算法可反演包括平均热皮效应在内的体温。自 Reynoed 温度场成为全球场以来，所常做的探路者 SST 与 Reynoeds OISST 对比时，由 Reynoeds OISST 所贡献的较大误差给出了最小温度差的最好指示，这个差异非常有必要解释。

M–AERI– 探路者对比已清晰证明使用 M–AERI 测量结果真实性检验 MODIS SST 反演结果是可行的。

5.3.5.9 业务运行的表面网络

从气象观测站业务网络筛选的无线电探空仪将用于大气温度和水汽剖面的全球分布，服务于 MODIS 红外波段模拟和 SST 算法的开发。

表面漂流浮标和锚系浮标业务计划测量数据将用于表征表面温度场并与 AVHRR 数据真实性检验 SST 算法。

由气象业务服务 (National Meterological Center，European Centre for Medium-Range Weather Forcasting) 生产的同化气象场提供了有价值的海洋大气和表层（严格讲是次表层体温）海温。这些要素场与辐射传输模型联合使用以模拟 MODIS 测量结果，并初步给了我们信心，即用于表征海洋大气的无线电探空仪的选用确实有代表性，其次，如果能证明同化场是高精度的，则可直接输入到辐射传输模型中。

5.3.5.10 ATSR 数据

英国的 ATSR (Along Track Scanning Radiometer) 项目组提供一些相关的 ATSR 数据，这些将用于与上面叙述的 AVHRR 的比较研究。ATSR 的长波波段与 MODIS 长波波段（31 和 32）的光谱特征十分吻合，而且 ATSR 的噪声特性非常好。ATSR 系列是性能优异的辐射计并有两个用于在轨定标的内置黑体靶标，同 AVHRR 一样，ATSR 只有一个单波段 (3.5 ~ 4.0 μm)，因此 MODIS 波段 20、22 和 23 的对比数据。

5.3.6 后发射活动

卫星发射后的最初工作安排是集中收集与 MODIS 同步的表面和大气数据。

5.3.6.1 M-AERI现场工作

预计卫星 1999 年 7 月后期的发射，在红外数据发射回地球之前有一个为期 30 d 的太空运作期，我们在 1999 年 9 月开始提前使用数据。在接下来的 3 个月中，计划安排了从赤道到热带大西洋包括若干气象条件在内的 4 个航次。MODIS 计划期间的更多航次将产生更大的数据集服务于 MODIS 的真实性检验。

预计一些进一步的真实性检验工作将集中在 TWP 和 NSA-AOO 的 DOEARM 站上，这里安装了仪器，提供大气状态的观测。作为 ARM 运行的一部分，密集的运作期内将增加取样频率，并开发额外的常用仪器。重点关注此间 ARM 工作和 MODIS 真实性检验的协调性。

与 MOBY 合作航次以及 ARM 大洋站的可能支持等将尽可能利用。另一个令人振奋的可能性是将 M-AERI 安装到南极研究补给船上在往返南极的跨洋航线上观测。美国海岸警卫队破冰船每年都要从西雅图航行到南极洲，英国南极考察的抗冰型研究船也在大西洋进行类似的航行。也在商讨合作将 M-AERI 和辅助仪器安装到由皇家加勒比海建造的新的非常大的定期班船上，其将提供西大西洋海域加勒比海全年的数据集。此外，预计在 MODIS 生命周期内，M-AERI 将开发在固定的平台上。

5.3.6.2 航空工作计划

低飞的飞机提供了真实性检验辐射计的另一种平台，飞机能识别出清洁大气条件，避免卫星过顶时经常出现的固定或低速移动的船只误认为是变暗的云。并与使用在大洋上的低空 (<50 m) 飞行的飞机上安装的 HIS 类型仪器的团队加强合作。

如能证明在前发射研究中有用，宽波段红外辐射计将用在合作船上。

5.3.6.3 与其他团队的合作

与 MODIS 大气组合作，采用了高飞的飞机，其计划航线包括一部分大洋。

MODIS 温度场与固定和表层漂移浮标的比较将持续整个 MODIS 任务以提供 SST 算法运行状态和后续算法完善的长期监测。

MODIS 大气组的几个航次计划在中纬度大洋，这将用于检验 MODIS 大气层顶辐亮度测量和 SST。目前，尚不清楚在后发射期能进行什么样的研究航次。但是将继续努力促成 MODIS 红外真实性检验与其他可能的机会合作。

5.3.6.4 其他卫星数据需求

卫星间比较贯穿于整个任务期间，其他卫星提供了合适的检验仪器。

在 AM–1 计划的头几年里，可能的真实性检验仪器是 NOAA 卫星上的 AVHRR，ERS–2 卫星上的 ATSR 或 Envisat–1 计划的欧洲极轨平台上的 AATSR（增强型），其计划在 2000 年晚期发射，除日本 ADEOS–Ⅱ的空间分辨率为 0.7 km 外，所有遥感器的空间分辨率为 1 km。

5.3.6.5 在定标/真实性检验点的现场测量需求

真实性检验站点将选择所有大气状态如 ARM 站这样辅助参数的地方（见上）。在这个阶段，不可能预见这些站上的仪器套件是否需要扩大。如果宽波段红外辐射计能显示提供高效可靠的 SST 测量来检验 MODIS 的反演以及如果这些用在协作船上，则必须增加这些船上的仪器以提供必要的辅助参数，如无线电探空仪和天空相机等设备。同样，当 M–AERI 用在固定平台上时，很可能需要增加提供大气测量的额外仪器。

业务运行的自由漂流浮标的空间分布对 MODIS SST 的长期真实性检验而言可能不是很理想，其中，有必要对真实性检验关键的特殊大洋海域布放，但是浮标的采样是不充足的。

5.3.6.6 仪器开发需求

M–AERI 的持续改进期望在整个 MODIS 任务期间提供可靠精确的基本检验仪器。众多美国、欧洲和澳大利亚的其他团队正在开发和使用宽波段红外辐射计，一些计划开发用于协作船上。很有必要开发现场定标设备以改进这些测量的长期稳定性和精度。

5.3.6.7 互比（多遥感器）

与其他卫星遥感器的互比最初是在其他卫星平台上的遥感器间。计划与 ASTER 的比较是想用它的高空间分辨率探讨亚像元特性的影响，如小云块或 MODIS SST。JPL 的 ASTER 团队已讨论协调真实性检验活动，提出了用大洋区域的 ASTER 与 MODIS 比较的需求。由 Ocean Color Group (Howard Gordon) 和 Atmospheric Group (Yoram Kaufman, Didier Tanre) 反演的 MODIS 气溶胶产品被寄予厚望，以用于确定 MODIS SST 反演中的残余误差的原因。

5.3.7 数据生产中真实性检验结果的完成情况

5.3.7.1 进展

MODIS 红外测量的 SST 反演算法已经提交，为提供一致的输出数据流，数据产生算法不必经常调整是非常重要的，在版本升级时，其变化必须记录在与产品相关的元数据中。预期在发射后的最初 24 个月内，真实性检验数据按“研究”模式分析，在处理完成之前，算法测试改进全部是离线进行。期望部分算法的改进将结合其他团队的发现和结果进行，尤其包括在轨红外定标过程监视内容。数据的回顾性再处理将在大数据量时开展，即一年或更长时间，尤其在必须向所有用户分发升级后的产品时。

5.3.7.2 EOSDIS

EOSDIS 具有价值的数据源和用于算法更新和发射后真实性检验的分析工具。

5.3.7.3 真实性检验数据的档案计划

为 MODIS 红外波段真实性检验收集或反演的所有数据集将通过 EOSDIS 和互联网向所有科学组织开放。

5.4 使用现场海表温度开展的真实性检验

5.4.1 用现场 SST 测量数据开展的真实性检验

本节讲述处理真实性检验 MODIS 红外测量的辐射计方面内容。本节处理的是利用由表层浮标反演的长时序现场 SST 数据进行的真实性检验活动。这些工作建立在 NASA/NOAA AVHRR 海洋探路者计划支持的实验基础上，并与 Rosenstiel School of Marine and Atomospheric Science 的 R.H.Evans 博士领导的 MODIS 计划紧密合作。我们将调集北美匹配数据库 (a North America Match-up Database, MDB) 和全球匹配数据库 (a Global Match-up Database) 两个比较数据库评价所有算法的表现。北美 MDB 主要由北美沿岸海域的表层观测点组成，全球 MDB 则包括所有固定和漂流平台。数据的有效性推动了两个对比数据集的产生。目前北美观测数据可实时获取，全球观测则依反演进程滞后数天到数周。

5.4.2 现场 SST 源和其他环境变量

用于 MDBs 的环境数据由包括 NDBC (National Data Buoy Center)、TOGA/TAO、AOML 及 MEDS 在内的数据平台获取。这些观测数据主要来自于两类平台：锚系浮标和漂流浮标。北美 MDB 包括来自于美国国家数据浮标中心 (NDBC) 的现场数据，其锚系浮标位于缅因湾到墨西哥湾沿岸 (42.5° N 至 25.9° N)。

一些现场平台（尤其是锚系浮标）包括 SST 之外的环境变量。但是全球 MDB 版只包括下面现场参量，其对所有数据源都一样。

- 浮标 ID
- 纬度
- 经度
- 时间
- 海表温度

另一方面，北美 MDB 包括下列额外环境变量：

- 有效波高
- 空气温度
- 风速变向（每个报告期的第一个 8 min 平均，通常 1 h/1 次）
- 露点温度

5.4.3 MODIS数据提取

MODIS 数据按两个 MDBs 中以每个现场 SST 位置为中心的 3×3 像元提取，初步提取的数据集包括 Level–1A 数值，在其后的步骤中将其转换成亮温，我们假设飞行校正（时间和姿势）用来确保卫星数据的地理位置校正。

MDBs 包括一些系数，这些将用于发射率随扫描角度变化的红外波段的校正。这些系数由 Branson (1968) 获取，但是如果必要的话，从 M–AERI 测量反演的新值将可使用。MDB 中也包括各个波段的中心像元的发射率校正值。需要指出的是，校正是用辐亮度算出来的，不能用系数简单地乘上未校正的温度以得到校正值。

5.4.3.1 时间坐标

为简化匹配过程，把卫星和现场数据的日期和时间转换成连续的时间坐标，用于与探路者类似的工作中，这些值可提取，然后通过简单的计算得到实际数据。

5.4.3.2 匹配程序

现场记录与 MODIS 匹配的第一件事是时间同步。为了限制两个数据源之间由时间导致的变化，现场测量与那个位置上卫星观测时间的绝对差（匹配时间窗口）限定在最大 ±30 min 或 ±15 min。时间没有落在规定的时间窗口内的现场记录将删除。

通过时间匹配的现场记录其次必须通过空间检测。现场位置和提取的 MODIS 中心波长间的最大距离为 0.1°。

5.4.3.3 记录滤波

为了减少数据库用户处理的记录数量，匹配将通过一系列的滤波，以清除有各种问题的记录（例如显著的云污染），只有在它们通过了一系列检测之后，这些记录才能存入 MDB 文件中。

- BssT (Buoy SST) ne 'n/a'
- ch31 (亮温) < 35°
- ch32 (亮温) < 35°
- Sat2 (卫星天顶角) < 62°
- Cen20 (field13) – Cen32 (field15) < 6K， Cen20 (field13) – Cen32 (field15) > –2 K
- (Max31–Min31) ≤ 3 K & (Max32–Min32) ≤ 3 K

测试的第二部分是为“pass”因子定义两个类目，作为数据选择的最初指导：

if 1K ≤ (Max31–Min31) < 3 K & 1 K ≤ (Max32–Min32) < 3 K, than pass = 2

if (Max31–Min31) < 1 K & (Max32–Min32) < 1 K, then pass = 1.

总的进展是为空间均质性测试而设的更严格的判据（如 record with pass =1）将用于估

计 SST 算法系数。Record with pass = 2 将用于估算算法的表现。“pass”码收为匹配记录的最后一个数据项。

5.4.3.4 初估卫星反演 SST

为进一步支持匹配数据集的初步应用，将计算初估卫星 SST (SST1)。卫星初估 SST 和现场 SST 的差将收入 MDBs 中，初估 SST 采用 MCSST 计算（匹配数据库将不包括卫星初估 SST，但包括 SST1 和现场 SST 的差）。

5.4.4 匹配数据库含义

匹配数据库文件为 flat ASCII 文件，每个记录中为自由格式的数据项。全球 MDB 每条记录的数据项为 51，北美 MDB 为 56，缺值定义为“n/a”。两类 MDB 的数据项随记录的位置而变化。

收入电子表格或统计包的 MDB 文件的第一条记录是包含空格间隔短数据项名称的文件头。

5.4.5 质量控制与诊断

由于目前还没有类似时空覆盖的海表温度场，MODIS SST 的质量控制不是一件容易的事。目前具有必要精度和覆盖的唯一候选场是实验性的 ERS–1 沿轨扫描辐射计 (ATSR) 和 NOAA–NASA 探路者 SST 场。这些场的最大潜在用途是用于 MODIS SST 算法表现的回顾性研究，它们无法满足产品质量的近实时评估。这样，我们建议 4 种方法：① 业务运行的气象学数据由产品本身计算；② 较低分辨率的 SST 由 AIRS 遥感器（产品 2523）计算；③ 与 NOAA 和 NAVY SST 产品比较；④ 时空相干性测试。

5.4.5.1 业务运行的气象学进展

在 NOAA/NASA AVHRR 探路者工作中证明有效的方法是计算滞后的全球 SST 气候场，其滞后（时间）间隔可以是一周、两周或一个月。这种高分辨率的全球平均 SST 业务场提供了所有像素位置的初估温度。这个业务运行的气候学场包括了每个位置的平均值场和变化场，分别用 T_c 和 V_c 表示。T_c 和 V_c 是空间和时间的函数。变化范围用于分出数据异常。

MODIS SST 气候场的维护需要计算能力和海量存储需求。每个观测日都要按滞后间隔计算新的气候场。用 NOAA/NASA 探路者测试表明由于白天皮 – 体 T_s 偏差，应该分别保持白天 / 夜间气候场。因此，气候场需要每天生产每个场最后 n 天的平均值和变化值。

5.4.5.2 空间/时间相干性

前面提到的质量评估进展依赖于全球温度场。海洋学家经常通过观察空间或时间断面（如，时间，空间，或空间 / 时间系列）来测试新的观测系统。

作为正在进行的质量评估活动的一部分，我们将为时间系列、跨越洋盆现场观测区的几个空间断面，用于产生空间 / 时间柱状图的几个特定断面等的生产定义一个系列点。这些活动的产品将使空间 / 时间相干性的快视测试更容易。

5.4.6 特殊情况处理

Sea-sfc 温度算法的例外处理是直接的。对我们的知识而言，尚未完全掌握 Sea-sfc 温度处理的处理条件。数据质量标识 (flag) 用于所有情况。本进展是为反演 Sea-sfc 温度处理所有非陆地红外辐亮度，然后标识每个计算值的缺失的辐亮度、云和中途退出等（云是一个特殊情况，我们采用产品 3660 的结果作为标识有云像素的一个方法）。

5.4.7 数据变量

MODIS Sea-sfc Temperature 原型算法的数据变量如下。这个产品本身需要波段 20、22、23、31 和 32 的 Level-1A 红外辐亮度 (Product 3708) 和云屏蔽 (Product 3660)。在云屏蔽产品无效时，可见和近红外辐亮度（波段 3、4、5、6）将作为第二个云标识。这个算法的下个版本可使用表层风估计值来更好地确定白天太阳耀斑和皮 – 体温度差。AIRS SST(产品 2523) 将用于皮温的近实时质量控制。注意可产生海表温度的唯一产品是 Level -1A 辐亮度（产品 3708）和云屏蔽（产品 3660）。

5.4.8 输出产品

MODIS Sea-sfc Temperature 算法输出的反演 SST 值是由反演的 SST 值、输入定标辐亮度、各波段反演的亮温值、定量云屏蔽结果的标识、纬度、经度和时间等矢量和。有两种产品：供内部使用的质量评估产品和供外部使用的 Sea-sfc 温度产品。

5.4.9 压制因素

数据质量的主要限制因素集中在下列方面：精确的前发射仪器特性、各波段的仪器 NEΔT、定标型号表现、质量控制的定标、真实性检验观测的有效性、各种质量评估数据集的有效性与获取和连续运行状态评估数据集的及时获取。在轨仪器 NEΔT 状态是算法误差的初步输入。同样，最小化辐射计定标不准确度的鲁棒定标模型是好算法的必需。这个模型必须限定在这样的不确定性的非线性组分到最低的比特数值。表层定标 / 真实性检验也必须维持常规的系列对比观测集来证明系统的稳定性。表层定标 / 真实性检验观测数据与质量评估数据集的联合将能说明系统状态并随时掌握任何异常。

第 6 章　FY–3A 卫星海表温度业务化算法

6.1 引言

FY–3A 卫星是我国 2008 年 5 月发射的第二代极轨气象卫星，设计寿命为 3 年，可实现全球、全天候、多光谱、三维、定量对地观测。该星上搭载的 11 台遥感仪器按功用可分为 5 组：成像仪器组、大气探测仪器组、辐射收支探测仪器组、大气成分监测仪器组和空间环境监测仪器组，如表 6.1 所示。目前已建立北京、广州、乌鲁木齐和瑞典基律纳地面数据接收站，遥感数据通过两个实时传输信道 (HRPT 和 MPT) 和一个延时传输信道 (DPT) 进行传输。

该星上携带的 VIRR 包含 10 个光谱通道，星下点空间分辨率为 1 km，可用于地球环境综合探测，仪器相关技术指标见表 6.1，VIRR 光谱性能指标见表 6.2。通道 1 和通道 2 对于叶绿素的吸收有较大的反差，可用于地表植被监测；通道 3 位于 800 K 目标物的辐射峰值区，该温度接近于草原火灾区的温度，对含有火点的像元与周围像元产生明显反差，适于探测高温火点；通道 4 和通道 5 是热红外分裂窗通道，是地物常温约 300 K 时的辐射峰值范围，可用于 SST 反演；通道 6 对于云和雪的吸收有较大差异，可用于云雪识别；通道 7 至通道 9 是可见光通道，具有较高的探测灵敏度和较窄的动态范围，用于海洋水色监测；通道 10 位于水汽吸收带，地面和中低云的辐射很难到达传感器，而高云湿度小，反射率大，可用于卷云检测。

VIRR L1 数据是经过数据预处理生成的包含定标、定位信息，能够用于计算定量产品的标准 HDF5 格式数据，数据文件以卫星对地观测 5 min 段（块）为单位记录存档。数据由全局文件属性、私有文件属性和科学数据集组成。数据预处理过程中的关键基础静态参数记录在数据私有文件属性中；科学数据集除了对地观测数据外，还包括每个对地观测像元的地理经纬度、卫星天顶角、卫星方位角、太阳天顶角、太阳方位角、地表高程、海陆掩码、地表分类及每个扫描周期的定标系数、日计数和时间码等数据。

FY–3A 卫星数据依照处理程度可划分为 4 级：0 级数据，1 级产品，2 级产品和 3 级产品，各级产品内容见表 6.3。

表 6.1　FY-3A 卫星遥感仪器分组

名称		探测目的
成像仪器组	可见光红外扫描辐射计 (VIRR)	云图、植被、泥沙、卷云及云相态、雪、冰、地表温度、海表温度、水汽总量等
	中分辨率成像光谱仪 (MERSI)	海洋水色、气溶胶、水汽总量、云特性、植被、地面特征、表面温度、冰雪等
	微波成像仪 (MWRI)	雨率、云含水量、水汽总量、土壤湿度、海冰、海温、冰雪覆盖等
大气探测仪器组	红外分光计 (IRAS)	大气温湿廓线、臭氧总含量、二氧化碳浓度、气溶胶、云参数、极地冰雪、降水等
	微波温度计 (MWTS)	
	微波湿度计 (MWHS)	
辐射收支探测仪器组	地球辐射探测仪 (ERM)	地球辐射
	太阳辐射检测仪 (SIM)	太阳辐射
大气成分监测仪器组	紫外臭氧垂直探测仪 (SBUS)	臭氧垂直分布
	紫外臭氧总量探测仪 (TOU)	臭氧总含量
空间环境监测仪器组	高能粒子探测器等 5 台仪器 (SEM)	测量空间重离子、高能质子、中高能电子、辐射剂量；监测卫星表面电位与单粒子翻转事件等

表 6.2　VIRR 仪器性能指标

项目	指标	项目	指标
空间分辨率	星下点分辨率 1 km	扫描抖动	＜0.8 个 IFOV
扫描范围	±55.4°	通道信号衰减	＜ 15% / 2 年
扫描器转速	6 线 /s	量化等级	10 bit
每条扫描线采样点数	2 048	定标精度	可见光和近红外通道： CH1、2、7、8、9—7%（反射率） CH6、10—10%（反射率） 红外通道：1 K（270K）
MTF	≥ 0.3		
通道配准	飞行方向 / 扫描方向 星下点配准精度 ＜0.5 个像元		

表 6.3　FY-3A 卫星数据产品分级

卫星数据产品	产品基本说明
0 级数据	卫星地面站接收的经过解码和解包后的原始卫星观测数据
1 级产品	0 级数据经质量检验、定位和定标处理得到的产品
2 级产品	1 级产品进行反演或计算处理，生成的能反映大气、陆地、海洋和空间天气变化特征的各种地球物理参数，还包括基本图像、环境监测和再请监测产品等
3 级产品	在 2 级产品的基础上，通过一定时间段资料的平均计算而生成的候、旬、月格点产品和其他分析产品

6.2 研究区域与数据

6.2.1 研究区域

本研究以我国北方的渤海和黄海北部海域为示范海区。渤海三面环陆，在辽宁、河北、山东、天津三省一市之间，面积约 7.8×10^4 km^2，平均水深 25 m，为我国最大的超浅型内海。渤海水温变化受北方大陆性气候影响，2 月在 0℃左右，8 月达 21℃。北黄海是山东半岛、辽东半岛和朝鲜半岛之间的半封闭海域，面积约 8×10^4 km^2，平均水深 40 m。黄海的水温年变化小于渤海，平均气温 1 月最低，为 –2 ~ 6℃，南北温差达 8℃；8 月最高，平均气温全海区约为 25 ~ 27℃。

6.2.2 数据

6.2.2.1 现场实测数据

现场实测数据采用定点浮标海上长时间序列连续观测方式获取，主要数据获取指标见表 6.4。

表 6.4 实测数据指标

指标项	指标内容
实测站位数	5 个
测量深度	海面以下 0.5 ~ 1 m
采样频率	昼夜不间断，小时整点采样
时间跨度	2008–01–01 至 2009–12–31
数据内容	采样的日期时间、平均风速与风向、气温、湿度、水温、气压及地理经纬度

6.2.2.2 卫星影像数据及预处理

采用的遥感卫星影像数据为 FY–3A/VIRR 传感器数据，包括两个位于大气窗区波段的热红外分裂窗通道 (B4, 10.3 ~ 11.3 μm 和 B5, 11.5 ~ 12.5 μm)，设计用于表面温度的定量反演研究。共搜集覆盖研究海区自卫星发射（2008 年 5 月）至 2009 年 12 月 31 日 VIRR 传感器 L1 级 HDF5 格式有效卫星数据 885 景。

1）几何校正

FY–3A 卫星安装了 GPS 接收机，能够实时提供较高精度的卫星位置数据，并可由此计算出卫星的速度数据，进而开展遥感数据地理定位计算。GPS 测量卫星位置精度为 20 m (1σ)，时间精度为 10 μs。VIRR 影像数据几何校正即可由数据集自带的 GPS 经纬度地理定位数据建立 GLT 文件进行处理，红外通道几何校正精度优于 0.8 像元。

HDF5 格式 FY–3A/VIRR L1 级数据产品中，以“Latitude”与“Longitude”两个文件来给出遥感影像每个像元的经纬度坐标信息。GLT (Geographic Lookup Table) 几何校正法正是利用输入的这两个经纬度坐标文件来建立一个与遥感影像一一对应的二维地理位置查找表，文件中包含两个波段：地理校正影像的行和列，从该文件可了解到某个初始像元在最终输出结果中实际的地理位置。

GLT 校正方法操作简单，运算快速，结果精度很高，同时，利用 IDL 语言可实现批处理操作。首先，加载 HDF5 影像数据，以经度 longitude 信息文件作为 X 波段，以纬度 latitude 信息文件作为 Y 波段构建 GLT 文件。由于 X 波段左侧边缘为 0 值，有必要对边缘进行掩膜处理，在空间子集中去除开始的 3 个像素。设置相应坐标系作为 GLT 文件的投影信息，旋转角度 (Rotation) 为 0 (正上方为北向)。利用输出的 GLT 文件对影像进行几何校正处理，几何校正后影像可由 ENVI 自带的 Google Earth Bridge 工具导出，叠加显示在谷歌地球页面，以此可以方便地查看校正结果的大致精度。

2）辐射校正

VIRR 红外通道在轨定标算法基于 FY-1 卫星和 NOAA 卫星 AVHRR 的定标方法。在每一扫描线周期，VIRR 各通道传感器均需观测 3 种不同类型目标：10 个冷空间测量值、2 048 个地球测量值和 6 个内部黑体测量值，可独立获取冷空间和内部黑体辐射值，采用二者的测量值做红外通道在轨定标。与 MODIS 交叉定标检验，红外通道相对定标精度如表 6.5 所示。

表 6.5　红外通道相对定标精度

通道	通道 3	通道 4	通道 5
相对定标精度（K）	0.2	–1.6	–1

VIRR L1 数据辐射定标参考附录 A——国家气象卫星中心发布的“FY-3A 定标信息参数”，分别将可见光、近红外及红外通道测值转化为通道反照率和等效黑体亮温。其中，可见光近红外通道采用线性定标方式，如式 (6.1)，定标系数存放于 FY-3A 扫描辐射计 L1 数据私有文件属性“RefSB_Cal_Coefficients”中，共 14 个数值，分别为各通道定标斜率与截距；红外通道定标分为 4 个步骤：星上线性定标、辐亮度非线性订正、有效黑体温度计算和等效黑体温度计算，分别见式 (6.2) 至式 (6.5)。

$$A = S \cdot C_E + I \tag{6.1}$$

式中，A 为通道反照率；S 为斜率；I 为截距；C_E 为可见光近红外通道对地观测计数值。

$$N_{LIN} = Scale \cdot C_E + Offset \tag{6.2}$$

式中，N_{LIN} 为线性定标辐亮度值 mW/(cm^2·cm·sr)，$Scale$ 为增益，$Offset$ 为截距，C_E 为红外通道对地观测计数值。$Scale$ 与 $Offset$ 分别存放于数据集“Emissive_Radiance_Scales”与“Emissive_Radiance_Offsets”中，每条扫描线给定一组线性定标系数。

$$N = b_0 + (1 + b_1)N_{LIN} + b_2 N_{LIN}^2 \tag{6.3}$$

式中，N 为订正后定标辐亮度值 (mW/(cm^2·cm·sr))，b_0、b_1、b_2 为地面定标给出的订正系数，存放于文件属性"Prelaunch_Nonlinear_Coefficients"中，共 12 个数值，目前只用到前 9 个数值，见表 6.6。

表 6.6 红外通道辐亮度非线性订正系数

通道	b_0	b_1	b_2
B3	8.267 243E−03	−3.811 100E−02	1.508 700E−02
B4	1.595 651E+00	−6.220 200E−02	3.809 432E−04
B5	1.954 244E+00	−6.424 600E−02	3.476 301E−04

$$T_{BB}^{*}=\frac{c_2 v_c}{\ln[1+(\frac{c_1 v_c^3}{N})]} \tag{6.4}$$

式中，T^*_{BB} 为有效黑体温度；c_1=1.191 042 7 × 10^{-5} mW/(m^2·sr·cm)，c_2=1.438 775 2 cm·K，v_c 为红外通道中心波数，存放于文件属性"Emissive_Centroid_Wave_Number"中，详见表 6.7。

表 6.7 红外通道中心波数

通道	中心波数 (cm^{-1})
B3	2 699.119 000 0
B4	923.427 053 0
B5	830.241 775 0

3）临边变暗校正

由于地球曲率和 VIRR 传感器对地扫描张角的影响，卫星影像存在"临边变暗"现象，本研究采用 NESDIS (National Environmental Satellite Data and Information Service)的全球拼图业务系统经验公式进行校正，即：

$$T=T_b+(\mathrm{e}^{0.000\,12\theta^2}-1.0)\times(0.107\,2T_b-26.81) \tag{6.5}$$

式中，T 为订正后亮温；T_b 为卫星观测的亮温；θ 为卫星天顶角。

6.2.2.3 数据匹配与质量控制

卫星影像数据：影像数据云检测采用 NOAA/AVHRR 成熟的 CLAVR–1 方法，该检测方法具有全球区域的普适性；卫星影像数据提取的空间同步窗口为 3 × 3 像元，剔除 3 × 3 区块内误差大于一个标准差的可能云或海冰污染数据样点，保证区块内探测值的均一性。考虑到卫星影像中"邻近效应"的影响，提取 VIRR 热红外通道影像数据中相应观测点周围 3 × 3 像元区块中的有效数据均值作为该点的有效数据值，所得数据构成卫星观测数据集。

现场实测数据：对搜集到的浮标等现场实测数据做规范化整理、比对和验证。通过数据质量控制提高数据的可信度。浮标数据的质量控制和标准化：针对海上常规监测、生态浮标和船载快速监测等监测手段的异地化、监测数据多样性和时空分布的特点，从不同渠道获得的监测数据需要经过质量审核，按照规定的标准进行标准化。质量控制一般采用非法码检验、范围检验、时间连续性检验、合理性检验和相关性检验等方法。对进入实时数据库的数据必须经过数据质量控制，确保多源、多时相数据的一致性和可信度。数据预处理流程示意图见图 6.1。

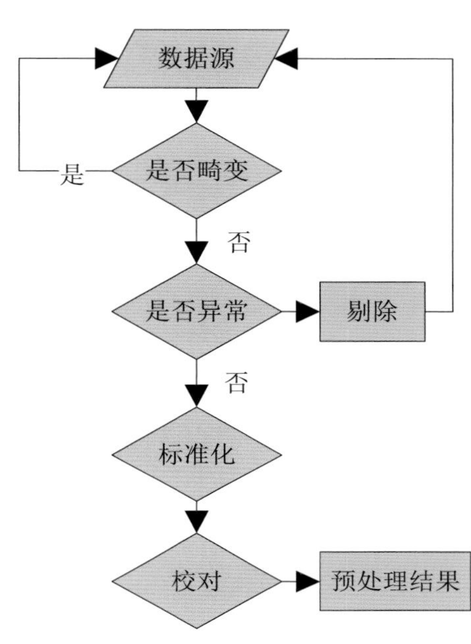

图 6.1　数据质量控制和标准化

将卫星观测数据集与现场实测数据集在 3 km × 3 km 的空间同步窗口下进行匹配。由于实测数据为小时整点采样，匹配数据对的卫星过顶时间与实测数据采样时间同步窗口为 30 min，最大限度保证了匹配数据对的时空同步，最终得到质量控制后匹配数据 347 组，构成匹配数据集。

6.3 研究方法

6.3.1 技术路线

将匹配数据集中 2/3 数据用于数据建模，算法模型采用 NOAA 成熟的 NLSST 模型。模型建立后，应用于剩余 1/3 卫星数据的 SST 反演，并以对应现场实测数据做精度检验。

整个研究主要包含数据预处理、匹配数据集建立及质量控制、模型建立及精度评价 4 个部分，如图 6.2 所示。

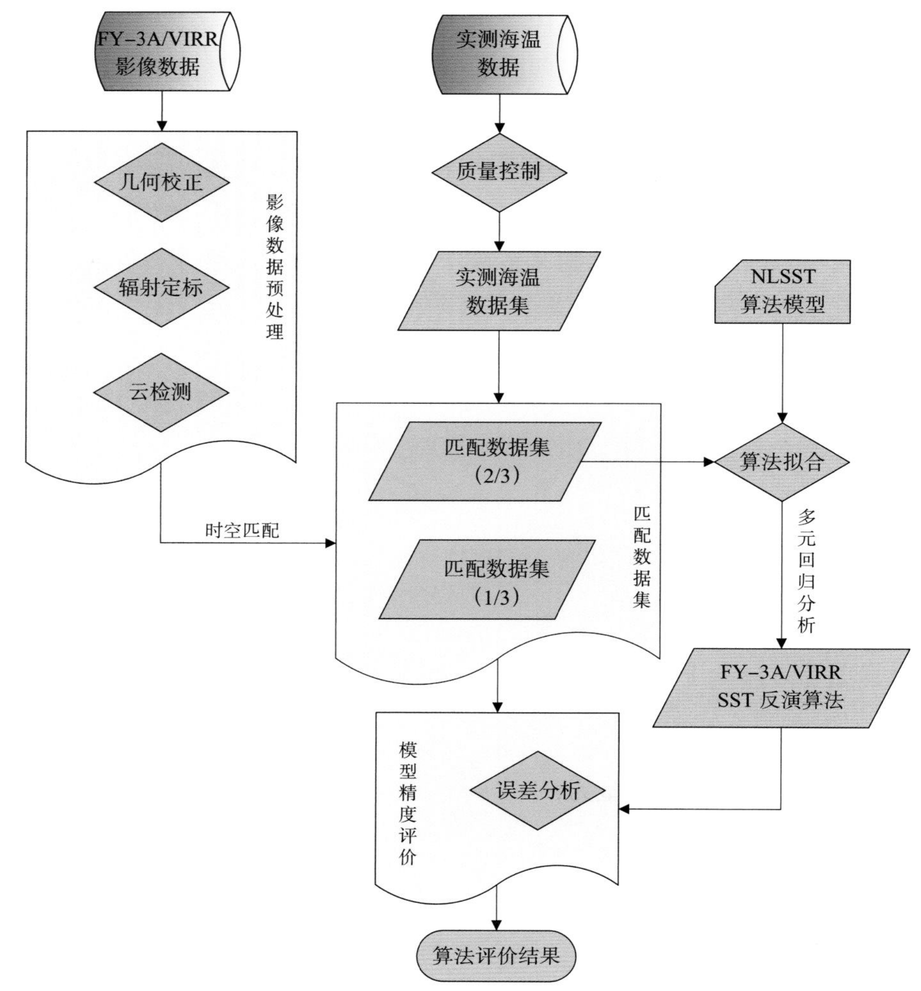

图 6.2　FY-3A/VIRR SST 反演算法研究方法

6.3.2　精度评价方法

采用匹配数据集中 2008 年 5 月至 2009 年 5 月数据用于算法建立，剩余数据用于算法的精度评价，这样既保证了建模数据涵盖了一整年中海洋气象状态的变化，又剩余足够的数据用于模型精度的检验。精度评价采用模型 SST 反演结果值与现场实测海温数据比对方式获取精度评价和误差统计，如式 (6.6)。

$$\overline{\Delta\varepsilon} = \frac{\sum_{i=1}^{n}\left|T_{ji} - T_{ci}\right|}{n} \tag{6.6}$$

式中，T_{ci}，T_{ji} 分别为验证数据中第 i 个匹配数据对的现场实测海温值和模型 SST 反演结果值；$\overline{\Delta\varepsilon}$ 为反演算法的平均误差。

6.4　FY-3A/VIRR 非线性海表温度反演算法研究

采用 FY-3A/VIRR 卫星影像数据和长时间序列现场实测数据，采用成熟的 NLSST 算法模型和场地定标方法，将卫星数据应用于海表温度的定量反演研究并验证其精度，建立适用于FY-3A卫星的海表温度业务化反演算法，以发挥其在海表温度业务化应用中的潜力。

6.4.1 T_{sfc}参量的获取

6.4.1.1 FY-3A/VIRR MCSST模型参数获取

VIRR与AVHRR/3热红外通道谱段设置及热红外波段光谱响应均趋于一致，且T_{sfc}参量可以MCSST算法结果值替代。因而，采用NOAA MCSST算法模型及实测数据获取FY-3A/VIRR SST反演的MCSST模型参数，即：

$$T_S = a_0 + a_1 T_4 + a_2 (T_4 - T_5) + a_3 (T_4 - T_5)(\sec\theta - 1) \tag{6.7}$$

式中，T_S为海表温度；T_4，T_5分别为FY-3A/VIRR B4，B5通道的亮温；θ为卫星天顶角；a_0，a_1，a_2，a_3为模型参数。

利用匹配数据集中随机选取的2/3的数据量用于FY-3A海表温度模型的建立。因此，对于VIRR传感器，式(6.7)中的T_S即为现场实测数据；T_4，T_5可由FY-3A卫星扫描辐射计定标参数计算获取；卫星天顶角θ可由“SensorZenith”数据集获取。采用Origin 8.5多元线性回归分析方法获取模型中各参数值(具体回归过程在此不作赘述)。建立的FY-3A VIRR传感器局地SST反演算法模型为：

$$T_S^{VIRR} = 14.599 + 0.96763 T_4^{VIRR} + 1.89313(T_4^{VIRR} - T_5^{VIRR}) + 0.72(T_4^{VIRR} - T_5^{VIRR})(\sec\theta - 1) \tag{6.8}$$

式中，T_S^{VIRR}为海表温度；T_4^{VIRR}，T_5^{VIRR}分别为VIRR传感器B4，B5分裂窗通道的亮温；θ为卫星天顶角。

6.4.1.2 模型评价

将得到的FY-3A/VIRR MCSST算法模型（式(6.8)）和AVHRR/3原算法模型同时应用于匹配数据集中剩余1/3数据的SST反演，并以对应的现场实测数据为真值进行独立样本的精度检验。VIRR SST反演模型反演值、AVHRR/3反演模型反演值与现场实测值对比散点图如图6.3所示。

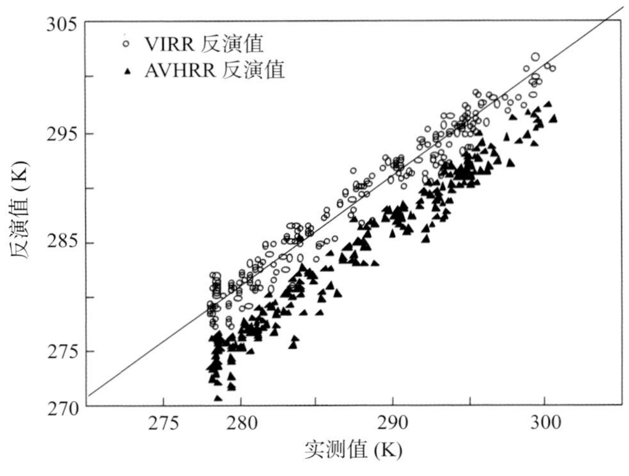

图6.3 两种卫星数据SST反演值与实测值对比散点图

由图 6.3 可见，AVHRR/3 SST 结果值线性关系良好，但整体低于实测值，误差明显大于新算法；新算法反演结果值与实测值线性关系优于 AVHRR 结果值，个别站点值误差在 ±3.5 K 左右，其余部分误差值较小，总体优于 2 K，绝对误差及相对误差分布情况分别见图 6.4 和图 6.5。根据统计分析的结果可知：绝对误差值小于 2 K 的样本占 89.4%，模型平均误差约为 1.07 K，相对误差最大为 1.84%，整体介于 ±0.5% 之间(表 6.8)。

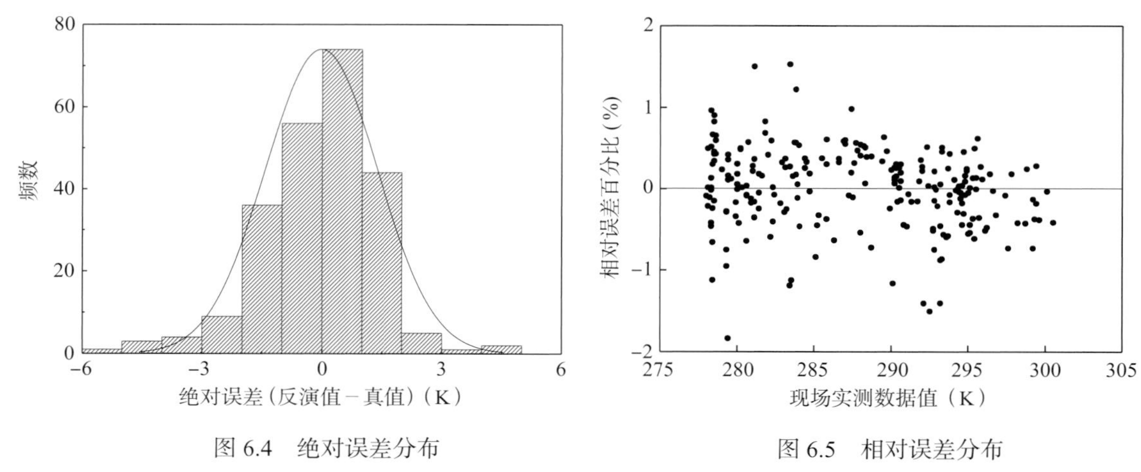

图 6.4　绝对误差分布

图 6.5　相对误差分布

表 6.8　反演结果误差统计表

算法	误差分布 (K)			
	均值	最小值	最大值	标准差
VIRR MCSST 反演算法	1.07	0.03	3.61	0.77
AVHRR/3 MCSST 反演算法	4.79	0.33	9.03	1.35

6.4.2 NMEMC_SST$_{FY-3A}$算法建立

利用匹配数据集中 2008 年 5 月至 2009 年 5 月数据 192 组用于 FY–3A NLSST 反演算法的建立，因此，*NLSST* 即为现场实测数据；T_{11}，T_{12} 可由 FY–3A 卫星扫描辐射计定标参数经辐射校正计算获取，MCSST 即可采用式 (6.8) 部分模型反演值。并采用多元线性回归分析方法获取模型参数值，多元线性回归结果显示，线性关系明显，R^2 达到 0.98。

6.5　算法应用与验证

6.5.1 NMEMC_SST$_{FY-3A}$业务化算法实际应用

将新建立的算法模型应用于成像状况良好的三景 FY–3A/VIRR 影像数据，数据范围包括渤海及黄海大部分区域。卫星影像数据首先经“邻边变暗”校正处理，纠正地球曲率及扫描张角对图像边缘部分的影响；而后进行图像拼接，并以覆盖研究区域的矢量图层文件进行掩膜与裁切处理，得到研究区海域影像数据；经去云处理后应用 FY–3A/VIRR NLSST 业务化算法计算海表温度并制图输出。

结果显示，研究区域内温度整体分布连续且有层次，整体介于 8 ~ 15℃之间，自近岸向远海温度渐低，受太阳辐射影响，温度分布大致呈现自南向北递减的态势。此时，海温分布由冬季模式逐渐转为夏季模式，暖水舌自南黄海经北黄海直指渤海海峡，其影响范围涉及黄海大部海域，表现出典型夏季模式温度特征，与黄大吉等和贾瑞丽等的研究相符。

6.5.2 算法验证

将得到的FY-3A/VIRR NLSST业务化算法应用于2009年6—12月匹配数据(共155组)的 SST 反演，并以对应匹配的现场实测数据为真值进行独立样本的精度检验。

结果可见，二者线性关系良好，R^2 达到 0.97，总体误差在 ±2℃左右，极少数样点误差值较大，详见表 6.9。根据统计分析的结果可知：绝对误差值优于 1℃的样本占 73%，误差大于 2℃的样本仅占 4%，模型平均误差约为 0.78℃，相对误差整体介于 ±8% 之间。

造成上述模型反演结果出现误差的原因很多：首先是薄云的影响，Simpson 等研究指出，云是海表温度反演的主要误差源，薄云的检测也是云检测中的热点与难点，不完全的云检测引起部分像元为薄云所覆盖，形成混合像元，导致温度反演结果不能准确反映下垫面海水的真实情况，与实测数据产生较大差值；毛志华等研究也发现，在遥感海表温度业务运行系统中，造成较大误差的主要因素是云。其次，海表温度受风速、云量、海况、昼夜等因素影响极大。最后，面状的反演结果与点状验证数据之间的“尺度效应”无疑也影响了精度，这些都是未来海温研究的深入方向。

表 6.9 反演结果误差统计表

算法	误差分布		
NMEMC_SST$_{FY-3A}$ 业务化算法	均值(℃)	最小值(℃)	标准差
	0.78	0.015	0.676 73

6.6 FY-3A/VIRR 海表温度专题产品

6.6.1 每日产品

选取 2012 年全年 FY-3A/VIRR 数据，选取每日获取影像数据中渤海、黄海海域有相对较好成像和少云覆盖的影像数据，依据建立算法反演获取渤海及黄海部分海域的 SST 分布，并以专题图形式输出，见图 6.6，图中白色区域为云及无效数据掩膜。

FY-3A_VIRR_SST_20120111

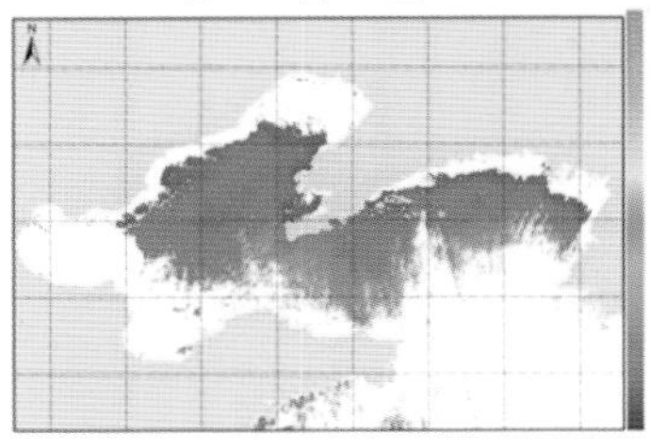

FY-3A_VIRR_SST_20120218

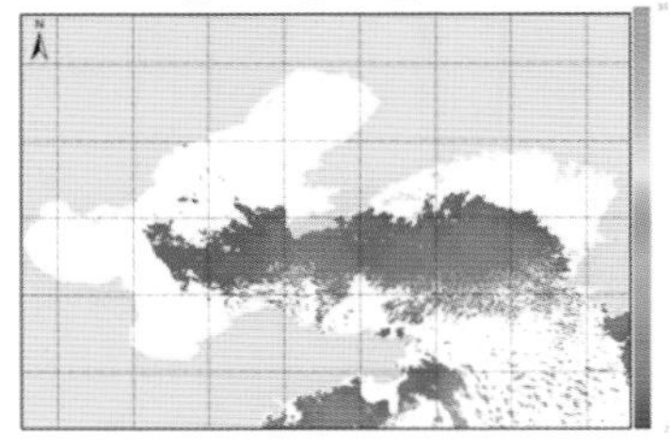

FY-3A_VIRR_SST_20120311

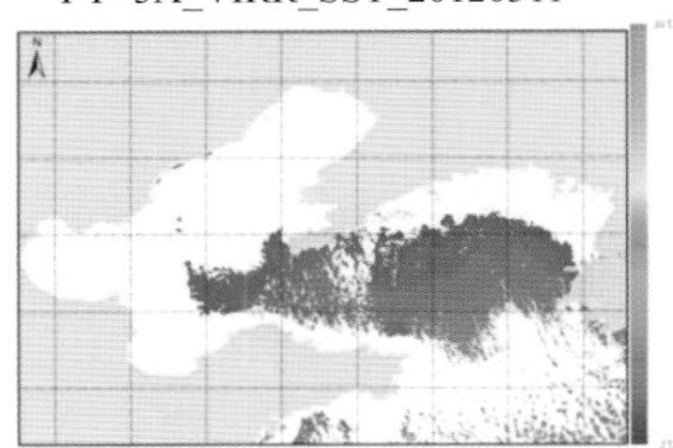

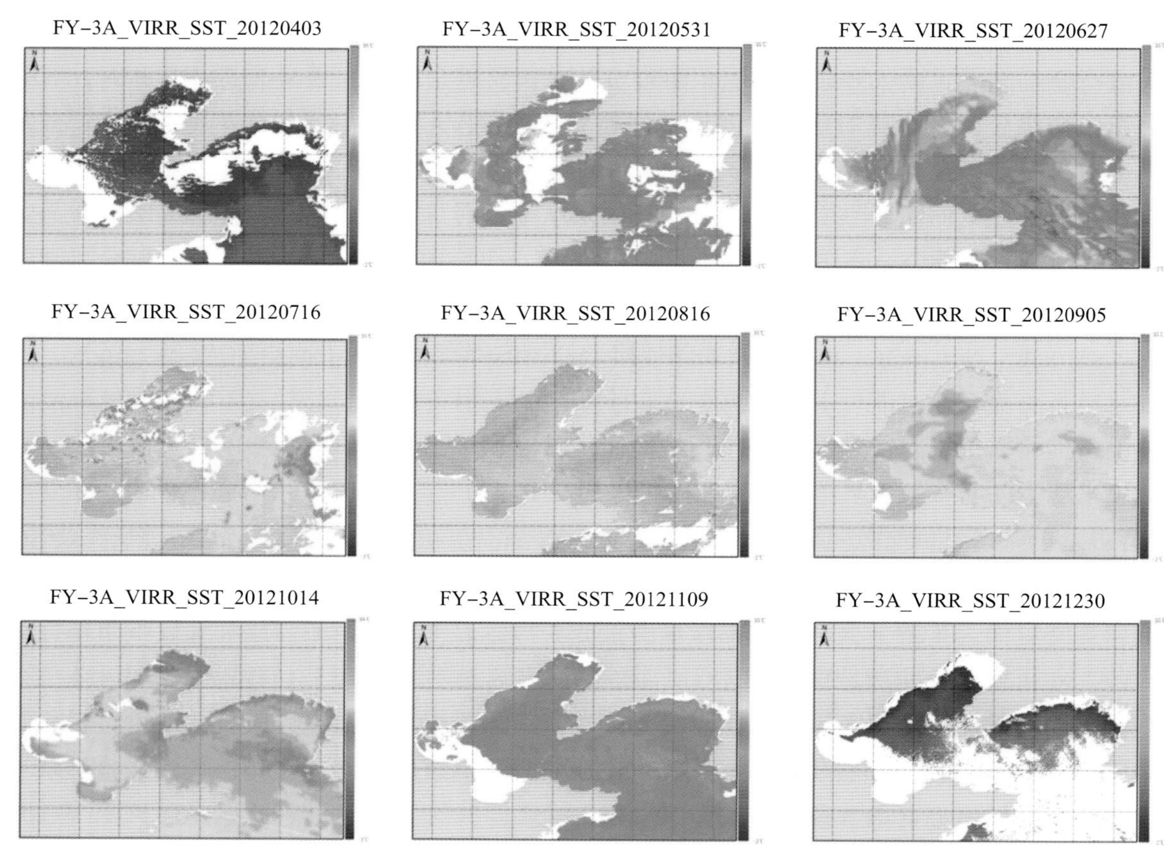

图 6.6　FY-3A/VIRR 每日 SST 产品

6.6.2　月均产品

以 2012 年 6 月和 8 月 FY-3A VIRR 数据为例，采用线性均值图像融合方法，如式 (6.9)，制作月均 SST 产品。其中云污染区域及成像缺失部分采用线性插值方法生成，月均产品专题图如图 6.7 所示：

$$AVG = \frac{1}{n}\sum_{i=1}^{n} X_i \tag{6.9}$$

式中，AVG 为格点融合均值；X_i 为有效格点值；n 为该格点位置处有效值的个数。

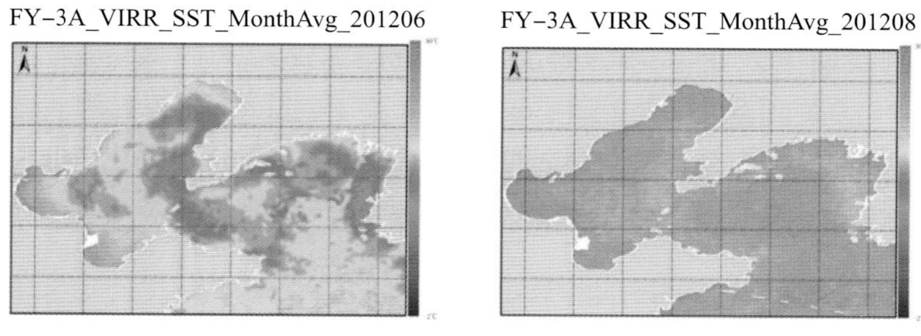

图 6.7　FY-3A/VIRR 月均 SST 产品

第 7 章 FY–3A卫星海洋大气柱水汽含量遥感反演

大气水汽是影响定量遥感应用的主要因素之一。在大气研究及定量遥感应用当中，大气水汽的影响不可忽略，尤其作为单通道算法的敏感性输入参量，大气水汽含量的精度极大影响到 SST 反演结果的精度。先前单通道算法 SST 反演研究中，研究者多以 MODIS 大气水汽产品 MOD05 作为输入参数，而该数据产品在中国区域的探空实测检验中发现精度不高。但因实时的大气剖面资料获取难度大且非常有限，各种模拟数据的结果精度又不具有局地适应性，影响了实际应用结果的精度。因而对大气水汽含量的监测就显得尤为重要。

7.1 引言

20 世纪 70 年代以来，国外大批研究者致力于近红外方法探测大气水汽，即采用近红外水汽吸收带差分方法探测大气水汽含量。Frouin 等以机载辐射计测量地面反射太阳辐射，反演误差约为 20%。Gao 等采用 3 个通道遥感测量大气可降水，并以机载可见红外成像分光计 (AVIRIS) 资料进行验证。Kleidman 等将反射法应用于海洋，以 NASA ER–2 上搭载的 MODIS 机载模拟器数据验证，但该方法受限于海洋耀斑的亮度（反射率必须＞ 0.15）。国内，黄意玢等以“神舟三号”中分辨率成像光谱仪数据进行了大气柱水汽含量反演尝试；张弓等依据 Frouin 等提出的算法，以 FY–1C 极轨气象卫星扫描辐射计数据反演大气水汽总含量，独立样本真实性检验偏差为 15% ～ 20%，相关系数达到 90% 以上；胡秀清等以查找表方法反演 FY–3A 大气水汽含量，并与探空数据比对验证，显示卫星反演值有 20% ～ 30% 系统性偏低；毛克彪等利用 MODIS 数据对汉江地区上空大气水汽反演也进行了相关的研究。这些前期研究为以后的近红外方法探测大气水汽奠定了基础。

近年来，我国自主卫星系统发展迅速，但由于实测验证数据的欠缺，使得定量遥感应用受到很大影响。风云三号 (FY–3) 气象卫星是我国自主第二代极轨气象卫星，它是在 FY–1 气象卫星技术基础上的发展和提高，在功能和技术上向前跨进了质变的一步。FY–3A 于 2008 年 5 月 7 日成功发射，星上搭载中分辨率成像光谱仪 (MERSI)，技术参数及通道光谱特征信息见表 7.1。

表 7.1 MERSI 仪器性能指标

项目	指标
量化等级	12 bit
扫描范围	±55.1° ±0.05°
扫描器转速	40 r/min
扫描抖动	＜1 IFOV (1 km)
每条扫描线采样点数	2 048 (1 km)；8 192 (250 m)
波长定位精度	优于光谱带宽的 10%
通道间像元配准	＜0.3 个像元
饱和恢复	≤ 6 个像元 (1 km)；≤ 24 个像元 (250 m)
MTF	≥ 0.27 (1 000 m) ≥ 0.25 (250 m)
定标精度	可见光近红外通道：CH1 ～ 4，6 ～ 14—7%(反射率) CH15 ～ 20—10%(反射率)；红外通道：1 K (270 K)
相同通道不同像元响应不均匀性	≤ 5% ～ 7%(通过遥控注数修正后的结果)

MERSI 具有多光谱成像和高空间分辨率的特点，用于中小尺度海、陆、气的多光谱连续综合观测。基于对陆地目标的多光谱特征遥感成像，可以实现全球范围陆地植被、覆被类型、表面温度以及雪被等的遥感监测。其中，窄谱段通道 8 ～ 16 为可见光及近红外通道，具有波谱范围窄，信噪比高的特点，适于水色定量遥感，如叶绿素及悬沙含量，可溶性黄色物质浓度等；2.13 μm 红外通道可作为气溶胶遥感监测的本底值，综合运用可见光波段数据可实现陆地气溶胶遥感监测；近红外的 0.94 μm 通道位于大气水汽，尤其是近低层大气水汽的吸收带上，适于遥感探测大气水汽含量分布；250 m 空间分辨率的可见光通道影像可进行真彩色合成，提高肉眼对多种地物目标的辨识度，实现对多种应用目的的中分辨率遥感影像监测。

MERSI 每日生成全球白天 144 个 5 min 段 L0 数据文件进入预处理系统。预处理包括质量检验、地理定位和辐射定标，处理后生成 L1 数据产品，MERSI L1 产品是各类专题图像产品及 L2 级定量遥感应用产品生成的起点。MERSI L1 产品包括：

（1）MERSI_L1 250 m 地球观测数据产品；

（2）MERSI_L1 1000 m 地球观测数据产品；

（3）MERSI_L1 OBC 星上定标数据产品。

7.2 研究区域与数据

7.2.1 研究区域

以辽东半岛最南端为研究区域，如图 7.1 所示的红色框图范围。研究区西临渤海，东面黄海，区内以山地丘陵地形为主，极少平原低地，气候类型为具有海洋性特点的暖温带大陆性季风气候。区内年平均气温约 10.5℃，极端气温最高达 37.8℃，最低 −19.13℃，年均降水量在 550 ～ 950 mm。

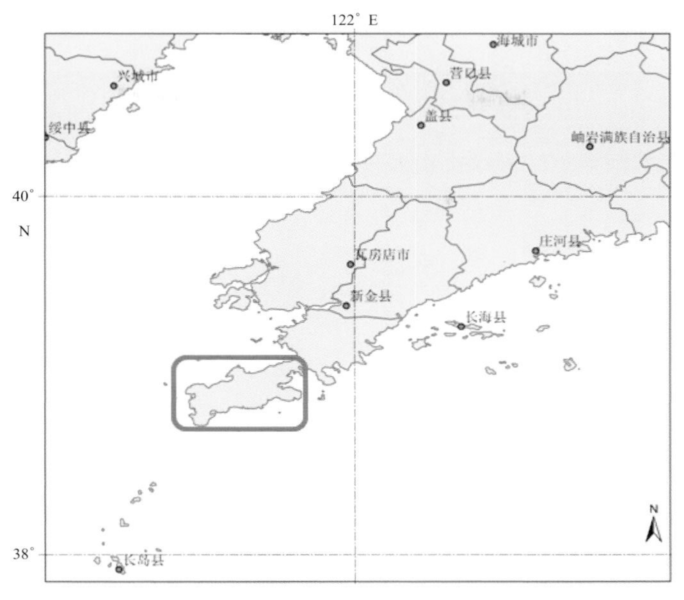

图 7.1 研究区地理位置

7.2.2 数据

7.2.2.1 现场实测数据

现场实测数据为全自动太阳光度计 (CE–318) 长时间序列定点现场观测数据。CE–318 实测数据可用于大气柱水汽总量、气溶胶光学厚度、消光光学厚度、大气透过率和臭氧总量等定量反演。仪器架设于国家海洋环境监测中心，距离海边约 200 m。仪器实现全自动数据采集，可完成太阳的自动追踪，测量条件为太阳周围无云的晴空条件。仪器采用 936 nm 及 1 020 nm 的大气水汽吸收及窗区通道，以比值法实现大气水汽的定量观测。仪器配备的数据处理软件系统通过“仪器一次测量，三次采样，采样之间的相对误差阈值控制”策略，实现观测数据是否受到云影响的判别，完成数据的质量控制。

CE–318 数据采集时间跨度为 2009 年 3—10 月，共 3 293 条数据，包含 340 ～ 1 640 nm 9 个波段对应时间点的观测数据，采样频率为 15 min/ 次。仪器绝对定标采用 Langley–Bouguer 方法，对太阳直射辐射测量进行定标。处理后提取其中的水汽数据部分，形成现场实测数据集。

7.2.2.2 卫星影像数据及预处理

FY–3A 搭载的 MERSI 传感器包含 400 ～ 1 250 nm 的 20 个光谱通道，其中 5 个近红外通道可用于大气水汽的探测。表 7.2 给出了 FY–3A/MERSI 与 EOS/MODIS 近红外通道的信息对比。865 nm 窗区吸收较小，是两个传感器的共同选择。MERSI 选用的 1 030 nm 通道较之 MODIS 的 1 240 nm 通道吸收更小、信噪比更高且更靠近水汽吸收带，这对于水汽的反演更为有利。Albert 等研究发现水汽和 CO_2 的吸收对 1 240 nm 通道有较大影响，该通道不适于参与水汽反演。

表 7.2 FY-3A/MERSI 与 EOS/MODIS 近红外通道信息

FY-3A/MERSI		EOS/MODIS	
中心波长 (nm)	宽度 (nm)	中心波长 (nm)	宽度 (nm)
905	20	905	30
940	20	936	10
980	20	940	50
865	20	865	40
1 030	20	1 240	20

搜集 2009 年 3—10 月覆盖研究区域的晴空 FY-3A/MERSI HDF5 格式有效卫星数据 302 景。卫星影像数据由自带经纬度地理定位数据建立 GLT 文件进行几何校正，辐射定标参考国家卫星气象中心发布的 FY-3A 定标信息参数，940 nm 通道噪声等效反射率为 0.1。

1）几何校正

FY-3A HDF5 格式 MERSI 数据包含了 GPS 接收机输出的高精度的卫星位置数据，可由此计算出卫星数据每格点的地理定位。GLT 几何校正方法利用数据集自带的经纬度地理坐标文件建立一个二维地理位置查找表文件 (GLT)，该文件实现了 GLT 文件与卫星遥感影像文件中像素的一一对应。GLT 文件对应的像素灰度值标识与该像素坐标位置对应的影像像元的地理坐标信息，存储类型为有符号的整型数，符号为正标识利用的是真实的像元位置信息，符号为负标识利用的是相邻像元的位置值，值为零标识无邻近像元。

GLT 方法操作简捷，运算快速，结果精度很高，应用广泛。同时，综合利用 IDL 的编程工具可实现 GLT 几何校正的批处理。本研究几何校正测量位置精度为 20 m (1σ)，时间精度为 10 μs。

2）辐射校正

MERSI 红外通道的定标采用非线性二次项形式。非线性定标二次项系数由发射前实验室真空定标测量，由于其主要描述定标曲线的非线性特征，为小的修正项，仪器入轨后也难以测量，因而该系数依旧沿用实验室测量值。发射前定标采用国际通用方法，在真空罐中利用独立的标准面源黑体进行。温度可控的面源黑体温度在 330 K 至 200 K 范围以 5 K 为步长升降，过程中完成 MERSI 的数据采集工作。星上黑体定标采用观测星上黑体和深冷空间进行实时红外定标。

由于 MERSI 星上可见光定标器主要功能是仪器响应性能的衰减情况跟踪，不具备星上绝对辐射定标功能，因而 MERSI 太阳波段通道的辐射定标主要基于发射前室外太阳定标和在轨替代定标方式进行。在轨定标采用 3 种方法：场地辐射校正定标、基于敦煌场的 MODIS 交叉定标及 SNO 方法的 MODIS 交叉定标。定标方法及相关参数见附录 B——“FY-3A_MERSI L1 数据定标方法及相关参数”。

7.2.2.3 数据匹配及质量控制

卫星影像数据：卫星数据经几何校正、辐射定标等预处理后，选定待提取目标像元周围 3 × 3 像元范围，剔除像元中的突变奇异值，剩余像元均值作为该点的有效数据值，构成卫星资料数据集。

现场实测数据：采用范围检验、时间连续性检验、合理性检验和相关性检验等方法。对 CE–318 连续观测数据作质量控制，确保多时相数据的一致性和可信度。数据质量控制流程见图 7.2。

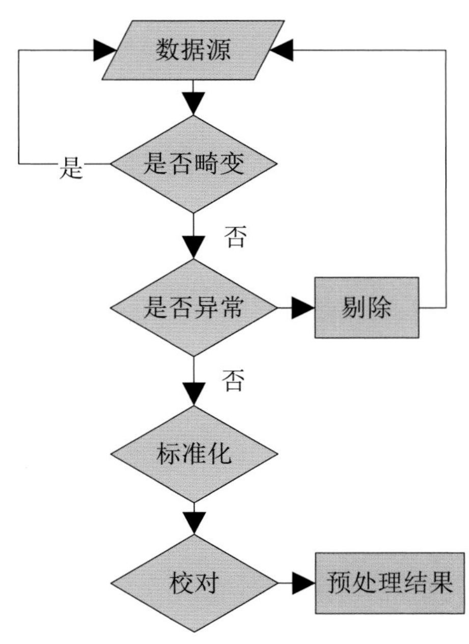

图 7.2 数据质量控制和标准化

将卫星资料数据集与现场实测数据集经预处理后进行时空匹配，各组数据匹配时间差值最大不超过 15 min，最终得到 70 条匹配数据。

7.3 研究方法

7.3.1 技术路线

近红外方法探测大气水汽始于对太阳的观测。地面上观测到的太阳光谱中，存在水汽吸收带的波长部分，太阳辐射被水汽吸收，太阳光谱呈现凹凸变化的曲线。太阳光谱下凹的部分即为吸收谷，这些低谷与整个太阳光谱包络线间的高差应与吸收气体的含量有关，这就是差分吸收的概念。由此便可依据太阳辐射光谱观测值推算大气柱水汽含量。

研究采用 FY-3A 的 MERSI 卫星资料，基于全自动太阳光度计 (CE–318) 长时间序列定点现场观测数据，建立适用于 FY–3A 的高精度局地化海洋大气水汽反演算法，为 FY–3A 星定量海洋遥感应用奠定基础。技术路线如图 7.3 所示。

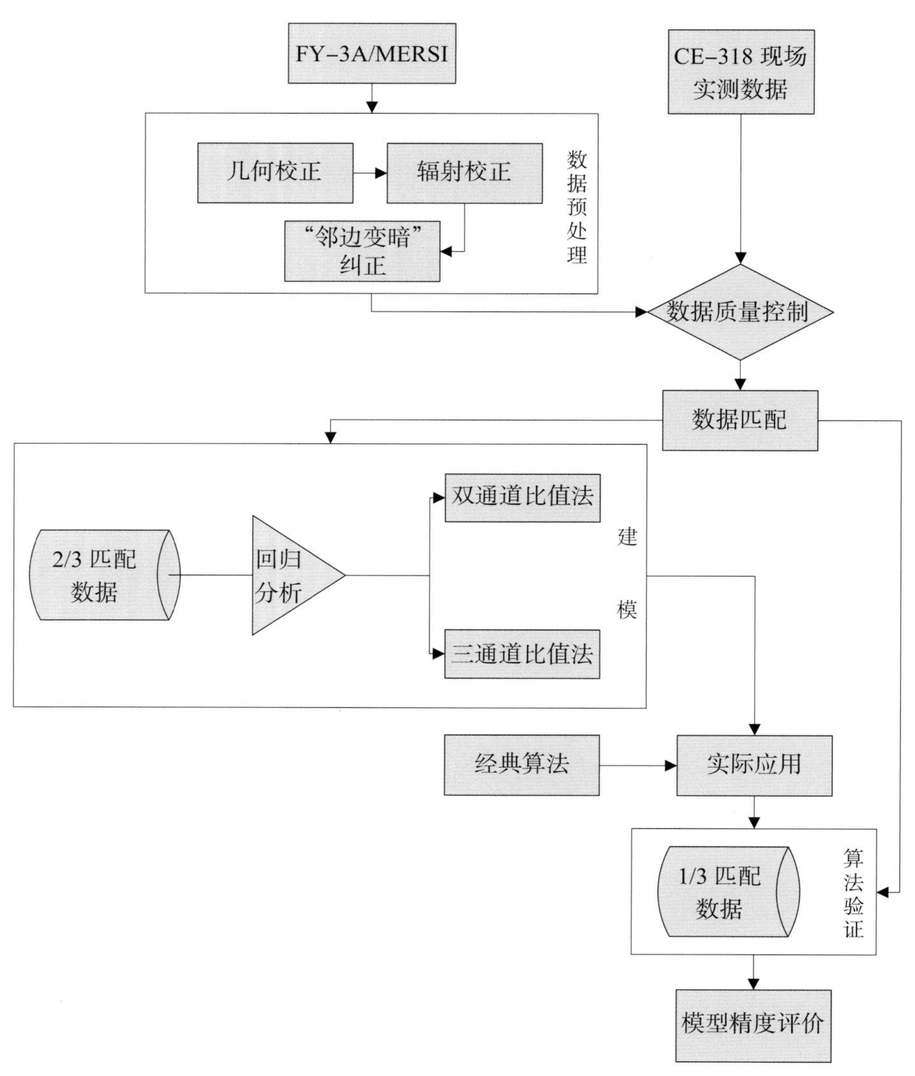

图 7.3　FY-3A/MERSI 大气水汽反演研究技术路线

7.3.2 精度评价方法

采用匹配数据集中 2/3 数据用于算法建立，剩余数据用于算法的精度评价。精度评价采用模型反演结果值与现场实测数据值比对方式获取精度指标和误差统计信息，如式 (7.1)。

$$\overline{\Delta\omega} = \frac{\sum_{i=1}^{n}\left|\omega_{ji} - \omega_{ci}\right|}{n} \tag{7.1}$$

式中，ω_{ci}，ω_{ji} 分别为验证数据中第 i 个匹配数据对的现场实测值和模型反演值；$\overline{\Delta\omega}$ 为反演算法的平均误差。

7.4 算法建立

7.4.1 基本原理

Frouin 等首次提出可以利用太阳反射光为辐射源，以近红外区的一个弱吸收区和一个窗区的通道组合来测量大气中水汽含量。在近红外波段，卫星接收到的辐射可表示为：

$$L = L_S \rho \tau + L_p \tag{7.2}$$

式中，等号右侧第一项表示地表反射的太阳直射辐射；L_S 为大气层顶部的太阳入射辐射；τ 为大气透过率；ρ 为下垫面的反射率；等号右侧第二项表示大气的程辐射，主要源于气溶胶的散射。

当大气清洁，能见度较高时，气溶胶含量少，程辐射以单次散射为主。L_p 也包含有水汽信息，此时可假定程辐射与地表反射太阳直接辐射成正比，式 (7.2) 可改写成：

$$L = CL_S \rho \tau \tag{7.3}$$

若只存在气溶胶消光和水汽吸收，式 (7.3) 中大气透射率 τ 应该包含气溶胶消光 τ_a 和水汽吸收 τ_{wv} 两部分。假定这两种过程各自独立，式 (7.3) 变为：

$$L = CL_S \rho \tau_a \tau_{wv} \tag{7.4}$$

距离该水汽吸收带最近的只有气溶胶消光而无任何气体吸收的大气窗区：

$$L_0 = C_0 L_{S0} \rho_0 \tau_{a0} \tag{7.5}$$

由式 (7.4) 和式 (7.5) 得：

$$\ln(L / L_0) = \ln(\frac{CL_S \rho \tau_a}{C_0 L_{S0} \rho_0 \tau_{a0}}) + \ln \tau_{wv} \tag{7.6}$$

研究显示，τ_{wv} 与光路上水汽总量 m 有如下指数关系：

$$\tau_{wv} = \mathrm{e}^{A\sqrt{m}} \tag{7.7}$$

可见，m 值只与光谱通道有关，一旦通道确定，$\ln(\frac{CL_S \rho \tau_a}{C_0 L_{S0} \rho_0 \tau_{a0}})$ 项便相应固定下来，记为只与光谱通道相关的常数 B：

$$\ln(L / L_0) = B + A\sqrt{m} \tag{7.8}$$

Kaufman 与 Gao 通过对大量探空廓线数据的模拟发现，吸收与窗区通道的辐亮度比值与大气柱水汽含量的平方根存在负指数关系，如式 (7.9)：

$$\tau_w = \rho^*_{0.94} / \rho^*_{0.865} = \exp(B + A\sqrt{m}) \tag{7.9}$$

式中，ρ^* 为两通道表观反射率。

可见，系数 A 代表了水汽的吸收本领，与温度、气压有关；系数 B 与地表反射率和气溶胶光学特性有关。

7.4.2 通道比值法

7.4.2.1 双通道比值法

如果地物反射率在水汽吸收波段和大气窗口波段之间变化不明显，即地表反射率在两波段近似恒定不变，则可用两波段比值来确定相应水汽吸收波段的透过率 τ_ω，公式见式 (7.10)：

$$\tau_w = \rho_{0.94}^* / \rho_{0.865}^* \tag{7.10}$$

7.4.2.2 三通道比值法

如果地表反射率随波长呈线性变化，则可以增加一大气窗口波段，利用三波段比值来确定水汽吸收波段的透射率。而 Gao 和 Kaufman 提出，0.85 ~ 1.25 μm 波长之间各种地物反射率与波长基本满足线性关系。得到三通道比值法如式 (7.11)：

$$\tau_w = \rho_{0.94}^* / (c_1\rho_{0.865}^* + c_2\rho_{1.03}^*) \tag{7.11}$$

其中，c_1、c_2 为线性化权重系数，$c_1 = 0.8$，$c_2 = 0.2$。

7.4.2.3 Kaufman 与 Gao 算法

Kaufman 与 Gao 基于近红外区太阳反射光差分吸收的理念，提出了近红外波段大气水汽反演的算法，简称 K&G 算法，算法表达式同式 (7.9)，并给出了不同下垫面类型情况下参数 A、参数 B 的值，见表 7.3。

表 7.3 K&G 算法参数信息

下垫面类型	参数 A	参数 B
植被覆盖	−0.651	0.012
裸土	−0.651	−0.040
复合地表	−0.651	0.02

7.4.3 FY−3A/MERSI大气水汽反演算法

对式 (7.9) 两边取对数可得：

$$\ln(\tau_w) = B + A\sqrt{m} \tag{7.12}$$

可见，$\ln(\tau_w)$ 是关于 $m^{1/2}$ 的线性函数，斜率即为参数 A，截距即为参数 B。由此可以根据上述推导，利用数据集中 50 条数据分别用于双通道比值法和三通道比值法模型的创建，数学分析软件采用 Origin 8.5，数据线性回归过程在此不作赘述。

7.4.3.1 FY–3A 双通道比值法模型

得到双通道比值法模型见式 (7.13)，拟合相关系数达到 0.804 37。

$$\tau_w = \exp(-0.368\,28 - 0.434\,49\sqrt{m}) \tag{7.13}$$

7.4.3.2 FY–3A 三通道比值法模型

得到三通道比值法模型见式 (7.14)，拟合相关系数达到 0.814 44。

$$\tau_w = \exp(-0.387\,95 - 0.415\,09\sqrt{m}) \tag{7.14}$$

由两种方法的拟合结果散点图可见，双通道比值法和三通道比值法拟合的线性度均高于 0.8，线性关系明显，结果可信度较高。

7.5 实际应用与精度分析

将上述 FY–3A 双通道比值法和三通道比值法以及传统算法（Kanfman 与 Gao 给出的复合地表类型参数模型，文中简称为 K&G 算法）应用于研究区实际大气水汽含量反演研究。利用数据集剩余 20 条实测数据分别对本研究建立算法和传统算法作独立样本检验，结果见图 7.4，其中图 7.4 (a) 采用本部分研究的新算法参数值，图 7.4 (b) 采用 K&G 算法针对典型复合地表覆被类型的参数值，$A=-0.651$，$B=0.02$。

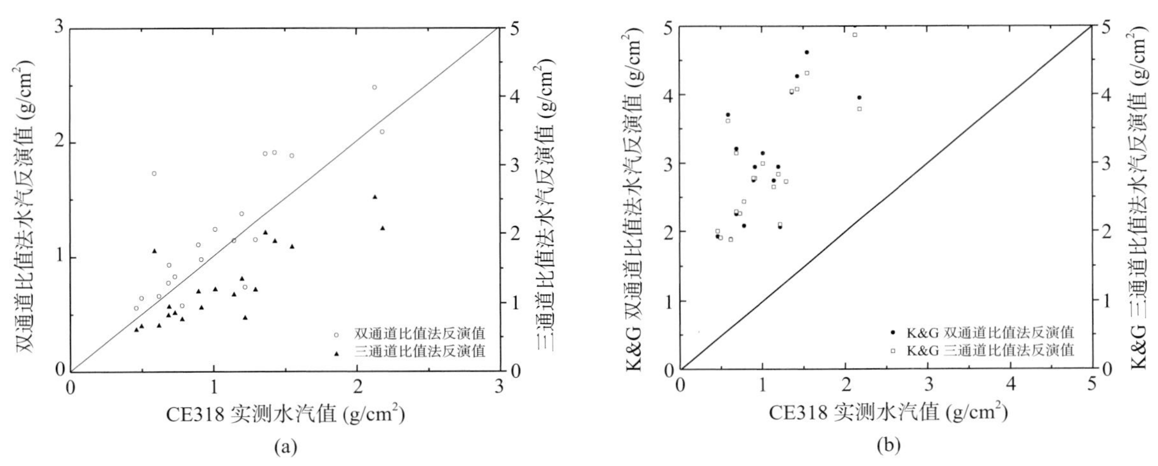

图 7.4 模型反演值与实测数据对比

从图 7.4 (a) 可见，反演结果在低水汽含量情况下收敛度较高，但也存在某些“异常值”，可能是由于卫星图像中云以及气溶胶的干扰所致。图 7.4 (b) 可见，K&G 算法反演水汽数据在 1.8 ~ 5 g/cm^2 之间，高估了大气水汽数据值，不适用于该区域的大气水汽含量反演研究。总体上，算法改进后较之前结果精度大幅提高，且三通道比值法结果稍优于双通道比值法。图 7.5 和图 7.6 分别给出 20 个独立样本检验的两类算法结果值绝对误差以及相对误差分布情况。

由图 7.5 和图 7.6 可见，三通道比值法反演结果收敛度好于双通道比值法，且算法改进后反演结果误差较之前模型参数反演结果有很大改善。原因在于：大气水汽含量时空变率很高，且通道比值法参数对下垫面依赖性很高，不同区域、不同时间甚至不同的物候期，下垫面反射率均会有较大变化，从而影响了单一参数反演结果的精度。三通道比值巧妙地利用一定波谱范围内地物反射率近似线性的关系，以两端大气窗口波段来估算中心吸收波段的反射率，减小了误差。

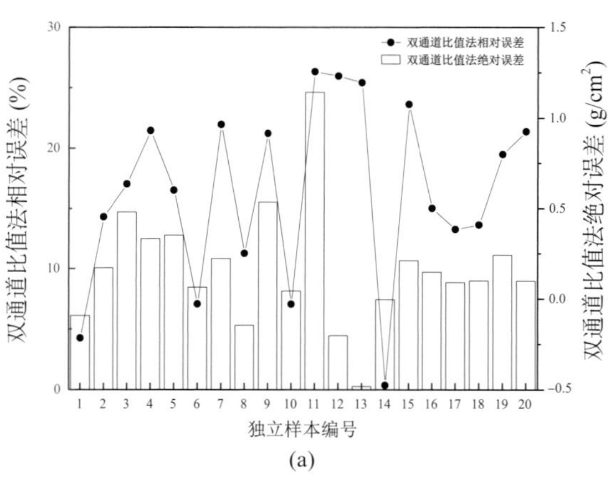

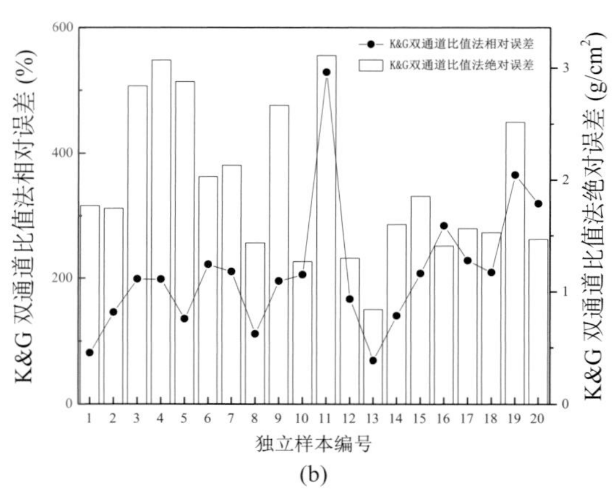

图 7.5 双通道比值法误差分布

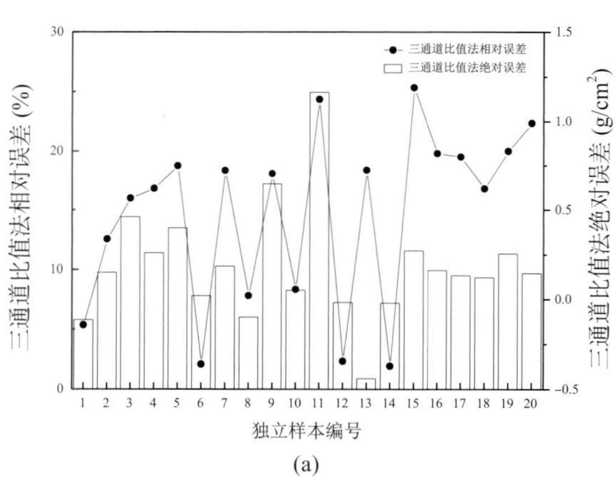

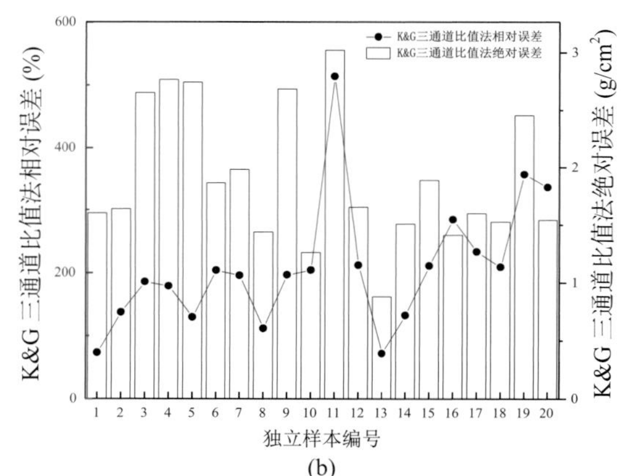

图 7.6 三通道比值法误差分布

图 7.5 (a) 和图 7.6 (a) 结果对比显示：双通道比值法反演结果值波动较大，平均误差 16.1%；三通道比值法结果相对稳定，平均误差 14.3%，均优于胡秀清等以探空值检验卫星反演值 20% ~ 30% 的误差。说明：三通道比值法中对下垫面反射率的计算较双通道比值法更接近真实情况，下垫面反射率与波长基本呈线性关系。为了进一步说明该问题，下面对由窗区通道地表反射率估算 940 nm 通道地表反射率的两种方法，即①双通道比值：940 nm 反射率与 865 nm 反射率相等，比值 = $\rho^*_{0.94}/\rho^*_{0.865}$；②三通道比值：用 865 nm 和 1 030 nm 的反射率按波长做线性插值得到 940 nm 的反射率，即比值 = $\rho^*_{0.94}/(c_1\rho^*_{0.865}+c_2\rho^*_{1.03})$ 进行比较分析，结果如表 7.4 所示。

表 7.4　双通道比值与三通道比值结果对比

	最小值	最大值	均值	标准偏差
双通道比值	0.214 95	0.678 1	0.380 47	0.104 66
三通道比值	0.222 87	0.684 34	0.384 21	0.101 18

由表 7.4 可见，两种方法值域相当，三通道比值均值略高于双通道比值，标准偏差则是三通道比值稍低。这说明在 940 nm 附近把遥感目标的反射率视为随波长作线性变化，即用 940 nm 附近两窗区通道反射率线性差值来近似 940 nm 波段处反射率是可行的，而且能明显降低地表反射率的影响。避免了双通道比值以 865 nm 通道反射率替代 940 nm 通道反射率所引入的误差，这也是在其余输入参数相同条件下，三通道比值法反演结果优于双通道比值法的原因。这与 Kaufman & Gao 的研究结果一致。

对式 (7.8) 两边取微分可得：

$$\Delta m = (2\sqrt{m}/A)\Delta r - (2\sqrt{m}/A(\sqrt{m}\Delta A + \Delta B)) \tag{7.15}$$

式 (7.15) 表明：卫星资料误差和反演系数的误差是主要的误差来源。而卫星资料引入的误差取决于吸收通道辐亮度和窗区通道辐亮度误差间的差值。实际上，误差的主要来源可能是：

（1）定标误差。Kaufman 等认为，当仪器的定标精度为 1% 或更高时，相应的水汽反演误差可达到 2% ~ 4%，但对于真实仪器定标，精度较高时也只有 3% ~ 5%。如图 7.7 所示为 940 nm 通道噪声等效反射率为 0.1 时对水汽反演误差的影响。

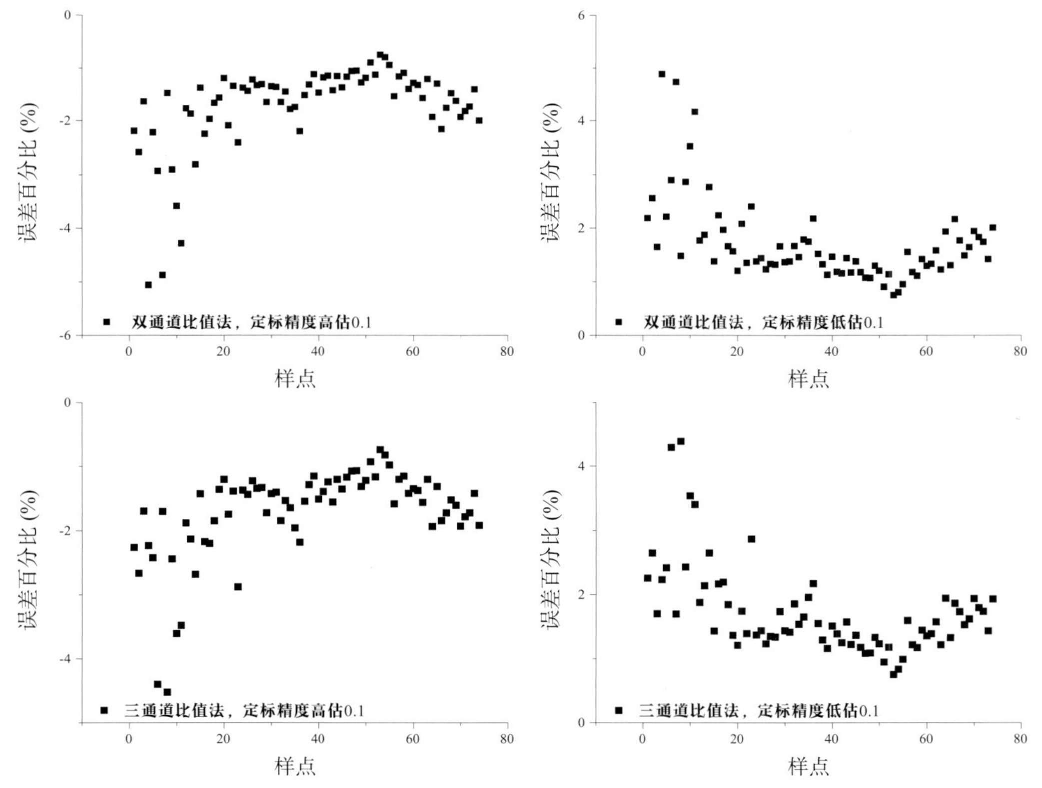

图 7.7　噪声等效反射率对水汽反演结果的影响

4 幅图分别展示双通道比值法和三通道比值法在噪声等效反射率高估 0.1 和低估 0.1 时的相对误差百分比分布状况。统计分析可知，定标误差 ±0.1 引起的水汽反演结果误差百分比介于 ±5% 之间。

（2）CE-318 探测值本身也有误差，所以用作检验的水汽值并不等于真值，与反演的水汽量之间会有偏差。

（3）气溶胶及薄云的干扰在公式推导中假定含量极少，但实际应用中含量变幅很大，引起的误差也是不能忽略的。薄云覆盖的下垫面反射率偏离真实值，对计算结果也有影响。

（4）混合像元引起的误差。大气水汽含量变率很大，CE-318 点观测数据与 MERSI 1 km 空间分辨率的辐射均值匹配，不可避免的引起误差。

7.6 FY-3A/MERSI 大气柱水汽含量专题产品

选取 2012 年全年每个月份研究区成像条件较好的代表性 FY-3A/MERSI 数据，依据建立的大气柱水汽含量反演算法，获取覆盖研究区的大气水汽含量分布，单位为 cm (等同于 g/cm^2)，并以专题图形式输出，见图 7.8。

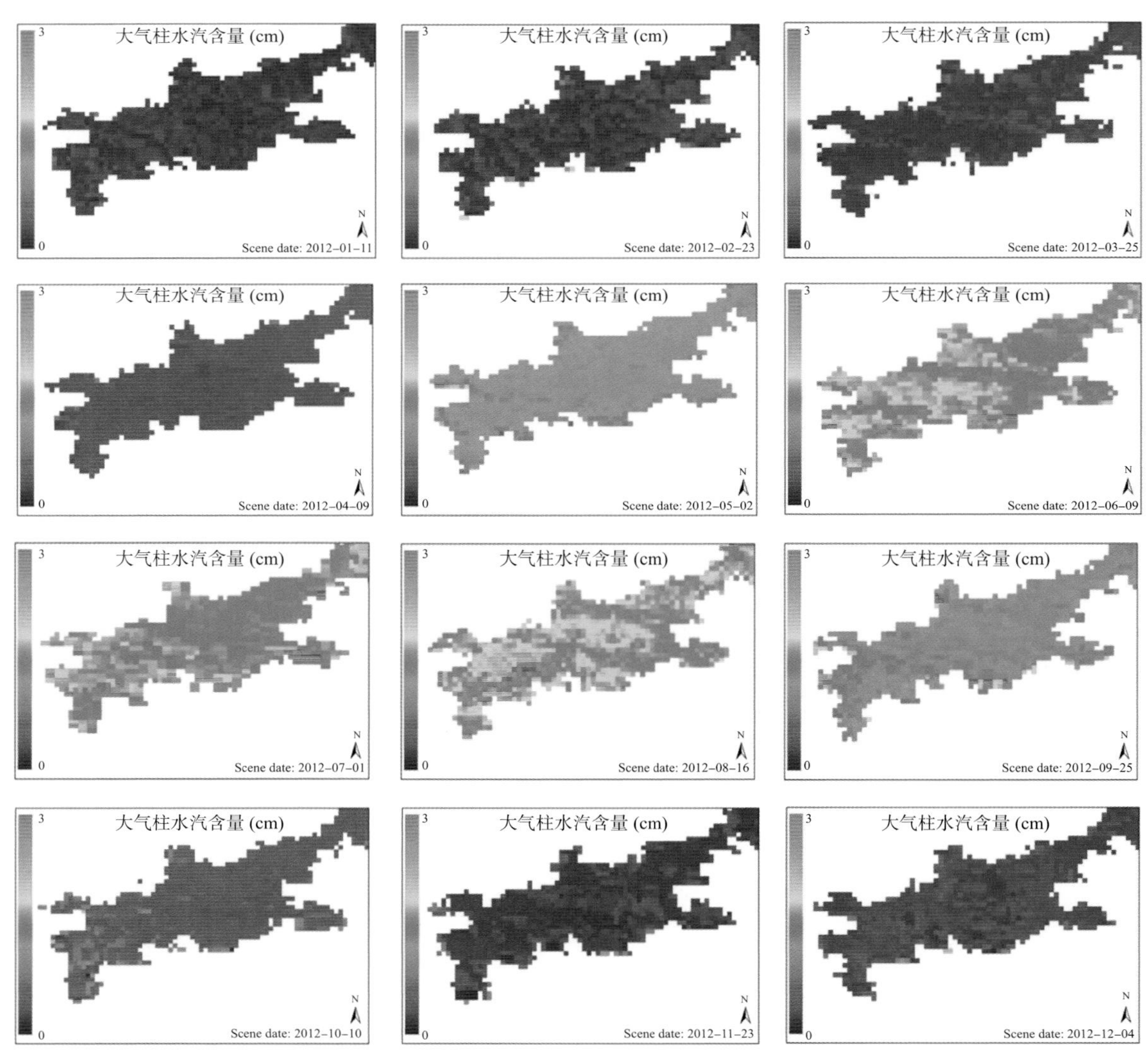

图 7.8　FY-3A/MERSI 大气柱水汽含量专题产品

第 8 章　HJ–1B 卫星海表温度反演算法

8.1　引言

“环境一号”卫星系统（全称：环境与灾害监测预报小卫星星座）是由国务院批准的，专门用于环境与灾害监测预报的对地观测系统，由 HJ–1A 和 HJ–1B 两颗光学卫星及 HJ–1C 一颗雷达卫星组成，具有较高时空分辨率、高光谱分辨率、大幅宽性能。

光学卫星 HJ–1A 和 HJ–1B 于 2008 年 9 月在太原卫星发射中心发射，现运行正常。HJ–1A 光学卫星有效载荷为 2 台宽覆盖多光谱可见光相机和 1 台超光谱成像仪，HJ–1B 光学卫星有效载荷为 2 台宽覆盖多光谱可见光相机和 1 台红外相机（详细指标参见表 8.1），各有效载荷工作模式见表 8.2。其中，HJ–1A 还承担亚太多边合作任务，搭载泰国研制的 Ka 通信试验转发器。HJ–1A 和 HJ–1B 双星在同一轨道面内组网飞行，轨道参数见表 8.3，具有对国土 2d 的快速重访能力。

表 8.1　HJ–1B 光学卫星红外相机主要技术指标

指标		性能			
星下点分辨率		300 m (10.5 ～ 12.5 μm)，150 m（其他谱段）			
谱段 (μm)		0.75 ～ 1.10	1.55 ～ 1.75	3.50 ～ 3.90	10.5 ～ 12.5
MTF		⩾ 0.28	⩾ 0.27	⩾ 0.26	⩾ 0.25
辐射分辨率 NEΔρ 或 NEΔT		0.5%		⩽ 1 K (@ 400 K)	⩽ 1 K (@ 300 K)
谱段辐射景	最大值	9.32 mW/(cm^2·sr)	0.89 mW/(cm^2·sr)	500 K	340 K
	最小值	—	—	300 K	200 K
定标精度		地面相对定标精度 5% 绝对定标精度 10%		星上定标精度 2 K	
配准精度		±0.3 像元			
量化比特数 (bit)		10			

表 8.2 有效载荷工作模式

	CCD	HSI	IRS
观测模式	星下点垂直观测	星下点垂直观测、左右侧摆倾斜观测	星下点垂直观测
最大每圈工作时间	≥ 20 min		

表 8.3 HJ-1A、HJ-1B 光学卫星轨道参数

项目	参数
轨道类型	太阳同步圆轨道
轨道高度 (km)	649.093
半长轴 (km)	7 020.097
轨道倾角 (°)	97.948 6
轨道周期 (min)	97.560 5
每天运行圈数	14±23/31
重访周期	CCD 相机：2 d　　超光谱成像仪或红外相机：4 d
回归（重复）周期 (d)	31
回归（重复）总圈数	457
降交点地方时	10:30 AM±30 min
轨道速度 (km/s)	7.535
星下点速度 (km/s)	6.838

HJ-1B 光学卫星上搭载的 IRS 包含一个热红外通道，谱段设置为 10.5 ~ 12.5 μm，星下点空间分辨率为 300 m。由于仅有一个热红外通道，因而不能像 AVHRR、MODIS 及 ASTER 等卫星一样采用分裂窗或多通道算法来进行温度反演，只能采用单通道温度反演方法。其中以覃志豪等单窗算法和 Jiménez-Muñoz 及 Sobrino 的单通道法最优。迄今，对 HJ-1B 星热红外数据的研究主要有：段四波等延用覃志豪单窗算法，针对 HJ-1B 热红外波段光谱响应特性，重新订正了原算法中的经验关系，利用 HJ-1B 模拟图像开展了仿真温度反演算法研究。研究中采用模拟图像，而不是真实 HJ-1B 卫星影像数据，并缺乏实测数据的验证是研究的最大不足，难以用于业务化应用。余晓磊等针对环境卫星热红外遥感影像，结合美国环境预报中心 (NCEP) 再分析数据，运用覃志豪单窗算法，修订了该算法的主要参数计算公式，建立了 SST 反演的流程，并利用单日渤海上空热红外遥感影像反演结果与 MODIS 的海表温度产品 MOD28 进行了一致性分析，相对误差 5% 左右。罗菊花等针对 HJ-1B 热红外数据能否达到与 TM6 温度反演相同的效果的问题，以单日影像采用 Jimenez-Munoz&Sobrino 单通道算法，对两类数据反演结果进行了一致性评价和分析。赵少华等采用 HJ-1B 数据，基于 COST 大气校正模型，采用无需大气水汽含量的单窗算法进

行温度反演，并以同步 MODIS 温度产品作对比验证，结果显示算法精度优于 1K，算法关键参量在中等程度误差变化情况下，引起的总体误差小于 0.5 K。周纪等针对 HJ-1B 卫星红外相机 ±33° 观测天顶角，以大气辐射传输模拟为基础，建立了基于传感器观测天顶角－大气函数系数的修正单通道法，以剔除传感器观测角度对温度反演的影响，算法平均误差 1.1 K。高文兰等在考虑 HJ-1B 热红外波段光谱响应函数和有效波长的基础上，对 Jimenez-Munoz&Sobrino 单通道算法进行改进，重新计算得到了适合 HJ-1B 星 IRS4 地表温度反演的 3 个大气函数公式。采用基于星上辐亮度法对温度反演结果进行精度评价，并将反演的地表温度与段四波等修正算法及 Jimenez-Munoz&Sobrino 算法结果进行对比分析，取得较好的结果。高玉川等利用 MODTRAN4 模型修正了 Jimenez-Munoz&Sobrino 单通道算法，利用准同步 MODIS 海表面温度产品进行了验证，取得了不错的效果。另有不少研究者以 HJ-1B 热红外数据应用于陆地区域温度反演研究及温排水的遥感监测等领域。

8.2 研究区域与数据

8.2.1 研究区域

本研究以我国北方的渤海和北黄海海域为示范海区。渤海三面环陆，在辽宁、河北、山东、天津三省一市之间，由北部的辽东湾、西部的渤海湾、南部的莱州湾、中央的浅海盆地和渤海海峡 5 部分组成，经纬度范围介于 37°07′—41°0′N 和 117°35′—121°10′E 之间，面积约 $7.8\times10^4\ km^2$，平均水深 25 m，为我国最大的超浅型内海。渤海水温变化受北方大陆性气候影响，2 月在 0℃左右，8 月达 21℃。北黄海是山东半岛、辽东半岛和朝鲜半岛之间的半封闭海域，面积约 $8\times10^4\ km^2$，平均水深 40 m。黄海的水温年变化小于渤海，平均气温 1 月最低，为 -2 ～ 6℃，南北温差达 8℃；8 月最高，平均气温全海区为 25 ～ 27℃。

8.2.2 现场实测数据

现场实测海温数据采用海上定点连续观测方式获取，为海面下 1 m 以内的水体温度的整点取值。时间跨度包括 2008 年、2009 年及 2011 年，数据内容包含样点的经纬度、气温、风速、气压及水温等信息，与卫星过顶时间最大时间差值小于 30 min，最大限度保证了实测数据获取的准同步性。现场实测数据获取指标见表 8.4。

表 8.4 实测数据指标

指标项	指标内容
实测站位数	5 个
测量深度	海面以下 0.5 ～ 1 m
采样频率	昼夜不间断，小时整点采样
时间跨度	2008-09 至 2009-12；2011 年全年
数据内容	采样的日期时间、平均风速与风向、气温、湿度、水温、气压及地理经纬度

8.2.3 卫星影像数据及预处理

搜集覆盖实验海区 2008 年 9 月卫星发射至 2009 年 12 月及 2011 年全年的无云晴空 HJ–1B 卫星 IRS 数据共 715 景，经与现场实测数据时间、坐标位置匹配，共获匹配数据 151 组。对匹配的卫星影像数据逐景预处理，其中几何校正采用研究区地理底图，保证校正精度在 1 个像元以内；大气校正在 envi4.7 下完成；辐射校正参见附录 C 环境减灾星座 A/B 星各载荷在轨绝对辐射定标系数 –2012。

研究采用中国资源卫星应用中心提供的 HJ–1B 卫星红外多光谱相机数据，数据内容涵盖自 2008 年 9 月卫星发射至 2009 年 12 月及 2011 年全年成像条件较好的 L2 级数据共 715 景。对卫星影像数据逐景预处理，其中辐射校正采用中国资源卫星应用中心 2011 年 11 月 28 日更新的“2011 年 HJ–1AB 在轨绝对辐射定标系数”进行处理。

卫星影像数据的预处理包括数据镶嵌、海陆掩膜、辐射定标及云检测 4 个主要部分。

8.2.3.1 数据镶嵌

选定覆盖研究区域的系统几何校正的 HJ–1B/IRS 影像数据，在相同的投影条件下进行同轨同相机数据镶嵌。由于同轨影像间几何配准精度较高，且成像时间、成像条件基本相似，影像色调较为一致，不需另作配准和色彩调整，即可直接进行镶嵌拼接。

8.2.3.2 海陆掩膜

利用预先定义的研究区海域矢量数据（研究区海域的 .shp 面状图层数据）进行镶嵌图像的海陆掩膜与裁切，得到目标海区裁切影像。

8.2.3.3 辐射定标

根据中国资源卫星应用中心发布的“2011 年 HJ–1A/B 星绝对辐射定标系数”中相关参量，分别完成 IRS 传感器 4 个通道的辐射定标，将卫星影像 DN 值转换为通道辐亮度。其中，IRS 相机 1 通道 (0.925 μm) 辐亮度依据式 (8.1) 进一步转为通道表观反射率，4 通道 (11.5 μm) 辐亮度利用 Planck 公式将辐亮度转换为星上亮温。

$$\rho = \frac{\pi \cdot L \cdot d^2}{E_{\text{sun}} \cdot \cos\theta} \tag{8.1}$$

式中，ρ 为通道表观反射率；L 为通道辐亮度；d 为天文单位的日地距离；E_{sun} 为通道太阳表观辐射均值；θ 为太阳天顶角。

8.2.3.4 云检测

云检测的具体方法参见本章 8.4 节。

8.2.4 数据匹配及质量控制

卫星影像数据：影像数据云检测采用依据 HJ–1B/IRS 通道特性而提出的便捷云检测方法；考虑到卫星影像中“邻近效应”的影响，提取 IRS 热红外通道影像数据中相应观测点周围 3 × 3 像元区块的均值作为该点的有效数据值，剔除区块内亮温低于 270 K 及大于一个标准差的可能云或海冰污染数据样点，保证区块内探测值的均一性，所得数据构成卫星观测数据集。

现场实测数据：该数据为现场连续观测数据，按时间序列温度渐变，据此采用“毛刺”剔除处理数据序列中的奇异点值（相邻时间观测温度值变化量大于 1℃），对搜集到的浮标等现场实测数据做规范化整理，通过数据质量控制提高数据的可信度。

将卫星观测数据集与现场实测数据集在一定时空分辨率条件下进行匹配，由于实测数据为小时整点采样，匹配数据对的卫星过顶时间与实测数据采样时间差值均优于 30 min，最大限度保证了匹配数据对的时空同步，最终得到质量控制后匹配数据 347 组，构成匹配数据集。

8.3 研究方法

8.3.1 技术路线

本研究旨在实测数据基础上，针对 HJ–1B 卫星 IRS 数据特点，对已有单通道算法做局地化应用，重新拟合算法中的参数值。将修订后算法预测值与现场实测海温数据和改进前算法的 SST 反演预测值进行比对以验证修订后算法的精度。处理流程见图 8.1。

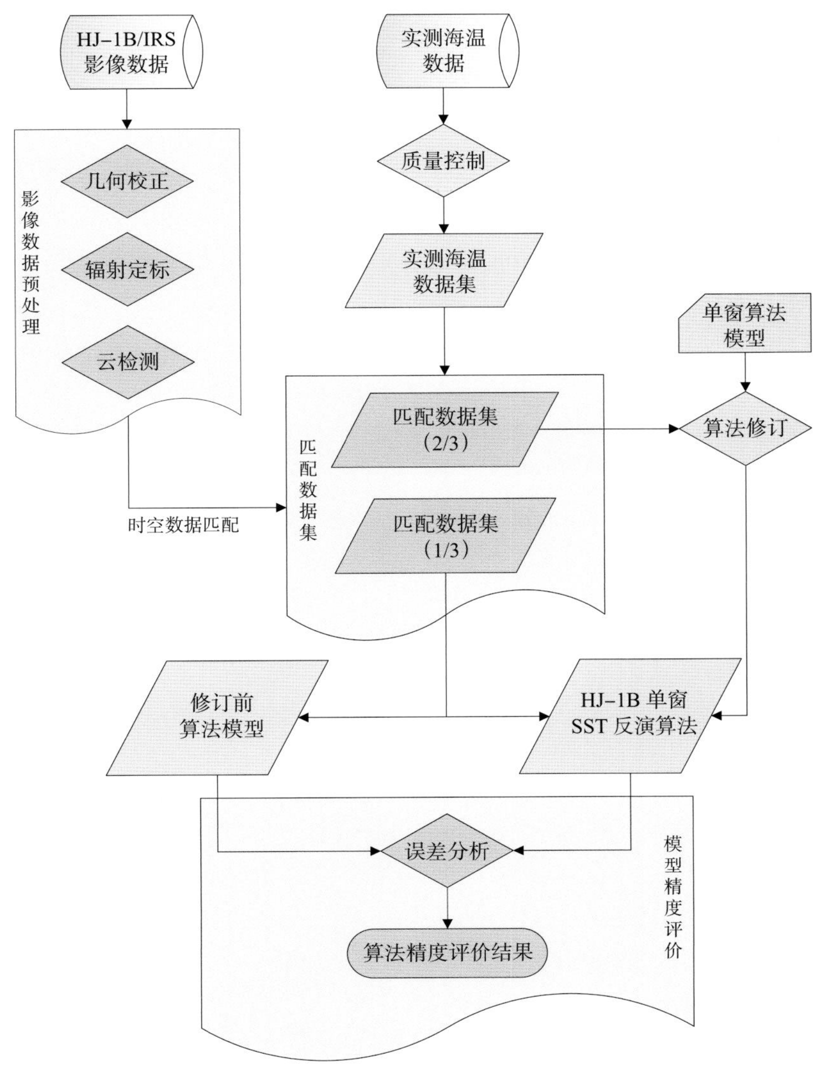

图 8.1 海表温度反演算法研究流程

8.3.2 精度评价方法

精度评价采用模型 SST 反演结果值与现场实测海温数据比对方式获取精度评价和误差统计，如式 (8.2)：

$$\overline{\Delta\varepsilon} = \frac{\sum_{i=1}^{n}\left|T_{ji} - T_{ci}\right|}{n} \tag{8.2}$$

式中，T_{ci}，T_{ji} 分别为验证数据中第 i 个匹配数据对的现场实测海温值和模型 SST 反演结果值；$\overline{\Delta\varepsilon}$ 为反演算法的平均误差。

8.4 HJ–1B/IRS SST 反演业务化云检测方法

海上云层的存在使得到达卫星传感器海面热辐射光谱信息不再纯净，部分或全部被云层光谱取代，影响卫星遥感 SST 定量化产品的精度。目前，除合成孔径雷达传感器能够穿透云层获取下垫面信息外，其他传感器均未能彻底解决影像数据的云污染问题。云给影像处理解译带来了很大困难，为了提高光学遥感影像的利用效率和卫星定量化反演产品的精度，云检测是不可或缺的先决条件。现有云检测方法主要基于可见光通道反射率、近红外通道反射率和热红外通道亮温，少数算法采用滤波检测空间变异分析来检测云污染，其中多光谱阈值云检测方法趋于成熟，并推广到实际业务应用。主要的云检测方法包括：ISCCP (International Satellite Cloud Climatology Project) 方法、APOLLO (Advanced Very High Resolution Radiometer Processing Scheme Over Cloud Land and Ocean) 方法、CO_2 薄片法、CLAVR (Cloud Advanced Very High Resolution Radiometer) 方法等，各方法详细信息见表 8.5。

表 8.5　4 种主要云检测方法对比

云检测方法	有效波段	方法原理
ISCCP 方法	0.6 μm； 11 μm	假定观测辐射仅来自云和晴空两部分，二者辐射值变化不存在交叉。待检测像元辐射与对应晴空像元辐射差值超出晴空辐射自身变化阈值即被认为云污染
APOLLO 方法	0.58 ～ 0.68 μm； 0.72 ～ 1.10 μm； 3.55 ～ 3.93 μm； 10.3 ～ 11.3 μm； 11.5 ～ 12.5 μm	以可见光－近红外反射通道阈值或反射比阈值、红外亮温阈值等 5 个阈值分别检测云污染
CO_2 薄片法	15 μm	利用 15 μm CO_2 吸收波段辐射探测大气各层次的云
CLAVR 方法	0.58 ～ 0.68 μm； 0.72 ～ 1.10 μm； 3.55 ～ 3.93 μm； 10.3 ～ 11.3 μm； 11.5 ～ 12.5 μm	利用 AVHRR 多光谱数据分别进行对比度检测、光谱检测和空间一致性分析

HJ-1B 星 IRS 数据在 SST 定量反演研究中具有高时间分辨率、高空间分辨率和大幅宽的优势，但光学遥感方式不能够穿透云雾，云检测是卫星遥感定量应用的前提。韩杰等基于动态阈值方法和预先建立的晴空背景场，综合利用 CCD 和 IRS 红波段及热红外波段数据进行云异常信息提取；郑玉凤等基于 BSHIT 云检测方法，利用可见光波段之间的特征关系，人机交互选定薄云及厚云区域，经模型计算得到背景抑制云层厚度因子，进而进行 CCD 影像数据云检测；韩春峰基于红光波段反射率及近红外与红光波段反射率比值的阈值对 HJ-1B 卫星的 CCD 相机数据进行了云检测研究。上述研究依赖基于大量晴空数据建立的背景场或者采用人机交互方式运作，不利于 IRS 传感器数据云检测的业务化处理；而综合运用 CCD 与 IRS 数据多光谱阈值监测方法，又存在图像配准及空间分辨率重采样等中间处理过程，影响 IRS 影像数据的原始光谱信息。

因而，本研究立足于 HJ-1B 卫星 IRS 传感器波段特征，根据现有海洋背景云检测常用有效波段设置（见表 8.6），采用较为成熟且便于业务化应用推广的多谱阈值法分析海洋下垫面背景下云与水体的光谱特征差异，提出适用于 HJ-1B 卫星 IRS 传感器的便捷多谱阈值业务化云检测方法。

表 8.6　海洋背景云检测有效波段

云形态	云检测有效波段	
	VIS-NIR	TIR
低云	$R_{0.87}$，$R_{0.87}/R_{0.67}$	$BT_{11}-BT_{8.6}$，$BT_{11}-BT_{12}$，$BT_{3.7}-BT_{11}$
高层厚云	$R_{1.38}$，$R_{0.87}$，$R_{0.87}/R_{0.67}$	BT_{11}，$BT_{13.9}$，$BT_{6.7}$，$BT_{11}-BT_{8.6}$，$BT_{11}-BT_{12}$
高层薄云	$R_{1.38}$	$BT_{13.9}$，$BT_{6.7}$，$BT_{11}-BT_{12}$，$BT_{3.7}-BT_{12}$

8.4.1　卫星云检测光谱基础

不同地物下垫面，由于物理形态及成分组成等的差异，其光谱特征各具特色。因而可以将云与海水在某些光谱谱段的差异特性作为云检测波段选择的依据，探索最优的云检测波段组合。

云的光谱特性：在云的分类定义和观测规范中，按照云的外形特征、结构特点和云底高度可将云分为高云、中云、低云三族。一般云层在可见光和近红外波段内，各波长对太阳光散射较为均匀，反射率较高，且反射率随波长的增加而缓慢减小。在中红外波段内，由于内部组成中冰晶、过冷水滴及水滴的差异，高中低云的亮温依次升高。

水体的光谱特性：水体的光谱特性主要由水体的物质组成决定。在 0.6 μm 之前，水的吸收较少，大量透射，反射率较低，约 5%。对于清水，在蓝绿光波段反射率为 4% ~ 5%。而 0.6 μm 之后的红光部分，反射率降至 2% ~ 3%。在近红外至中红外谱段内，水体吸收更强，几乎吸收全部的入射能量，因而在红外波段反射能量很小，反射率几乎为零。

海冰、雪的光谱特性：雪的光谱曲线随波长而变化，在可见光谱段内，冰雪有微弱的吸收和强烈的前向散射，反射率较高，随波长的增加反射率逐渐降低；在 1.55 ~ 1.75 μm

的近红外波段，积雪由于吸收太阳辐射，反射率很小，在 3 ～ 14 μm 的长波红外谱段，冰雪高度吸收，反射率很低。海冰光谱曲线呈单峰状，最高值在 0.65 μm 左右。在 0.5 ～ 0.7 μm 谱段，海冰反射率在 30% ～ 60% 之间；在 0.7 ～ 1.1 μm 的近红外谱段，海冰反射率较可见光波段有明显下降，但明显高于该波段海水反射率。

可见，在可见光至近红外谱段，雪的反射率最高，海冰次之，海水最低，至波长大于 1.2 μm 的红外波段，海冰和海水均为全吸收体，反射率相当。

8.4.2 真实性检验数据

云检测结果的验证是一项复杂和困难的工作。一般采用影像目视解译对比与定量分析两种方式。影像目视解译对比即采用目视方式，依据判别者的经验对待验证影像进行光谱、空间及时间上特征的比对验证，给出相对的质量评价。而定量分析则是基于地基、航空或太空观测数据或产品等对云检测结果的定量分析。

由于地基观测数据不易获取，本研究中云检测结果拟采用 1 km 空间分辨率的 MODIS 云检测产品 (MOD35) 作为真值，对本研究云检测结果进行验证。

8.4.3 云检测方法

结合 HJ–1B/IRS 传感器的通道波段设置，采用近红外通道反射率、红外通道亮温及红外通道亮温均一性作为云检测的依据。

近红外通道反射率云检测：云在可见光至近红外谱段具有较高的反射率，随波长增加反射率缓慢减小；而水体在可见光范围内反射率很小，在近红外谱段内，水体吸收很强，反射率几乎为零。以直方图为分析基础，云污染像元和晴空像元的辐射特性差异明显，在直方图上表现为不同的群落聚簇，之间的拐点对应于晴空和云污染像元的分界点。因而，近红外通道反射率阈值云检测可采用式 (8.3) 的方式。

$$R_{b1} > TH_1 \tag{8.3}$$

式中，R_{b1} 为近红外通道反射率；TH_1 为区分云与晴空水体的阈值。

红外通道亮温云检测：亮温差异是云与下垫面的主要区别之一，中、高云由于组成含有冰晶，温度较低，中低云主要由水滴组成，温度稍高，但仍有别于海洋下垫面。以 11 μm 窗区通道亮温设定简单阈值是中高层冷云检测的有效方法。位于较高纬度的渤海及黄海北部受欧亚大陆冬季风的影响，每年冬季会出现结冰现象，海冰理化性质与海水不同，海冰的高反射光谱特性与云相似，遮蔽了遥感探测的海水光谱信息，因而应一并考虑光谱区分的方法。由于 IRS 传感器通道不包含进行归一化冰雪指数计算的波段条件，因而研究中根据海冰及雪亮温大大低于海水的特点，采用海水冰点温度作为阈值进行检测。因而，红外通道亮温云检测方式如式 (8.4)：

$$T_4 < TH_2 \tag{8.4}$$

式中，T_4 为红外通道亮温；TH_2 为区分中、高云及海冰与晴空水体的阈值。

红外通道亮温均一性检验：在一定空间范围内，晴空条件下海洋温度是稳定渐变的。因而可以根据红外通道亮温采用滑动窗口 (2 × 2) 的形式进行温度均一性检测，如式 (8.5)，以识别不易分辨的薄云污染。研究发现：无云海面与云污染海面的红外通道亮温均一性差值在 0.5 K 左右。

$$T_{4\,max}-T_{4\,min}>TH_3 \tag{8.5}$$

式中，$T_{4\,max}$、$T_{4\,min}$ 分别为 2 × 2 窗口最大和最小亮温值，TH_3 为均一性阈值。

8.4.4 云检测技术流程

新建立的 HJ–1B/IRS 云检测方法主要包含了数据处理及云检测两个主要部分，各检测算法阈值见表 8.7。

表 8.7 云检测阈值

云检测方式	模型	阈值
近红外通道反射率云检测	$R_{b1}>TH_1$	$TH_1=13\%$
红外通道亮温云检测	$T_4<TH_2$	$TH_2=269$ K
红外通道亮温均一性检验	$T_{4\,max}-T_{4\,min}>TH_3$	$TH_3=0.5$ K

8.4.5 云检测结果与对比分析

为了验证在不同时相及不同云被类型条件下云检测算法的适用性，选用 2012 年 1 月、5 月、7 月、9 月、11 月 5 个月份覆盖渤海及黄海北部区域的 HJ–1B/IRS L2 数据作为数据源用于模型的实际应用和检验。表 8.8 为 5 个月份 HJ–1B/IRS 影像获取时间与 MOD35 产品数据成像时间的差异。由于单幅影像幅宽限制，HJ–1B/IRS 数据均为两轨影像拼接生成，而 11 月的 MOD35 产品数据亦为拼接生成，方能覆盖整个渤海和黄海。

表 8.8 实验数据与验证数据时间匹配统计

HJ–1B/IRS 数据	成像时间 (UTC)	MOD35 产品数据	成像时间 (UTC)
HJ1B–IRS–453–63–20120111–L20000695873	02:38:57.61	MOD35_L2.A2012011.0215.005.2012011154551.hdf	02:15:00
HJ1B–IRS–453–70–20120111–L20000695874	02:40:23.24		
HJ1B–IRS–451–63–20120502–L20000762574	02:28:30.47	MOD35_L2.A2012123.0215.005.20121230951L06.hdf	02:15:00
HJ1B–IRS–451–70–20120502–L20000762591	02:29:56.37		
HJ1B–IRS–450–63–20120727–L20000815570	02:19:02.49	MOD35_L2.A2012209.0315.005.2012209140459.hdf	03:15:00
HJ1B–IRS–450–70–20120727–L20000815568	02:20:28.56		
HJ1B–IRS–450–63–20120929–L20000856232	02:17:33.44	MOD35_L2.A2012273.0315.005.2012273131635.hdf	03:15:00
HJ1B–IRS–450–71–20120929–L20000856237	02:19:11.74		
HJ1B–IRS–453–63–20121106–L20000880191	02:22:18.54	MOD35_L2.A2012311.0235.005.2012311203324.hdf	02:35:00
HJ1B–IRS–453–70–20121106–L20000880193	02:23:43.74	MOD35_L2.A2012311.0240.005.2012311203359.hdf	02:40:00

从表中可见：实验数据与验证数据的时间差异均较好地控制在 1 h 之内，在无气象骤变条件下，可认为近似同步。

图 8.2 为 5 个月份云检测结果与准同步 MOD35 云检测产品的比对，左一列为云检测结果；右一列为准同步的 MOD35 云检测产品。从图上云检测前后图像对比可见：本研究算法云检测结果与 MOD35 产品能够较好的匹配，对高反射率的厚云及低亮温的冷云可完全检测。

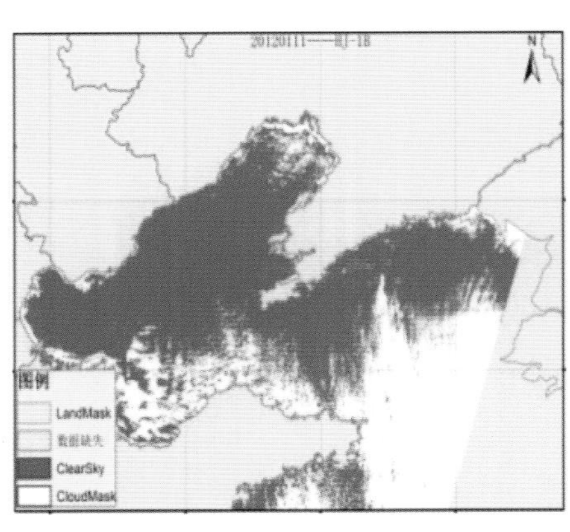

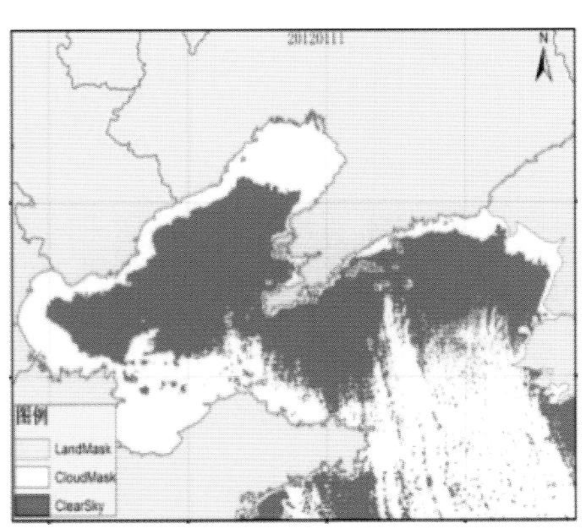

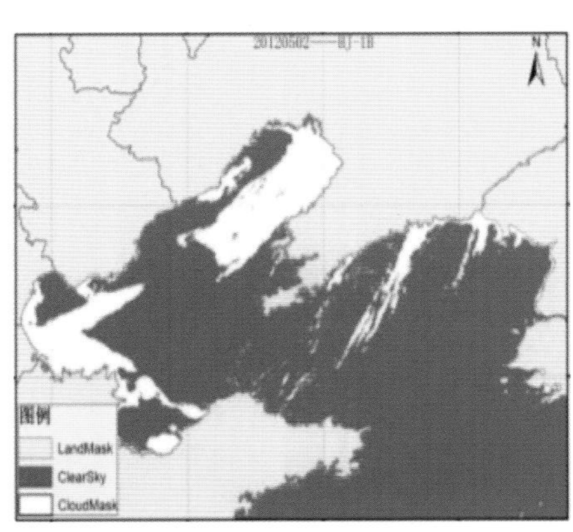

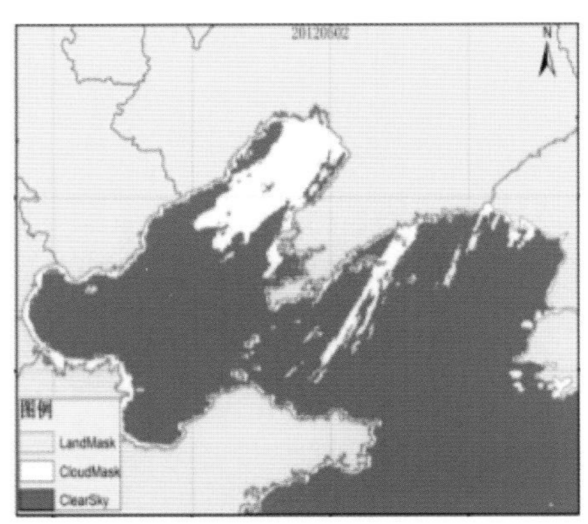

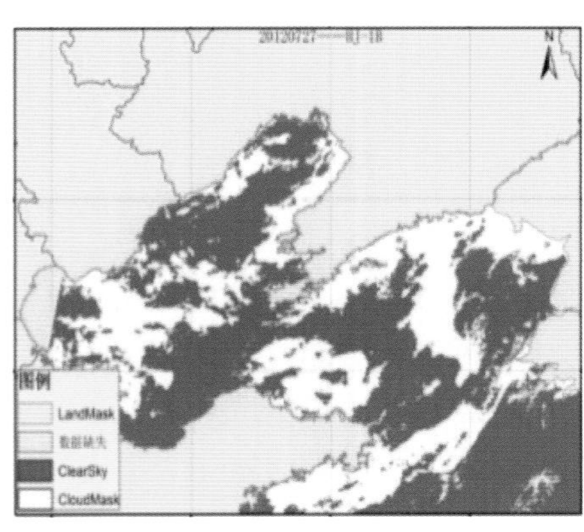

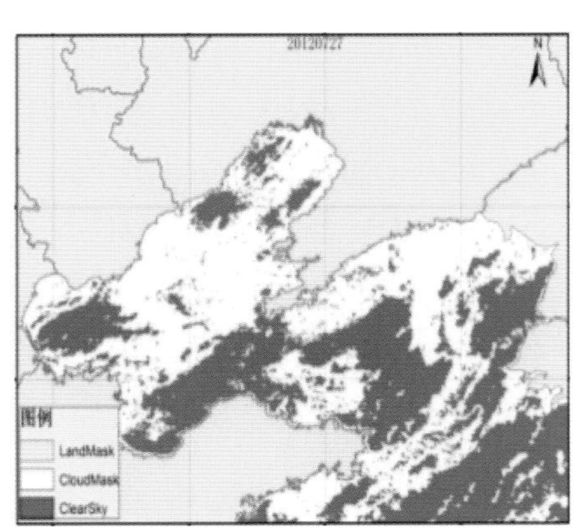

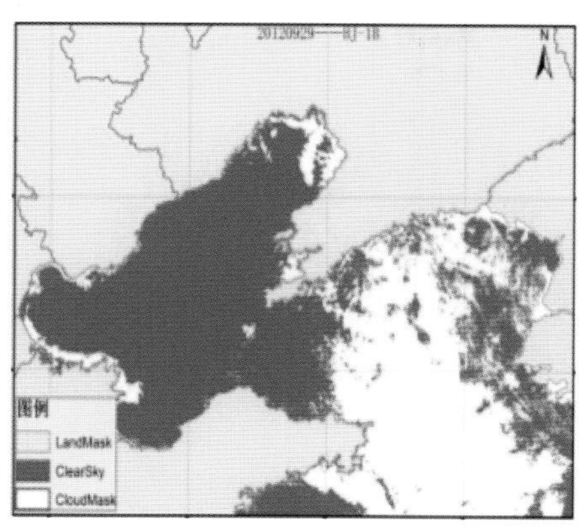

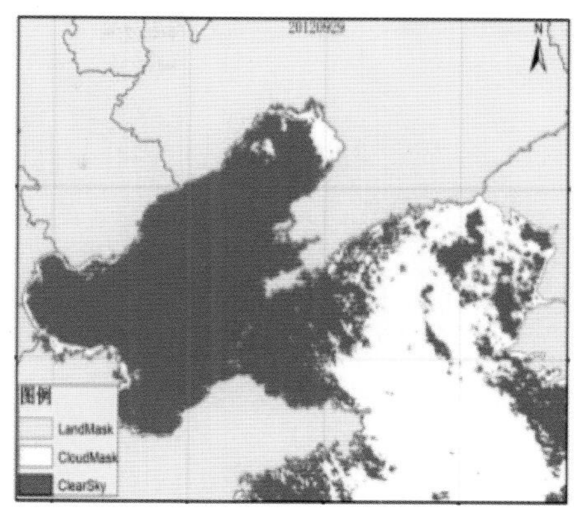

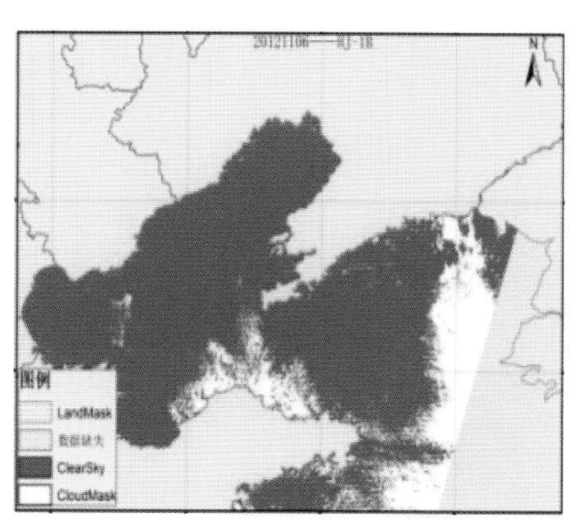

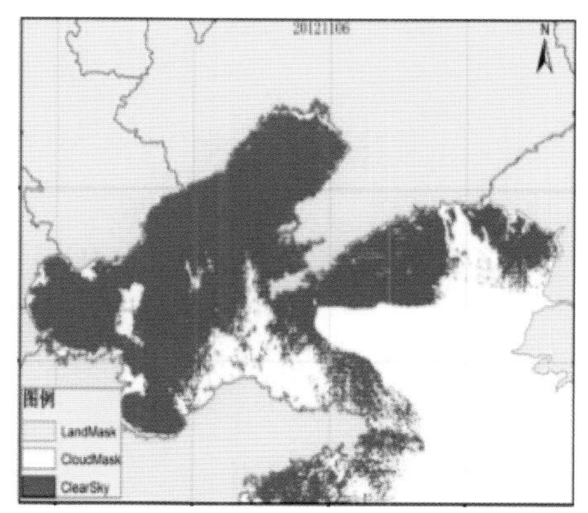

图 8.2　HJ-1B/IRS 云检测结果对比

MOD35 产品检测云量稍大于本研究算法，可有效检测部分破碎云间的部分，如 1 月影像中莱州湾上空的破碎云及 7 月渤海中部的检测对比，这主要是由于两传感器波段设置的差异，具有更加丰富通道的 MODIS 能够检测出更多类型的云。

本研究云检测方法对低层的薄云检测较弱，如图 8.3 中红色框图标示的薄云近红外通道反射率检测前后对比。该部分薄云在近红外通道具有极低的反射率，与海水相当，目视隐约可见。在薄云检测结果图像中，仅能检测出薄云中心光学厚度稍高的部分，而对于周围光学厚度很小的云则不敏感。该部分薄云亦很难用红外技术进行检测，晴空和低云的热辐射比很小，温度相差无几。在红外亮温图像上（图 8.4），薄云周围光学厚度很小的部分展现出与海水相当的亮度温度，亮温差小于 1 K。

由上述分析可见，本研究云检测方法算法：

（1）对高反射率的厚云、低亮温的海冰与冷云检测精确；

（2）对薄云的检测效果一般，可检测绝大多数具有一定光学厚度的薄云；

（3）受制于传感器通道，易漏检部分冰水混合态的海冰。

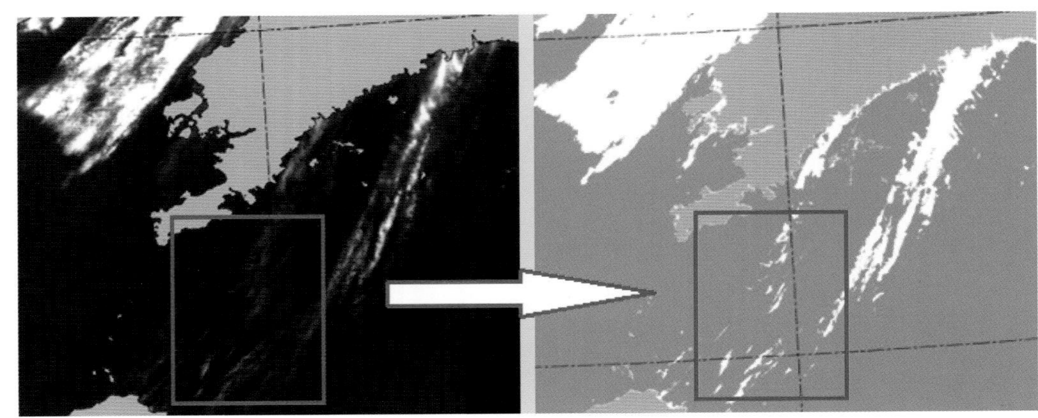

图 8.3　HJ–1B/IRS 薄云检测

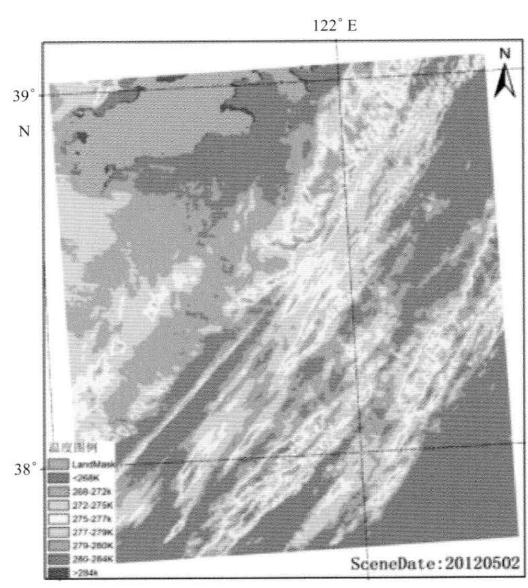

图 8.4　HJ–1B/IRS 亮温图像

8.5　改进Qin单窗算法的建立

8.5.1　算法的建立

虽然 HJ–1B 卫星热红外波段与 TM6 谱段设置基本相同，但二者通道响应函数存在显著差别。因而，有必要根据 HJ–1B 卫星热红外通道光谱响应特性进行算法的改进，主要包括系数 Planck 方程线性化（参数 a，b 值的订正）、算法参数值的重新回归修订。

现有单通道温度反演算法多以 Planck 方程实现辐射强度 $B_\lambda(T)$ 与热力学温度 T 之间的转化计算，计算过程的中间参数 h，c，λ，K，T 多达 5 个，计算及转换极为繁琐。利用 Planck 方程在一定温度范围内线性化特性明显的特点，可采用线性化办法，将 Planck 方程复杂的指数关系变为简单的线性关系，实现表达式的简化。针对 Planck 方程式建立

273 ~ 323 K 温度范围内 HJ-1B IRS 热红外通道 T 与 $B(T)$ 关系的散点图。由于通道光谱响应函数和波宽对温度反演结果有较大的影响，公式中波长 λ 以有效波长替代中心波长进行计算，即采用 $\lambda = 11.511\ \mu m$。

$$B_{\lambda}(T) = \frac{hc^2}{\lambda^5 (e^{hc/\lambda kT} - 1)} \tag{8.6}$$

式 (8.6) 中 T 与 $B(T)$ 线性关系明显，由 OriginPro 8.5 得到二者线性拟合关系：

$$B(T) = 0.128\,89T - 29.276\,32 \tag{8.7}$$

将式（8.7）代入大气辐射传输方程式，得到单通道法的简化形式如下：

$$T_s = \frac{B(T_8) - \varepsilon\tau b - (1-\tau)[1+\tau(1-\varepsilon)]B(T_a)}{\varepsilon\tau a} \tag{8.8}$$

式中，ε、τ 分别为热红外通道海表发射率及大气透射率；$B(T_8)$ 为星上辐射强度；T_s 为真实海表温度；$B(T_a)$ 为有效大气平均作用温度对应的等效辐射强度；a、b 为 Planck 方程线性化常数。

8.5.2 算法验证

将建立的 HJ-1B 卫星海表温度定量反演业务化算法模型应用于我国北部示范海区的海表温度反演。本研究算法温度反演预测值分别与同步实测海温数据及相同输入数据下的段等算法的反演结果预测值进行对比，以验证算法精度。

对验证结果的统计分析表明：段等算法的预测值平均误差约为 1.09℃，本研究算法预测值平均误差约为 0.76℃。其中，本研究算法和段等算法的预测值与实测海温数据的相关系数分别为 0.993 24 和 0.989 71，标准差分别为 0.936 24 和 1.243 6。不难看出，前者反演结果值域更加收敛和贴近实测海温数据。本研究算法各样点误差波动较段等算法结果值更为平缓，二者误差波动均值分别为 0.76℃和 1.09℃，同时将算法反演最大误差由 3.88℃降为 1.89℃，显示了良好的误差均衡能力。从误差百分比曲线可明显看出，本研究算法反演结果误差百分比介于 0.25% ~ 11.68% 之间，且大部分样本点误差集中在 5.8% 左右，大大低于段等算法的 0.69% 到 19.54% 的误差范围。

如上所述，预测值与实测值存在的差异是由多种因素影响造成的，主要包含以下几个方面：① 传感器本身精度及辐射定标系数所能达到的定标精度。HJ-1B IRS 热红外波段的星上定标精度为 2 K，配准精度为 ±0.3 个像元，本身存在一定误差。② 大气校正问题。云污染尤其是薄云污染在很多情况下很难完全去除，不完全的云检测及云补偿则会明显地降低温度反演精度。③ 卫星测量与现场测量的差异。卫星遥感探测所得到的海面温度只代表海面表皮以下厚度小于 0.1 mm 的海水温度，而现场测量则多为海洋 0 ~ 0.5 m 深的一个点值，二者必然存在温度差值。④ 模型参数误差。模型采用 MODIS 的平均水汽产品数据作为模型参数，由于其与环境星过顶时间存在差异，参数存在一定误差。

8.5.3 关键参量敏感性分析

为了进一步揭示运用单窗算法进行海表温度反演过程中，上述 3 个参数的估计误差对反演结果带来的误差，我们借助于所建立的算法模型，对上述 3 个参数分别取一定的变动区间并进行渐变取值测算。假定中纬度冬季和夏季两种情况，T_8 分别为 278.15 K (5℃) 和 298.15 K (25℃)，则：首先，对于近地面气温，卫星在研究区的过顶时间大致相同，根据渤海和黄海水温特征，将卫星过顶时刻近地面气温的取值区间设定为 0 ~ 30℃，设定步长为 10℃，可获得对应大气平均作用温度估计值；其次，对于大气水汽含量，依据有关对渤海、黄海大气水汽特征的研究，设定取值区间为 0.5 ~ 1.5 g/cm^2，每间隔 0.5 g/cm^2 取值，获取相应的大气透过率值；最后，对于地表比辐射率，则以比辐射率估算误差为 ±0.01 考虑。

表 8.9 至表 8.11 是采用算法 3 个输入参数在各自值域范围内依照预先设定的步长渐次变化的不同组合情况，所引起的单窗算法 SST 反演结果间差异的比较。主要目的是研究单窗算法对 3 个输入参量的敏感度，即其他参量固定条件下，某一参量的变动引起的误差情况，至于 3 个参量之间的联动关系，本研究暂不考虑。ΔT_s 为某一变量 x 变化 Δx 前后所引起的海表温度反演结果值的变化量：

$$\Delta T_s = abs\,(T_s(x) - T_s(x+\Delta x)) \tag{8.9}$$

表 8.9 相同 T_0 条件下大气水分含量估算误差 $\Delta\omega$ 对反演结果的影响

T_0(℃)	ω(g/cm^2)	τ	ΔT_s(K)	T_0(℃)	ω(g/cm^2)	τ	ΔT_s(K)
0	0.5 → 0.7	0.920 1 → 0.895 3	0.312	20	0.5 → 0.7	0.920 1 → 0.895 3	0.252
	0.7 → 0.9	0.895 3 → 0.870 5	0.352		0.7 → 0.9	0.895 3 → 0.870 5	0.266
	0.9 → 1.1	0.870 5 → 0.845 7	0.378		0.9 → 1.1	0.870 5 → 0.845 7	0.281
	1.1 → 1.3	0.845 7 → 0.820 9	0.400		1.1 → 1.3	0.845 7 → 0.820 9	0.296
	1.3 → 1.5	0.820 9 → 0.796 1	0.425		1.3 → 1.5	0.820 9 → 0.796 1	0.314
10	0.5 → 0.7	0.920 1 → 0.895 3	0.050	30	0.5 → 0.7	0.920 1 → 0.895 3	0.545
	0.7 → 0.9	0.895 3 → 0.870 5	0.053		0.7 → 0.9	0.895 3 → 0.870 5	0.575
	0.9 → 1.1	0.870 5 → 0.845 7	0.056		0.9 → 1.1	0.870 5 → 0.845 7	0.607
	1.1 → 1.3	0.845 7 → 0.820 9	0.060		1.1 → 1.3	0.845 7 → 0.820 9	0.643
	1.3 → 1.5	0.820 9 → 0.796 1	0.064		1.3 → 1.5	0.820 9 → 0.796 1	0.681

表 8.10 相同 ω 条件下近地面气温估算误差 ΔT_0 对反演结果的影响

ω(g/cm^2)	T_0(℃)	T_a(K)	ΔT_s(K)	ω(g/cm^2)	T_0(℃)	T_a(K)	ΔT_s(K)
0.5	0 → 10	267.514 → 276.403 4	0.834	1.1	0 → 10	267.514 → 276.403 4	1.747
	10 → 20	276.403 4 → 285.730 8	0.874		10 → 20	276.403 4 → 285.730 8	1.833
	20 → 30	285.730 8 → 294.780 8	0.849		20 → 30	285.730 8 → 294.780 8	1.778

续表8.10

ω(g/cm^2)	T_0(℃)	T_a(K)	ΔT_s(K)	ω(g/cm^2)	T_0(℃)	T_a(K)	ΔT_s(K)
0.7	0 → 10	267.514 → 276.403 4	1.122	1.3	0 → 10	267.514 → 276.403 4	2.087
	10 → 20	276.403 4 → 285.730 8	1.177		10 → 20	276.403 4 → 285.730 8	2.189
	20 → 30	285.730 8 → 294.780 8	1.142		20 → 30	285.730 8 → 294.780 8	2.124
0.9	0 → 10	267.514 → 276.403 4	1.426	1.5	0 → 10	267.514 → 276.403 4	2.447
	10 → 20	276.403 4 → 285.730 8	1.496		10 → 20	276.403 4 → 285.730 8	2.568
	20 → 30	285.730 8 → 294.780 8	1.451		20 → 30	285.730 8 → 294.780 8	2.491

表 8.11　相同 ω 和 T_0 条件下地表比辐射率估算误差 $\Delta\varepsilon$ 对反演结果的影响

ω(g/cm^2)	T_0(℃)	ε	ΔT_s(K)	ω(g/cm^2)	T_0(℃)	ε	ΔT_s(K)
0.5	0	0.95 → 0.96	0.086	1.1	0	0.95 → 0.96	0.100
		0.96 → 0.97	0.084			0.96 → 0.97	0.098
	10	0.95 → 0.96	0.069		10	0.95 → 0.96	0.067
		0.96 → 0.97	0.068			0.96 → 0.97	0.066
	20	0.95 → 0.96	0.052		20	0.95 → 0.96	0.033
		0.96 → 0.97	0.051			0.96 → 0.97	0.032
	30	0.95 → 0.96	0.035		30	0.95 → 0.96	0.004 43
		0.96 → 0.97	0.035			0.96 → 0.97	0.004 34
0.7	0	0.95 → 0.96	0.090	1.3	0	0.95 → 0.96	0.106
		0.96 → 0.97	0.089			0.96 → 0.97	0.103
	10	0.95 → 0.96	0.069		10	0.95 → 0.96	0.067
		0.96 → 0.97	0.067			0.96 → 0.97	0.065
	20	0.95 → 0.96	0.046		20	0.95 → 0.96	0.026
		0.96 → 0.97	0.045			0.96 → 0.97	0.025
	30	0.95 → 0.96	0.024		30	0.95 → 0.96	0.013
		0.96 → 0.97	0.024			0.96 → 0.97	0.012
0.9	0	0.95 → 0.96	0.095	1.5	0	0.95 → 0.96	0.111
		0.96 → 0.97	0.093			0.96 → 0.97	0.109
	10	0.95 → 0.96	0.068		10	0.95 → 0.96	0.066
		0.96 → 0.97	0.067			0.96 → 0.97	0.065
	20	0.95 → 0.96	0.039		20	0.95 → 0.96	0.019
		0.96 → 0.97	0.039			0.96 → 0.97	0.018
	30	0.95 → 0.96	0.012		30	0.95 → 0.96	0.026
		0.96 → 0.97	0.011			0.96 → 0.97	0.025

分析表 8.9，可以看出：当 T_0 在 0 ~ 30℃区间内变化时，ω 在 0.5 ~ 1.5 g/cm^2 值域范围内变动所带来的温度差异最大约为 0.681 K。总体而言，当 T_0 较高时，由 ω 的变化所带来的反演温度差异也较大，反之，则较小。进一步分析表 8.10，可以发现：① ω 取定值，SST 反演误差会伴随 T_0 的增大而增大，且 ω 值越大，趋势越明显；② 总体上，当 ω 为 0.5 ~ 1.5 g/cm^2 之间任一固定值时，T_0 在 0 ~ 30℃区间变动导致的最大温度差异约为 2.568 K。可见，在大气水汽含量较高的情况下，近地面气温变化导致的温度反演误差明显变大，反之，则较小。

表 8.11 给出了相同 ω 及 T_0 条件下，ε 的估算误差对算法反演结果的影响。综合对表中信息以及 ω 在 0.5 ~ 1.5 g/cm^2 整个区间内变动情况的分析，可以发现：① 当 ω 和 T_0 取值固定，地表比辐射率的逐步升高会使反演所得温度差异下降，且 ω 取值固定且 T_0 越小，或者 T_0 取值固定且 ω 越大时，这一趋势越加明显；② 从整体上看，当 ω 较高、T_0 较低时，由地表比辐射率误差所引起的反演温度误差较大，反之，则较小。当 ω 在 0.5 ~ 1.5 g/cm^2、T_0 在 0 ~ 30℃范围内取值时，地表比辐射率误差在 ±0.01 范围内所引起的反演温度误差最大约为 0.111 K。可见，ε 估算误差在 ±0.01 左右时，算法对其并不敏感。对近地面气温 T_0 的估算误差敏感性稍强。算法对大气水汽含量变化十分敏感。

8.6 线性订正Artis算法建立

已有 HJ–1B 星 SST 算法研究均基于理论推导或多星交叉定标方式建立 HJ–1B 卫星海表温度反演算法。针对上述问题，王祥等基于现场实测数据对覃志豪等单窗算法进行简化与修订，以大气水汽数据作为算法输入参量，给出了适用于 HJ–1B 卫星海表温度反演的算法，算法精度达到 0.76℃。随后的研究发现，算法虽基于实测数据建立，但必须以大气水汽数据作为辅助输入参量，且该数据在海洋下垫面无法准确获取，只能采用相邻陆上水汽反演值经差值方式获取覆盖海洋研究区域的大气水汽含量分布，极大阻碍了算法的应用，急需结合大量现场实测数据来发展无需额外辅助数据的便于业务化推广应用的便捷算法。

单通道法无法采用分裂窗算法的处理方式，以两通道的亮温线性组合剔除大气的影响，只能通过模型中增加大气影响估计因子，如 Qin 单窗算法和 Jiménez–Muñoz 等单通道法，但大气影响估算难度大且所需相关参量难以准确获取，SST 反演结果精度难以保证。而大气影响主要来源于大气水汽，具体见“大气水汽含量对单窗 / 单通道算法的影响”部分。因而，本部分研究基于大气水汽含量对单通道方法的影响分析，以研究海区大气水汽分布特征为划分依据，建立局地统计性算法模型，以便于 SST 产品的业务化生产。

8.6.1 Artis算法简介

Planck 方程实现了亮度温度与辐亮度的转换。当某一灰体的辐亮度与一黑体辐亮度相同时，该黑体的物理温度就称为灰体的亮度温度。因而，物理温度为 T_B 的黑体与物理温度为 T_S、发射率为 ε 的灰体辐亮度相同时：

$$\frac{\beta}{\lambda^5\left(e^{\frac{\alpha}{\lambda T_B}}-1\right)} = L(T_B) = L(T_G) = \frac{\varepsilon\beta}{\lambda^5\left(e^{\frac{\alpha}{\lambda T_S}}-1\right)} \tag{8.10}$$

其中，

$$\alpha = hc / K \tag{8.11}$$

$$\beta = 2hc^2 \tag{8.12}$$

式中，h 为普朗克常量；c 为光速；λ 为波长；K 为玻尔兹曼常数；$L(T_B)$、$L(T_G)$ 分别为黑体与灰体的辐亮度。

式 (8.10) 两端分母中 1 相比其余部分数量级明显极小，因而可以忽略而不影响精度。联立式 (8.10) 至式 (8.12) 可得：

$$T_s = \frac{T_B}{1+(\lambda \times T_B / \alpha)\ln\varepsilon} \tag{8.13}$$

式中，T_s 为海表温度；T_B 为通道亮温；λ 为有效中心波长，取值 11.511 μm；$\alpha = 1.438 \times 10^{-2}\mathrm{m \cdot K}$；$\varepsilon$ 为海表比辐射率，对物化特征较为均一的海水而言，比辐射率可取近似值 0.985。

通道亮温 T_B 可由普朗克方程反推得到：

$$T_B = \frac{c_2}{\lambda \ln[1+\dfrac{c_1}{\lambda^5 B(\lambda,T)}]} \tag{8.14}$$

式中，c_1=1.191 04 × 10^8 W/(m^2 · sr · μm^4)，c_2=1.438 77 × 10^4 μm · K，$B(\lambda, T)$ 为通道辐亮度，可通过辐射定标获取。

8.6.2 线性修订Artis算法的建立

8.6.2.1 大气水汽含量对单窗/单通道算法的影响

1）Qin 单窗算法

覃志豪等分析了发射率、透射率和大气平均作用温度 3 个因子估算误差对结果精度的影响。主要受大气水汽控制的透射率估算误差对算法结果的影响最大，敏感性最强。

2）单通道物理法

周旋等定量分析了反演海表温度的单通道物理法对海水比辐射率、海面风速、海水盐度、大气透过率、大气上下行辐射等参数的敏感性，大气透过率对算法精度影响最大，是单通道物理法反演海表温度的主要误差来源，见表 8.12。

表 8.12 大气透过率误差导致的SST误差

波长 (μm)	不同大气模式下 SST 误差 (K)				
	热带大气	中纬度夏季	副极地夏季	中纬度冬季	副极地冬季
3.7	0.28	0.45	0.18	–0.03	–0.34
11	20.78	10.98	5.87	1.30	0.14
12	31.74	16.38	8.68	1.93	0.14

3）Jiménez-Muñoz 单通道法

Jiménez–Muñoz 对比了不同大气水汽含量下算法误差分布情况，算法误差较大处出现在 ω 小于 0.5 g/cm^2 及 ω 大于 3 g/cm^2 情形下。

8.6.2.2 渤海、黄海大气水汽年分布特征

以固定架设于园岛（38°40′12″ N，122°09′36″ E）的 CE–318 实测大气水汽含量数据，分析渤海、黄海的大气水汽年分布特征。园岛位于北黄海，渤海海峡东侧，大致位于渤海与北黄海的中心位置，数据具有典型海区代表性。选用 2012 年全年晴空条件下观测数据，仪器绝对定标采用 Langley–Bouguer 法，采样频率 15 min/ 次，共 5 461 条数据，筛选其中时间段位于卫星过顶 (10:30AM ± 30 min) 前后 30 min 的观测均值作为当天有效值。

结果分析显示，各月份月均大气水汽含量明显分为两类：1—5 月及 10—12 月的低水汽含量期 (≤ 1.0 g/cm^2)；6—9 月的高水汽含量期 (＞ 1.0 g/cm^2)。

8.6.2.3 基于统计特性的线性修订 Artis 算法建立

基于以上分析，本研究拟采用线性方式订正算法的综合误差，得到 HJ–1B 卫星简化业务化算法模型 ($SST_{HJ\_NMEMC\_V1}$) 如下：

$$T_s = A \cdot \frac{T_B}{1 + (\lambda \times T_B / \alpha)\ln \varepsilon} + B \tag{8.15}$$

式中，A、B 为线性订正系数。

算法参数的拟合分两部分：低水汽含量 (≤ 1.0 g/cm^2) 和高水汽含量 (＞ 1.0 g/cm^2)。其中低水汽含量对应 1—5 月及 10—12 月数据，高水汽含量对应 6—9 月数据。采用 151 组匹配数据中 2/3 的数据用于建模，剩余 1/3 的数据则用于模型的精度评价。模型参数拟合采用 Origin 8.5 进行。

拟合结果见表 8.13。

表 8.13 拟合结果信息

	斜率		截距		R^2
	值	标准误差	值	标准误差	
高水汽含量 (g/cm^2)	0.964 51	0.043 01	0.994 56	0.699 24	0.941 83
低水汽含量 (g/cm^2)	0.868 57	0.033 37	1.446 17	0.195 28	0.883 71

8.6.3 算法验证

8.6.3.1 实测数据验证

将新建立的线性修订 Artis 算法用于匹配数据剩余 1/3 的海表温度反演，并分别采用相应的匹配实测海温数据及修订前算法反演结果进行算法验证，误差统计信息见表 8.14。

表 8.14 误差统计

模型	误差统计				
	Mean	Standard Deviation	Minimum	Maximum	Median
Artis 算法	1.28℃	0.900 46	0.06℃	3.79℃	0.936 38℃
线性修订 Artis 算法	1.09℃	0.805 62	0.04℃	3.5℃	0.91℃

8.6.3.2 与 MODIS SST 数据产品一致性分析

采用季节特征代表性较好且成像时间天气晴好的 2009 年 3 月 6 日，8 月 1 日和 10 月 2 日三天的 HJ–1B 及当日准同步 MODIS TERRA SST 产品（精度 < 1 K）进行比对。HJ–1B SST 产品由 ENVI 4.8 处理生成，空间分辨率 300 m；MODIS SST 产品由 SEADAS 6.4 处理生成，空间分辨率 1 km。两种卫星影像 SST 产品见图 8.5，左一列为 MODIS 产品数据，右一列为 HJ–1B 产品数据。

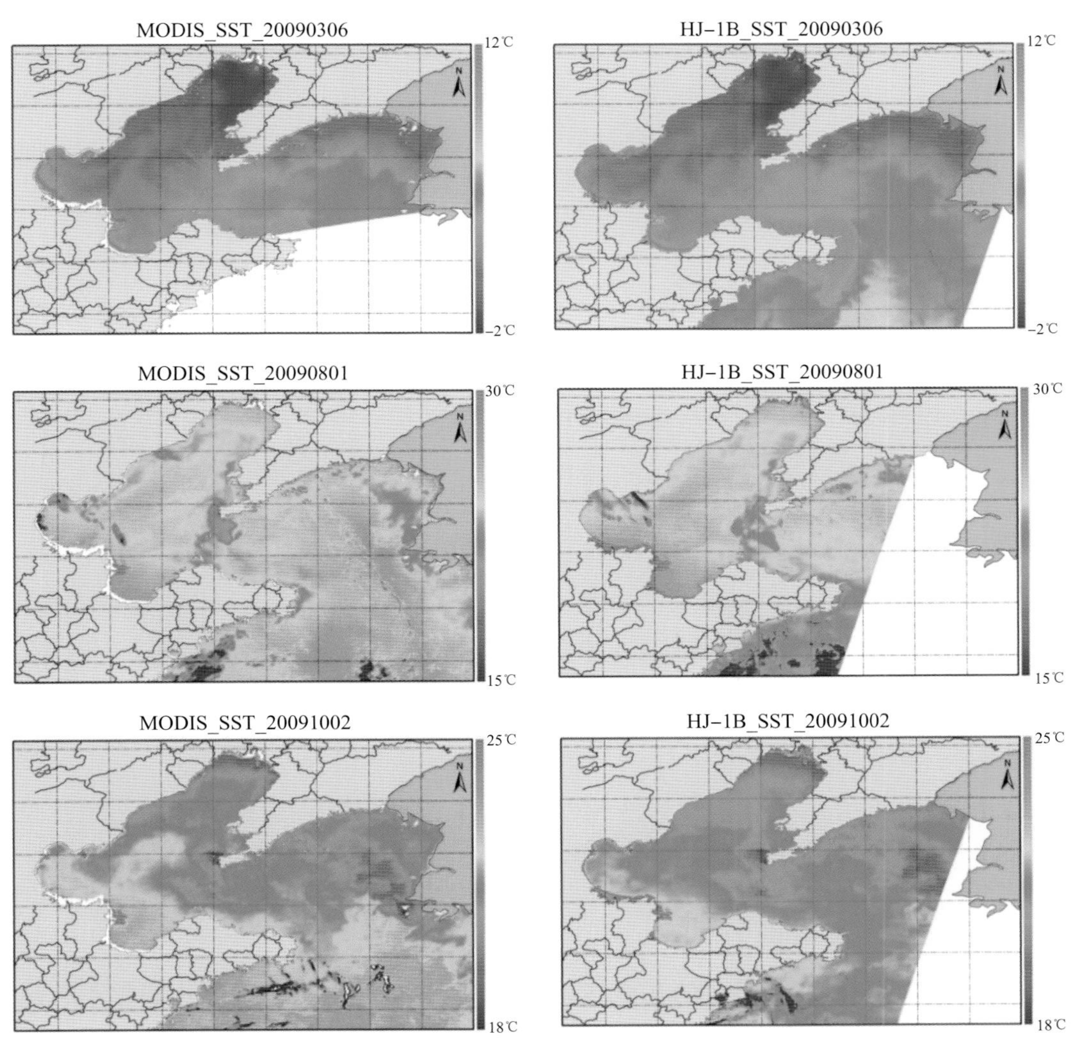

图 8.5 HJ–1B 与 MODIS SST 产品一致性分析

两种卫星数据产品一致性较好，海表温度分布模式趋于一致。3月，海表温度南北渐变，最低温出现在渤海北部高纬度海域。受太阳辐射纬度分布影响，由北至南海表温度逐渐升高；由渤海湾至渤海海峡，海表温度表现出随水深增加而增加的特征，高温海水即“暖水舌”自渤海海峡向渤海湾内部延伸，舌轴即黄海暖流余脉所在的位置。8月，强烈的太阳辐射使得整个渤海的温度差别不甚明显，南北温差小于4℃，水深较浅的湾顶位置温度较高。10月，海表温度分布模式与3月稍有不同，此时由夏季模式过渡到冬季模式，渤海海峡的“暖水舌”已更替成“冷水舌”，自海峡向渤海内部延伸，近岸浅水区海表温度受到陆地影响温度迅速下降，温度梯度初步逐渐形成。

对两种SST产品做差异分析，结果见图8.6，差异计算采用式(8.16)：

$$SST_{\mathrm{dif}} = SST_{\mathrm{HJ1B}} - SST_{\mathrm{MODIS}} \tag{8.16}$$

式中，SST_{dif}为两种产品温度差值；SST_{HJ1B}为HJ-1B SST产品对应格点SST值；SST_{MODIS}为MODIS SST产品对应格点SST值。

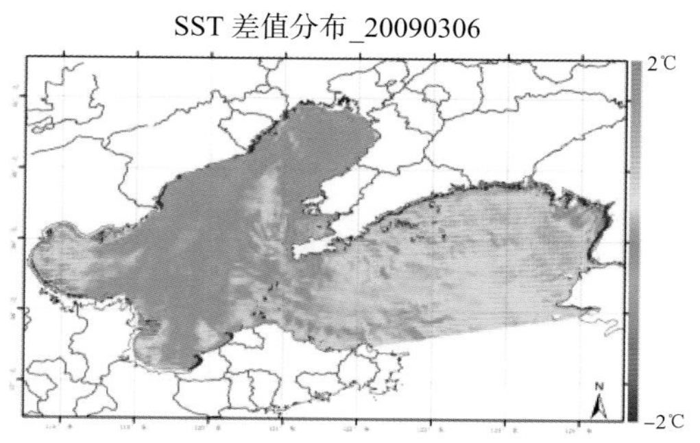

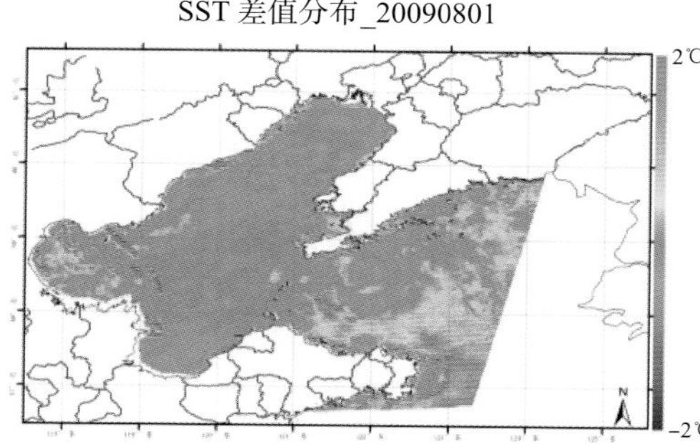

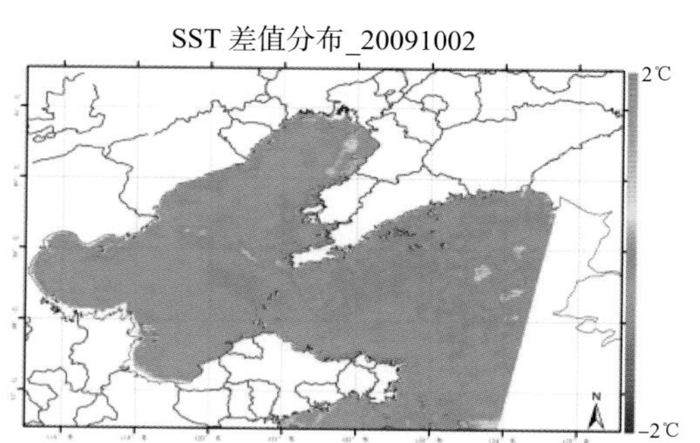

图8.6　HJ-1B SST产品与MODIS SST产品差异分布

由以上分析可见，3个代表性月份MODIS SST产品与HJ-1B SST产品一致性较好，HJ-1B SST产品平均较MODIS SST产品低0.34℃。

8.6.4 关键参量敏感性分析

敏感性分析是评价一个算法的必要环节，一般是假定某一参量有微小误差而其他变量不变的情况下，误差对最终结果的影响。对于本研究而言，海水成分的变化导致比辐射率的不稳定，海表比辐射率是温度反演的敏感参量，其他参量都可以依据传感器波段特征计算。因而海表比辐射率误差对最终结果的影响可表示为：

$$\Delta T_S = |T_S(\varepsilon + \Delta\varepsilon) - T_S(\varepsilon)| \quad (8.17)$$

式中，ΔT_S 为误差导致的结果变化量；ε 为变量，海表比辐射率；$\Delta\varepsilon$ 为变量的误差；$T_S(\varepsilon)$ 为海表比辐射率 ε 时的海表温度。

将 $\Delta\varepsilon$ 分为三级：0.001，0.005 和 0.01，敏感性分析结果见表 8.15。从表中可以看出，当 $\Delta\varepsilon$ 在 0.001，0.005 和 0.01 变化时，ΔT_S 分别为 0.066，0.33 和 0.663。ε 在中等程度变化时，即 $\Delta\varepsilon$=0.005 时，ΔT_S=0.33，该精度能够满足业务化应用的需求。

表 8.15　海表发射率敏感性分析

$\Delta\varepsilon$ 分级	ΔT_S（℃）
0.001	0.066
0.005	0.33
0.01	0.663

8.7　HJ–1B 海表温度专题产品

以小区域研究为例，分别以黄河口、辽河口及渤海海峡为研究区域，定量反演获取 HJ–1B SST 分布，并制作了 SST 专题产品，与准同步 1 km 分辨率 MODIS SST 产品对比，见图 8.7，HJ–1B 星明显展现出高空间分辨率优势，细节表现更为突出，尤以黄河口最为明显。2009 年 10 月初，正值陆地开始温度变低，而海洋由于水体的高热容，温度变化滞后于陆地，导致陆地入海口处水体呈现明显的温度扩散不均现象，入海水体温度稍高于海洋水体，由图 8.7 清晰可见。

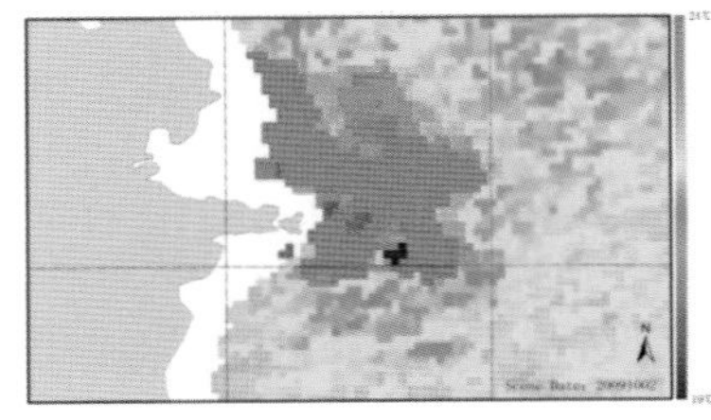
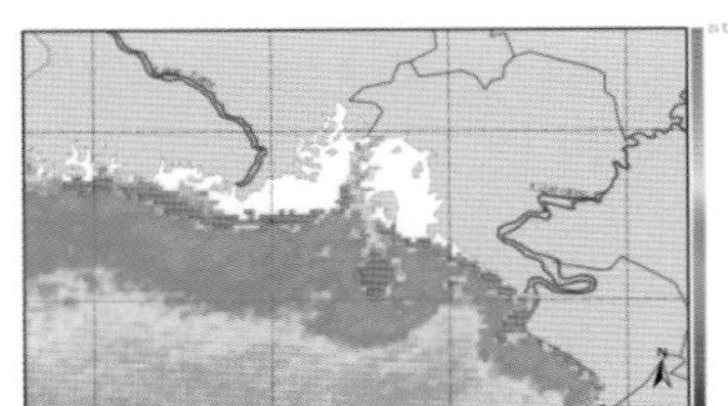
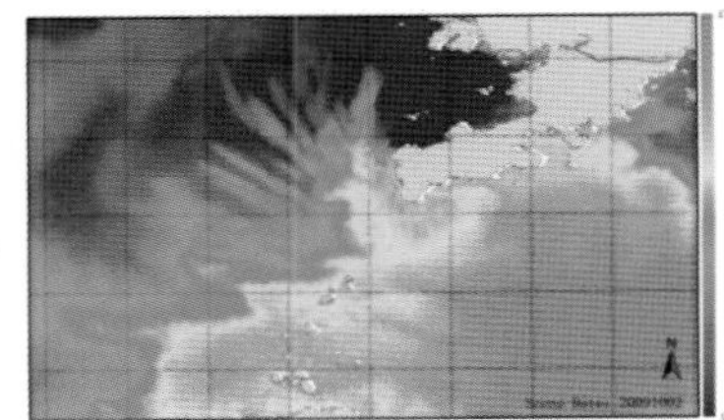

（MODIS 数据产品，从左至右依次为黄河口、辽河口及渤海海峡）

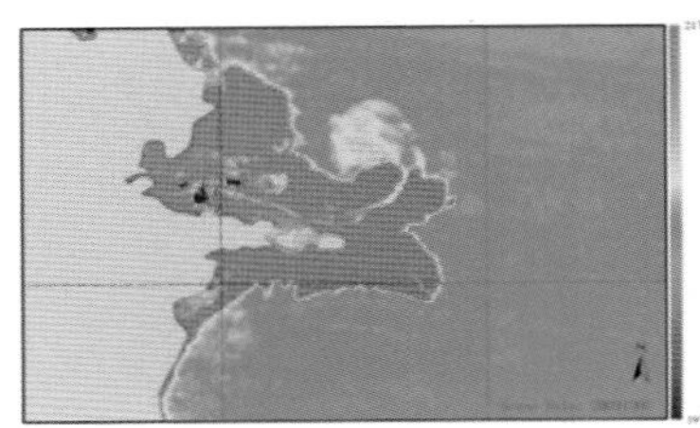
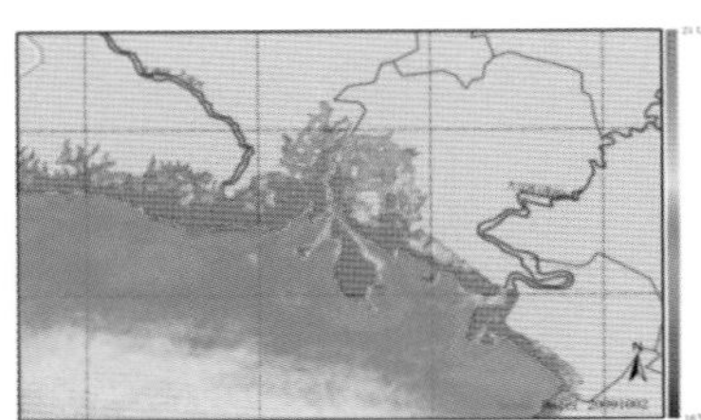
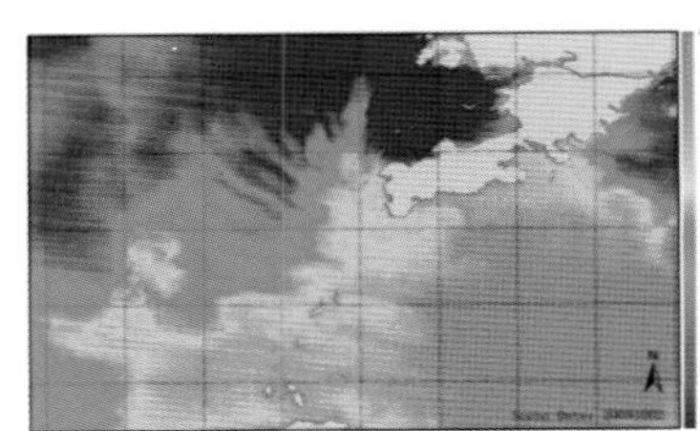

（HJ–1B 数据产品，从左至右依次为黄河口、辽河口及渤海海峡）

图 8.7　海表温度专题产品

第 9 章 海表温度卫星产品的业务化生产与质量控制

自 20 世纪 70 年代初以来，我国海洋环境监测业务体系得到了长足发展，形成了以国家中心—海区中心—中心站—台站为主线的国家体系和以国家中心—省中心—市中心—县（区）中心为主线的地方体系，两个体系的监测范围在空间上互补，形成全覆盖，在要素上各有侧重，在时间上同步（准同步）的监测架构。其主要业务工作是针对我国管辖海域的水体、底质和大气环境三大类介质，开展水质、生物、放射性等方面的监测，频率为 3 ～ 4 次 / 年，主要手段为船舶走航定点采样。近几年增加了浮标监测，监测频率提升到分钟级别。但随着我国社会、经济、科技发展水平的加速提升，在国家外交层面、国家政治层面、生态保护层面和海洋经济层面都对海洋环境监测提出了更高的要求，体现在监测工作层面上就是监测频率的要求更高、更准确，即月、天、时，而且在空间上要求实现全覆盖。现有的监测技术能力难以满足这些需求，发展卫星遥感业务化监测技术则是应对这种新形势的必然选择。

9.1 卫星遥感业务化监测的意义

熟悉监测工作持有上岗证的专业技术人员，使用经过计量认证的仪器，每日接收经过筛选、供应稳定、质量高的数据源，逐日进行加工处理，产品经过现场监测手段（浮标或船）获取的数据对其进行质量检验，符合要求后加工成格式统一具有一定时空分辨率的产品，并在规定的时间内定期将产品提交给有关业务机构或管理部门。

9.2 技术依据

（1）海洋监测技术规程第 7 部分卫星遥感技术方法 (HY147.7—2012) 中的海表温度卫星遥感技术方法；

（2）美国 NOAA 系列卫星的海表温度产品处理生产方法；

（3）美国 NASA 的对地观测系统 (EOS) 计划的中分辨率成像光谱仪 (MODIS) 系列卫星 (TERRA、AQUA) 的海表温度技术文档。

9.3 数据源

9.3.1 卫星数据

采用卫星数据来自中分辨率成像光谱仪 MODIS 的 TERRA 和 AQUA 卫星反演的白天海表温度结果，数据过境时间从 2011 年 1 月 1 日至 2011 年 12 月 31 日，空间分辨率为 1 km。该传感器拥有 36 个光谱通道，覆盖可见光、近红外和热红外波段，同一海区每天均有过境数据。

9.3.2 浮标数据

现场实测数据来源于渤海、黄海、东海和南海的浮标监测的海表温度，其中，渤海共 6 个浮标，由于 3 个浮标位于渤海海峡口，卫星像元受岛屿影响较大，故仅采用其中 3 个浮标的监测结果进行评价，监测时段为 2011 年 1—5 月；黄海有一个浮标，位于北黄海中部，数据时段为 2011 年全年；东海为同一位置不同时间的前后两个浮标，监测时段分别为 1 月 1 日至 7 月 24 日和 7 月 24 日至 12 月 31 日；南海只有一个浮标的监测数据，为全年监测。上述浮标均为每间隔 1 h 采集一次数据。

9.4 SST卫星产品生产

9.4.1 单轨SST产品

利用 11 μm 波段 31 和 32 热红外通道数据分裂窗算法进行 SST 反演，并经过多光谱综合方法云检测处理。主要算法如下：

$$SST = a + bT_{31} + c(T_{31} - T_{32})T_{\text{env}} + d(T_{31} - T_{32})(\sec(z) - 1) \tag{9.1}$$

运用通道 32 亮温和通道 31 亮温之间的温差进行大气校正，来剔除大气衰减的影响。其中，T_{31} 和 T_{32} 分别是通道 31 和通道 32 的亮度温度；z 是卫星天顶角；T_{env} 是环境温度；a、b、c、d 为系数详见表 9.1。

表 9.1　SST 算法系数

卫星	昼夜	系数			
		a	*b*	*c*	*d*
AQUA	白天	1.152	0.960	0.151	2.021
	夜晚	2.133	0.926	0.125	1.198
TERRA	白天	1.052	0.984	0.130	1.860
	夜晚	1.886	0.938	0.128	1.094

9.4.2 单轨卫星海表温度产品的准确度检验

9.4.2.1 数据匹配

根据 2012 年浮标站位，选取与浮标资料相同经纬度的遥感 SST，并生成现场—卫星 SST 匹配数据集。其中，空间匹配方式为现场单点对遥感多点平均值的匹配，即遥感数据点采用对应点与周围 8 个点的有效数据点的平均值（3×3 像元区域）；时间匹配窗口为 ±1 h，即筛选出对应卫星遥感数据在 1 h 内的浮标监测数据。

根据上述原则，建立了包括 799 组卫星—浮标 SST 匹配结果的数据集，其中，渤海 268 组，黄海 201 组，东海 137 组，南海 193 组。

9.4.2.2 检验方法

采用平均绝对偏差表示卫星遥感结果的准确度，公式如下

$$b=\frac{\sum\left|T_{\text{satellite}}-T_{\text{buoy}}\right|}{n} \tag{9.2}$$

9.4.2.3 检验结果

利用上述根据现有浮标和卫星温度资料，不同海域海表温度卫星监测和浮标监测结果及其准确度分析如下。

1）*渤海海域*

渤海共 6 个浮标，由于 3 个浮标位于渤海海峡口，卫星像元受岛屿影响较大，故仅采用其中 3 个浮标的监测结果进行评价。其中，第 1 个浮标检验的准确度为 0.57 K；第 2 个浮标的准确度为 0.33 K；第 3 个浮标检测的准确度为 0.65 K。

2）*黄海海域*

黄海的卫星反演结果与浮标相比误差为 0.58 K。

3）*东海海域*

东海的卫星反演结果与前一个浮标相比误差较大，为 3.44 K，而与下半年的后一个浮标监测数据相比误差较小，为 0.46 K。按照上述分析，估计前一个浮标的数据质量存在问题。

4）*南海海域*

南海的卫星反演结果与浮标相比误差较好，为 0.5 K。

5）*全海域*

利用 4 个海域的 6 个浮标海温监测数据（不含东海的前一个浮标）对卫星反演的 SST 检验，得到卫星反演 SST 误差为 0.58 K，使用的现场—卫星数据点共 732 组。根据国际通行标准和海洋监测技术规程第 7 部分卫星遥感技术方法中的要求，卫星反演 SST 误差小于 1 K 即可满足常规业务化监测和评价工作要求。

9.4.3 平均SST产品计算

根据同一月份的每日海温产品，采取每日同一像素的累加平均方法实现月均产品生产，并对最终的结果出现的缺测区域插值以实现数据重构，具体操作流程如下。

9.4.3.1 产品质量检验

由于数据处理系统、投影过程等多种因素的影响，每日海温产品会出现一系列异常值，这些异常值的存在不仅影响最终的海温计算结果，也会对计算过程造成数据溢出等操作上的麻烦，为减少计算中错误几率，缩短运算时间，利用 ENVI 软件及自开发模块检查每日海温产品的像素值分配情况，根据产品的最大值、最小值、均值等自动分析，对于不满足预定条件的文件自动删除。

9.4.3.2 平均算法实现

月均产品：采用算数平均法 $AVG=\frac{1}{n}\sum_{i=1}^{n}X_i$，提取每日海温产品中的海区部分（将二维数组中提取子集，并转化为一维数组），并存放到指针数组变量中，由于部分缺值区不能参加平均运算，故设定累加次数变量，以记录该像素点实际累加次数， 最终实现各像元的平均结果。

季均产品：按季度划分标准（春季：3—5 月，夏季：6—8 月，秋季：9—11 月，冬季：12 月至翌年 2 月），利用各月月均产品按照算数平均法计算得到季均产品。

9.4.4 评价结果的不确定性分析

9.4.4.1 准确度

准确度：SST 卫星遥感与浮标监测验证结果如表 9.2 所示。

表 9.2 SST 卫星遥感与浮标监测验证结果

海域	样本点（个）	误差（K）
渤海	53	0.57
	132	0.33
	83	0.65
黄海	201	0.56
东海	67	3.44
	70	0.46
南海	193	0.5
全海域	732	0.58

9.4.4.2 不确定性

海表温度卫星遥感月均和季均分布评价覆盖了全中国海域，其不确定性主要来源于以下两方面：一是个别数据受薄云、太阳耀斑等因素的影响，会出现温度偏高或偏低等误差，使得月均和季均产品结果具有一定的不确定性；二是受云覆盖及轨道间数据缺测等因素的影响，在做平均计算时，不同海域的样本点数目会有差异性，这可能会对平均结果带来一定的影响。

9.5 SST业务化卫星产品

9.5.1 全国海水温度状况

9.5.1.1 月均海表温度

2011 年我国管辖海域各月海洋表面温度卫星遥感监测结果显示，渤海、黄海和南海月均海洋表面温度 2 月最低，分别为 0.2℃、4.9℃和 25.1℃，东海月均海洋表面温度 3 月最低，为 17.7℃；各海区月均海表温度 8 月最高，渤海、黄海、东海和南海 8 月海表温度分别为 25.2℃、24.8℃、28.8℃和 29.7℃；渤海和黄海的海表温度月际变化最为明显，东海次之，南海变化最小。

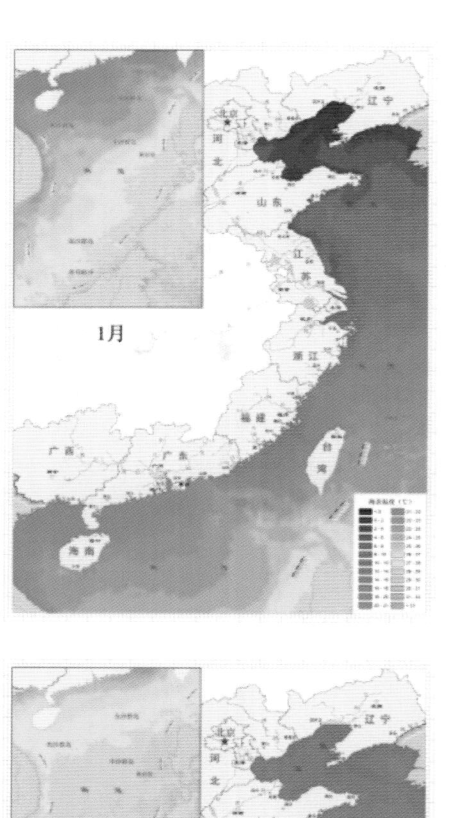

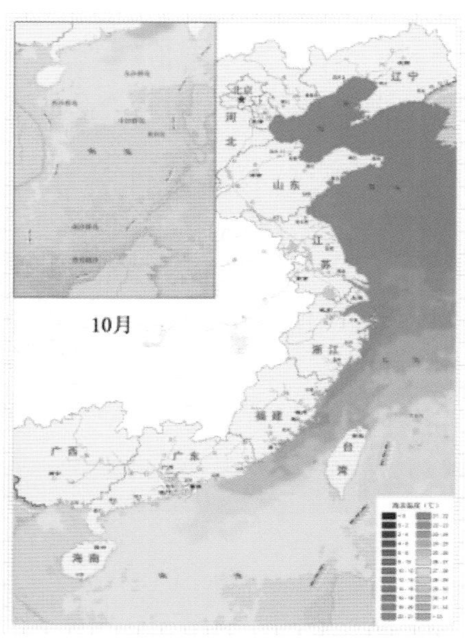

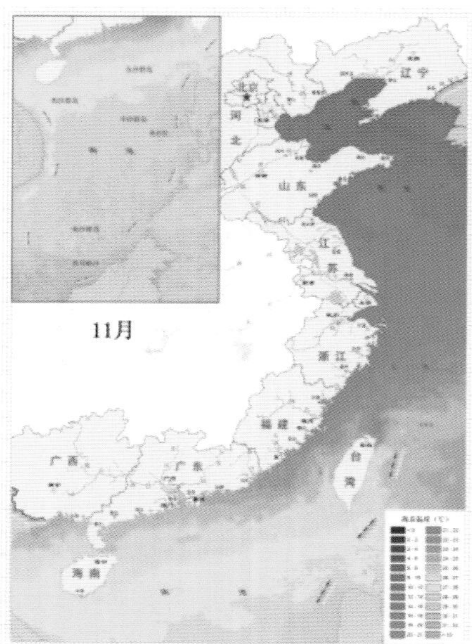

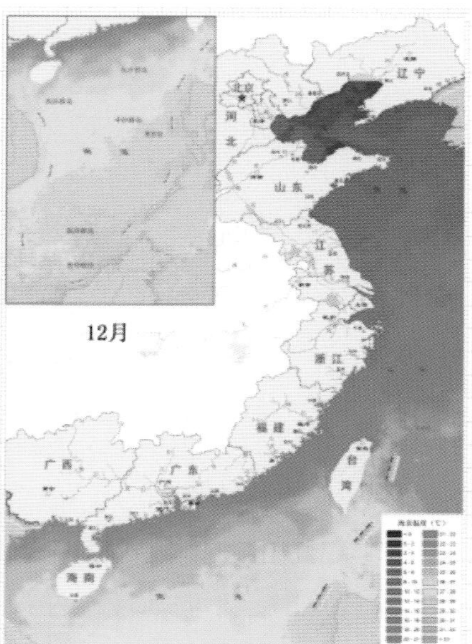

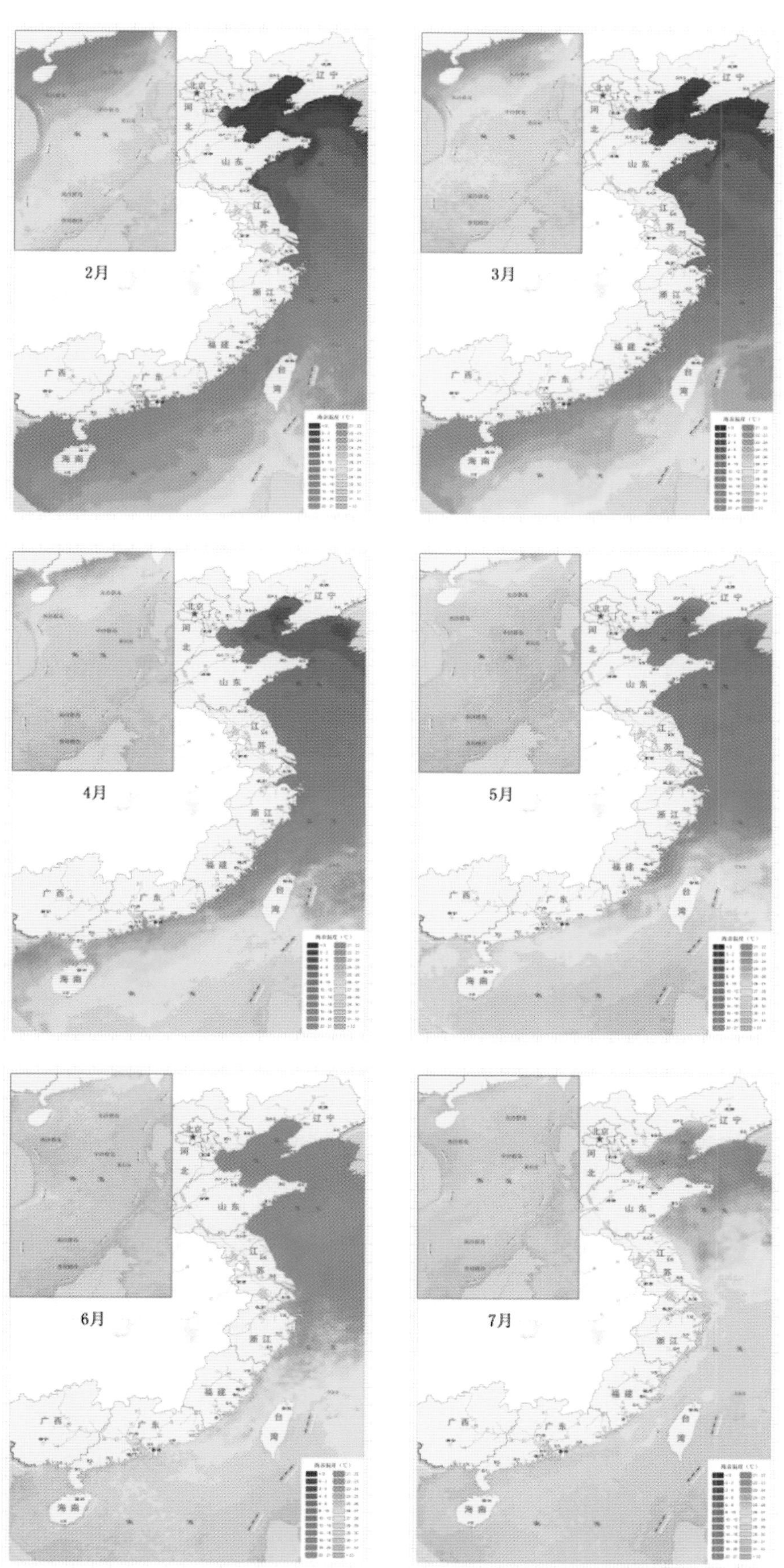
2月
3月
4月
5月
6月
7月
辽宁
北京
河北
山东
江苏
浙江
福建
台湾
广东
广西
海南

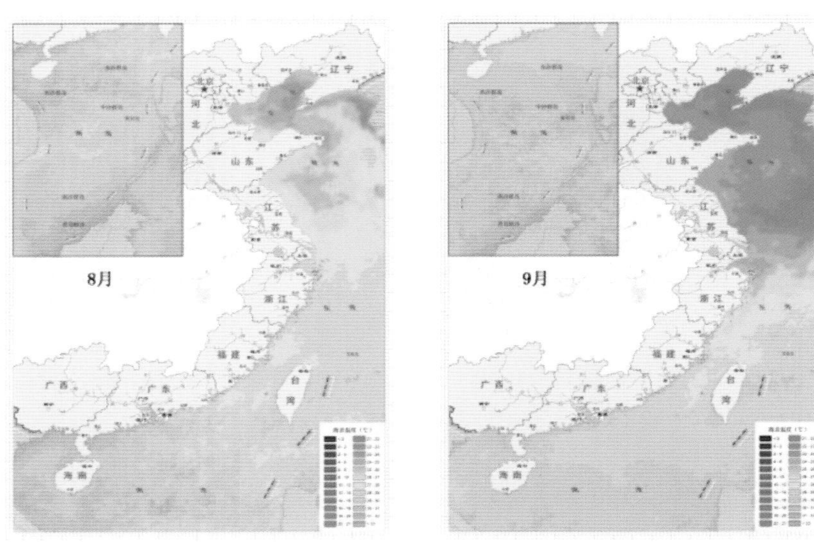

图 9.1　2011 年 1—12 月海洋表面温度分布示意图

9.5.1.2　各季节海表温度

各季节海表温度卫星遥感监测结果显示，渤海春季、夏季、秋季和冬季平均海表温度分别为 6.7℃、22.4℃、18.3℃和 2.7℃，黄海四季平均海表温度分别为 8.8℃、22.0℃、19.4℃和 8.0℃，东海四季海表温度分别为 20.0℃、27.6℃、25.7℃和 19.1℃，南海四季平均海表温度分别为 27.2℃、29.7℃、28.3℃和 25.6℃。

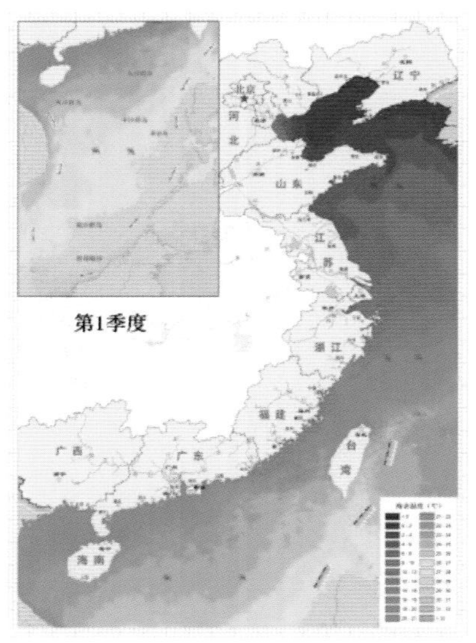

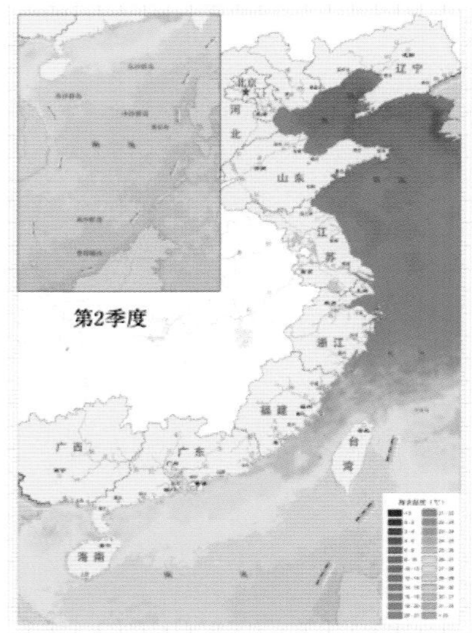

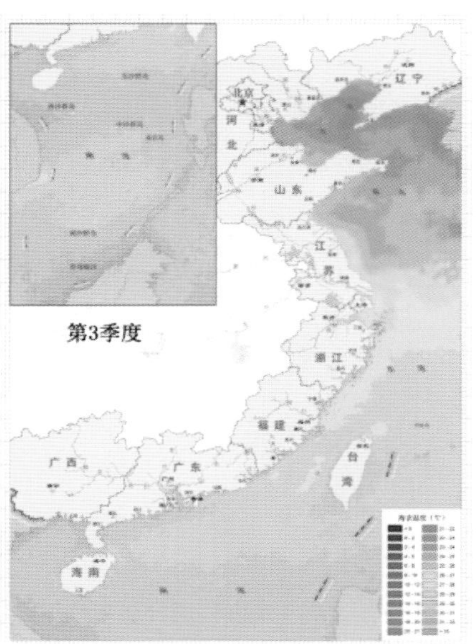

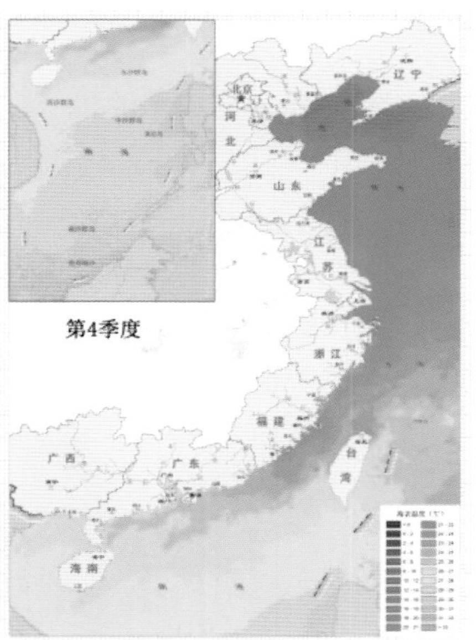

图 9.2 2011 年四季海洋表面平均温度分布示意图

表 9.3 2011 年各海区季度平均海洋表面温度 (℃)

海区	平均海洋表面温度			
	第 1 季度	第 2 季度	第 3 季度	第 4 季度
渤海	1.0	12.2	23.6	12.9
黄海	5.3	13.0	23.6	15.5
东海	17.8	22.7	28.3	23.4
南海	25.3	28.5	29.6	27.1
全海域	20.6	24.8	28.4	24.5

表 9.4 2012 年 1—12 月各海区海洋表面温度 (℃)

海区	海洋表面月均温度距平											
	1 月	2 月	3 月	4 月	5 月	6 月	7 月	8 月	9 月	10 月	11 月	12 月
渤海	0.7	0.2	2.3	6.2	11.7	18.7	23.2	25.2	22.4	18.4	14.2	6.0
黄海	5.6	4.9	5.4	8.3	12.7	18.1	22.0	24.8	22.8	19.0	16.3	11.2
东海	17.8	18.0	17.7	19.4	22.9	25.7	28.2	28.8	27.9	25.2	23.8	21.1
南海	25.3	25.1	25.7	26.7	29.1	29.5	29.4	29.7	29.6	27.9	27.5	26.0
全海域	20.6	20.3	20.8	22.3	25.3	27.0	28.2	28.8	28.2	26.0	24.9	22.6

9.5.2 海区 SST 卫星产品

北戴河及邻近海域海表温度卫星遥感专题图
2014年1月

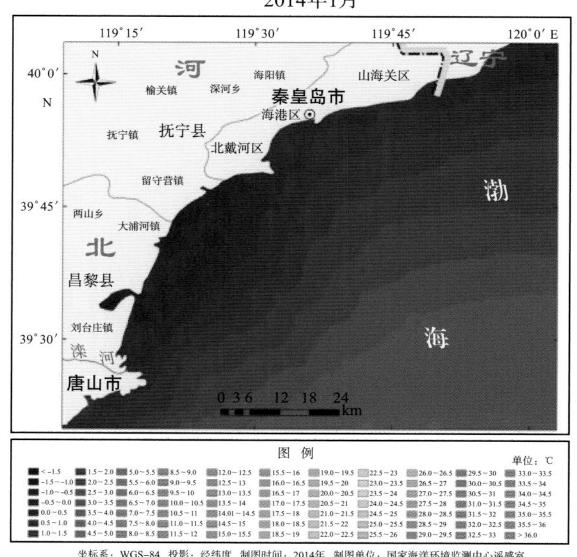

北戴河及邻近海域海表温度卫星遥感专题图
2014年2月

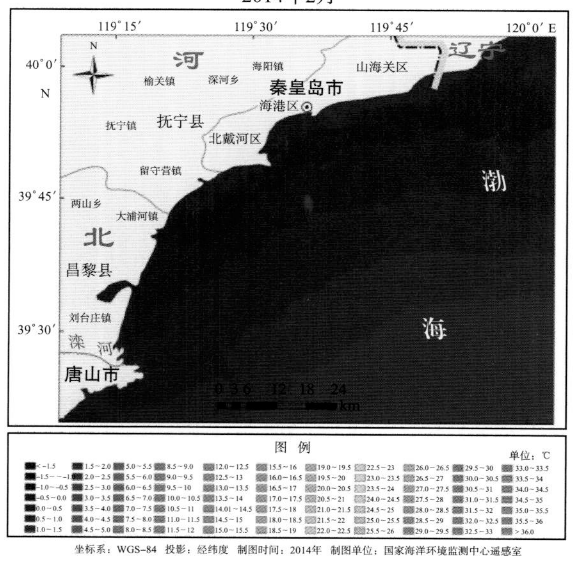

北戴河及邻近海域海表温度卫星遥感专题图
2014年3月

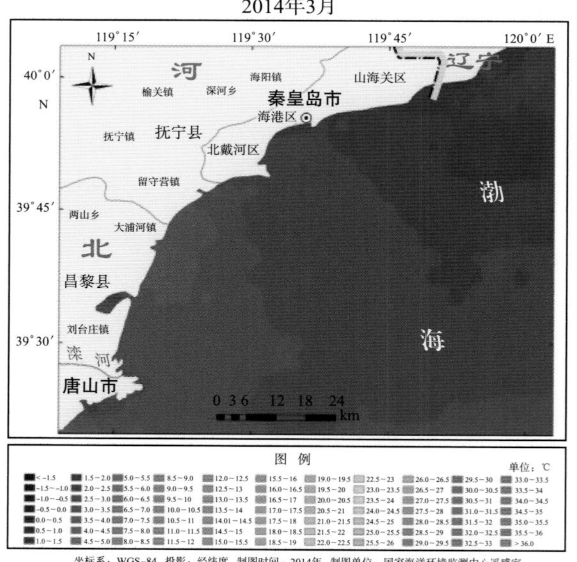

图 9.3 海区 SST 卫星产品

9.5.3 省级SST卫星产品

江苏及邻近海域海表温度卫星遥感专题图
2014年1月

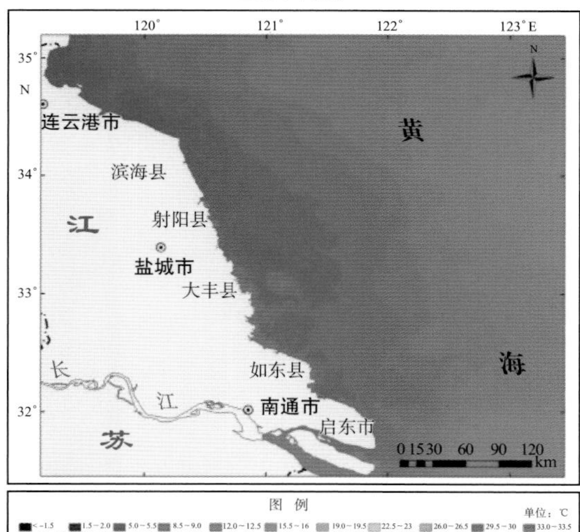

坐标系：WGS-84 投影：经纬度 制图时间：2014年 制图单位：国家海洋环境监测中心遥感室

江苏及邻近海域海表温度卫星遥感专题图
2014年2月

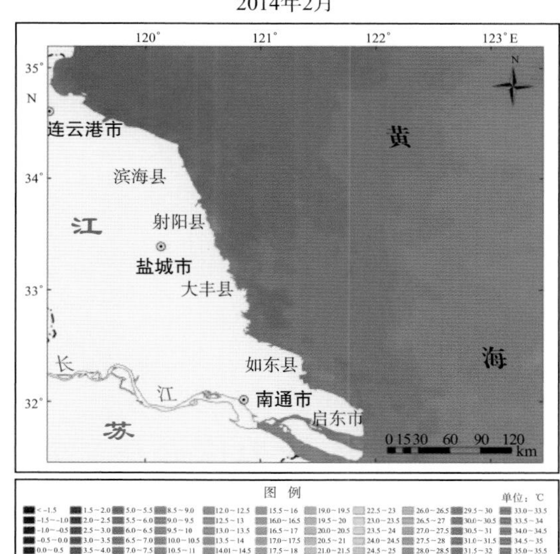

坐标系：WGS-84 投影：经纬度 制图时间：2014年 制图单位：国家海洋环境监测中心遥感室

浙江及邻近海域海表温度卫星遥感专题图
2014年1月

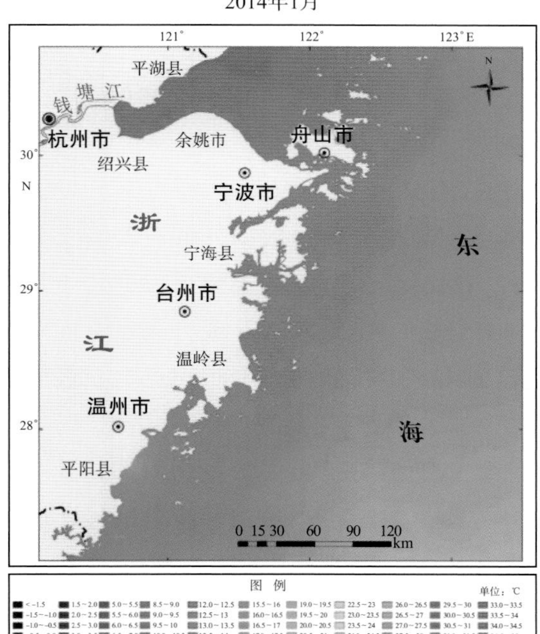

坐标系：WGS-84 投影：经纬度 制图时间：2014年 制图单位：国家海洋环境监测中心遥感室

浙江及邻近海域海表温度卫星遥感专题图
2014年2月

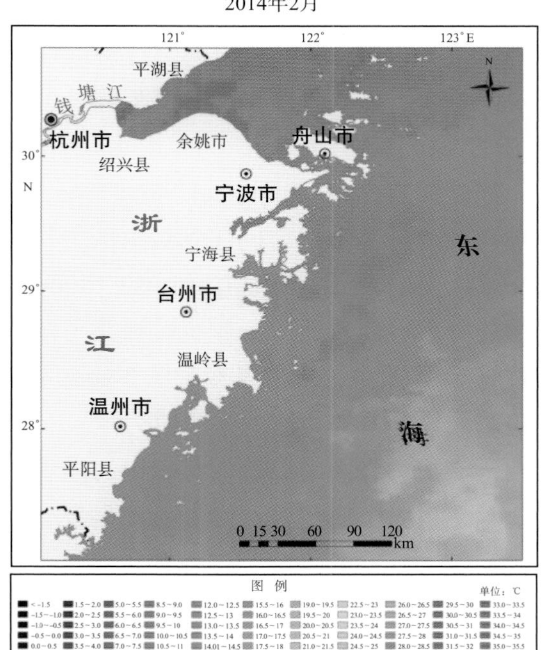

坐标系：WGS-84 投影：经纬度 制图时间：2014年 制图单位：国家海洋环境监测中心遥感室

图 9.4 省级 SST 卫星产品

第 10 章　海水温度的时空变化分析

10.1　长时序海水温度变化趋势分析

10.1.1　数据来源

本节使用的海表温度 (SST) 数据来源于台站每日 8 时、14 时和 20 时监测数据，数据长度为 1960 年 1 月 1 日至 1999 年 12 月 31 日，每个时刻数据均有 8 ～ 9 年的数据缺失，处理过程中采用样条插值方法进行数据重构。

10.1.2　分析方法

经验模态分解 (Empirical Mode Decomposition, EMD)，主要是 Huang 等 (1998) 发展的一种新的处理和分析时间序列数据的方法。其基本思想是将复杂的数据分解成若干个完备的并且正交的本征模函数 (Instrinsic Mode Function， IMF)，这些 IMF 不仅可以适用于线性过程的分析，而且适用于非线性和非平稳时间序列的分析。所谓的 IMF 成分满足下面两个条件：① 数据中，极值点数和跨零点数相等或相差为 1；② 在任何一个时间点上，最大值的包络和最小值的包络的平均值为零。

IMF 成分代表了蕴含在数据中的固有模态。一个 IMF 成分就是一个振荡模态，其中已经消除了复杂的骑行波，尤为重要的是，IMF 成分并不是限制在一个狭窄波段信号，而是振幅和频率调制的成分，振幅和频率都是时间的渐变函数。IMF 基底的产生是建立在以物理时间尺度为振动现象特征的基础上的，得到的 IMF 可以看做是广泛意义上的傅立叶展开的基底，具有完整性和正交性。和傅立叶变化相比，EMD 方法是依据数据本身的信息进行的分解，得到的 IMF 通常是个数有限的，而且每个 IMF 可以表征数据内含有的真实物理信息或特定的物理过程。

其基本原理如下：

设 $x(t)$ 为某个物理场的时间序列，长度为 T。

（1）先找出序列的极大值和极小值，然后分别作 3 次样条拟合，得到极大值和极小值的包络，分别称为上包络和下包络。设 m_1 为第一个上下包络的平均，从原始数据中减去 m_1，即

$$h_1 = x(t) - m_1 \tag{10.1}$$

以此类推，不断重复以上步骤，即

$$h_k = h_k - 1 - m_k, \quad k=2, \ 3\cdots \tag{10.2}$$

其中，m_k，h_k 分别代表第 k 次过滤过程中极值包络的平均和去除极值包络平均的时间序列。重复这一过滤过程，直至 $sd < 0.003$，其中

$$sd = \sum_{t=1}^{T} \left[\frac{|h_{k-1}(t) - h_k(t)|^2}{h_{k-1}^2(t)} \right] \tag{10.3}$$

此时可以认为 h_k 就是我们所需要的第一个 IMF 成分，记为 IMF_1，IMF_1 包含了 $x(t)$ 的高频部分；

（2）将 IMF_1 从 $x(t)$ 中剔除，得到 $r_1(t)$，即

$$r_1 = x - IMF_1 \tag{10.4}$$

此时，$r_1(t)$ 中包含更长周期成分的信息。将 $r_1(t)$ 作为一个新的原始时间序列，重复步骤 1，得到第二个 IMF，记为 IMF_2，将此过程一直迭代下去，

$$r_k = r_k - 1 - IMF_k \tag{10.5}$$

直到某一个 r_k 成为一个单调的函数，其内部已经没有更长周期的信息为止。

10.1.3 分析结果

10.1.3.1 海表温度日变化

3 个时刻的海表温度变化非常一致，呈单峰分布（图 10.1）。14 时温度最高，20 时次之，8 时最低。1—2 月 SST 为全年最小值，从 3 月开始，SST 开始升高，在 8 月初达到全年最大值 27℃，并开始降低，12 月末达到全年最小值，为 0℃左右。

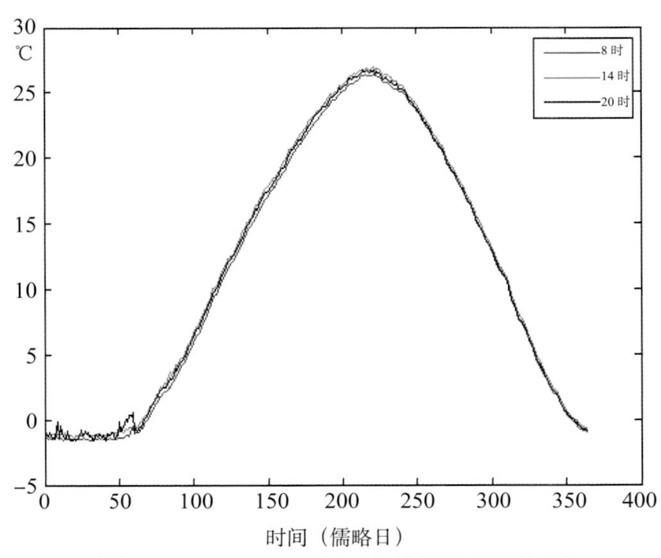

图 10.1 1960—1999 年 3 个时刻海表温度变化

10.1.3.2 海表温度长时序变化（以TZ8为例）

1）海表温度变化的振荡模态结构

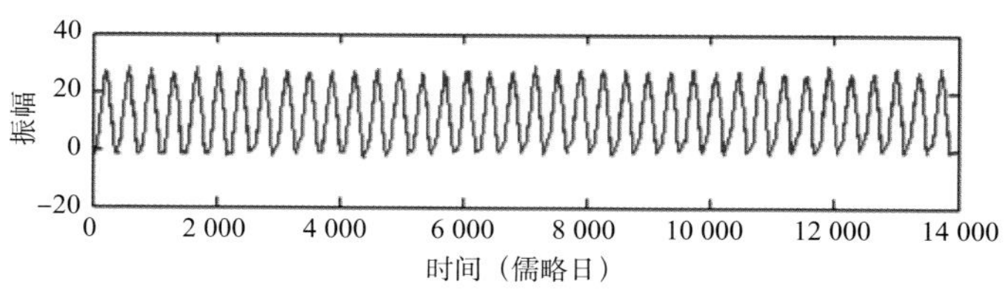

图 10.2　1960—1999 年 TZ8 海表温度变化

图 10.2 是 1960—1999 年 TZ8（台站 8 时监测数据）海表温度序列。原始海表温度序列年周期变化比较明显，把它分解成 IMF 分量后，就能看清楚它的多尺度变化。IMF_1 到 IMF_{12} 时间尺度逐渐增大，亦即从高频到低频。每个 IMF 分量呈现出围绕均值线、局部极大值和极小值基本对称的震荡形式。IMF_1 表示原序列涨落时间尺度最短（6 ～ 8 个月）即最高频的分量。IMF_{12} 表现了年际震荡，1960—1999 年呈现出高—低—高—低的年际变化，把这 40 年海表温度的大体走势表现得很清楚。

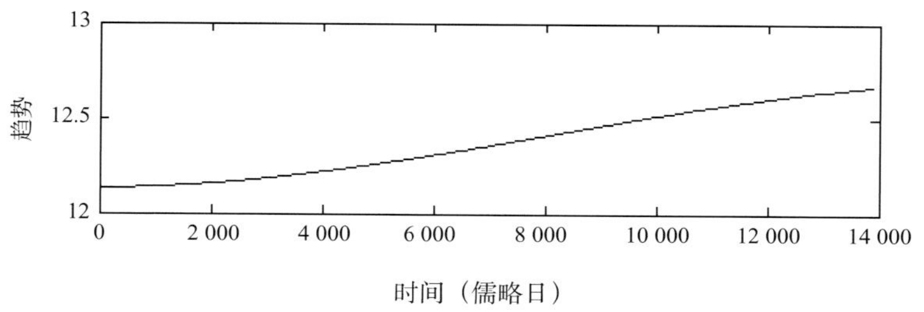

图 10.3　1960—1999 年 TZ8 海表温度 IMF 分量

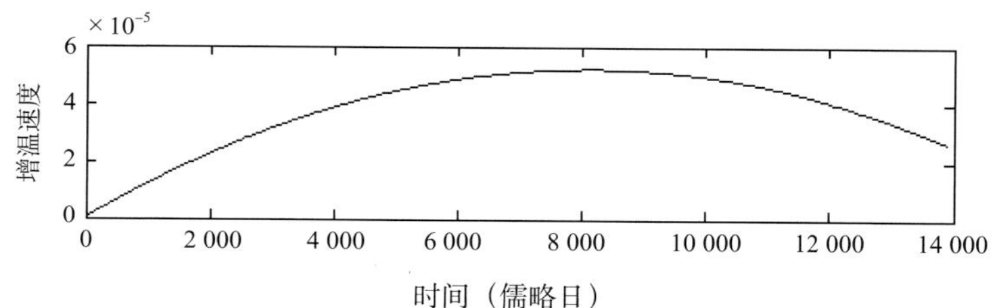

图 10.4　1960—1988 年 TZ8 海表温度增长速度

趋势项是单调上升的直线，表明 1960—1999 年这 40 年 TZ8 站海表温度呈总体上升的趋势，1968 年以前增温缓慢，1968 年以后增温比较明显，在这 40 年里，温度共升高了 0.53℃，平均每年升高 0.013℃。结合图 10.4 海表温度增长速度图来看，自 1960 年以来，温度虽然一直在升高但是增温速度有所变化，1960—1981 年，增温速度越来越快，1981 年前后达到峰值，随后增温速度略有放缓且一直下降，但是 1999 年的增温速度仍然比 1968 年以前要快。

2）周期分析

TZ8 海表温度周期变化比较明显，利用傅里叶变化求得其显著周期为 1 年，如图 10.5 所示。但是由于分析方法的局限性，无法显示其较低频率和较高频率的波动。

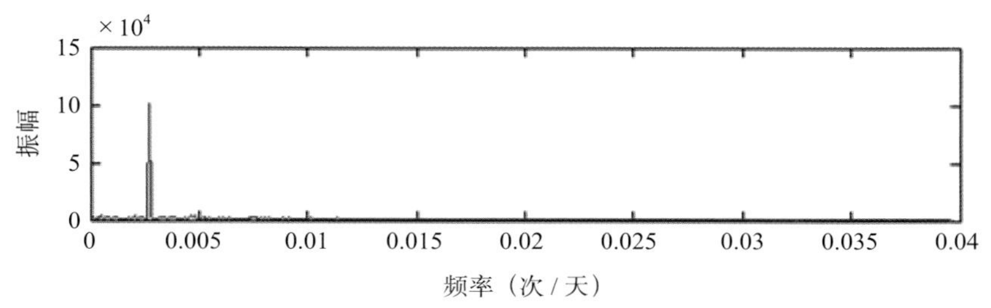

图 10.5 TZ8 站海表温度序列显著周期（FFT）

为了进一步明确 TZ8 海表温度随时间的变化特征，下面利用经验模态分析方法 (EMD) 来分析其波动特征。通过 EMD 分解 1960—1999 年海表温度日均值序列获得 12 个分量和趋势项，然后通过 Hilbert 变换求得各分量的边界谱。

从图 10.6 中可以看出，前 5 个分量波动周期在 6 ～ 8 个月，但是振幅比较小，主要受季风影响。第 6、第 7、第 8 分量振幅最大，与原数据序列的相关系数最大，分别为 0.39、0.79、0.37，方差贡献率分别为 16%、64%、19%，是原始波动的最主要模态，其波周期为 1 年左右，揭示了温度的季节变化。第 9、第 10 分量的波动周期分别为 7 年、9 年，与 ENSO 波动周期相近。第 11 分量为年代际变化，周期为 13 年。第 12 分量周期为 19 年，鉴于数据长度，可信度不高。

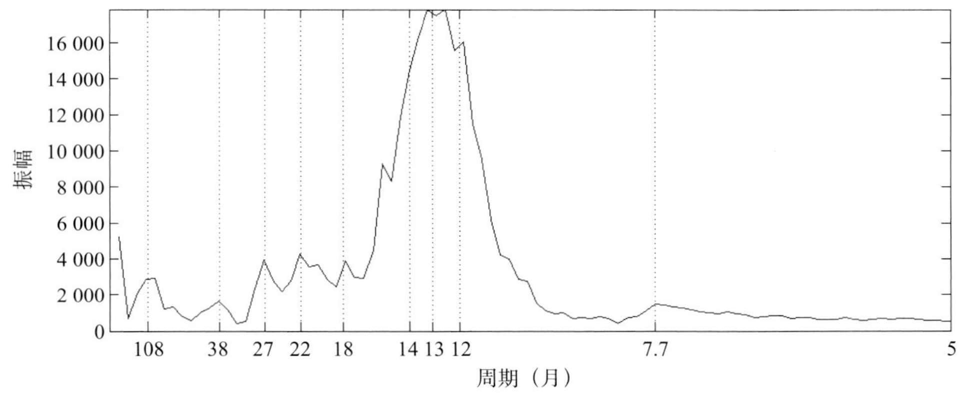

图 10.6 原始信号边界谱

按照振幅从大到小排列，1960—1999 年 TZ8 站海表温度的波动周期依次为 13 个月、2 年左右、7 ～ 9 年、3 年、7 ～ 8 个月。

10.2 2003—2013 年海表温度时空变化规律

10.2.1 数据来源

本节所使用的数据为 MODISA 的海表温度数据月平均数据，数据的时间长度为 2003 年 1 月至 2014 年 12 月。

10.2.2 分析方法

经验正交函数分析方法 (Empirical Orthogonal Function, 缩写为 EOF)，也称特征向量分析 (Eigenvector Analysis)，或者主成分分析 (Principal Component Analysis, 缩写 PCA)，是

一种分析矩阵数据中的结构特征，提取主要数据特征量的一种方法。Lorenz 在 20 世纪 50 年代首次将其引入气象和气候研究，目前在地学及其他学科中得到了非常广泛的应用。

地学数据分析中，通常要研究分析各种要素场，如海温场、降水场等。它们大多由不规则的网格点所组成，如果抽取这些场的某一段历史时期的资料，就构成一组以网格点为空间点（多个变量）随时间变化的样本，*EOF* 分析就是以这种样本为分析对象的。它能够把随时间变化的气象要素场分解为空间函数部分和时间函数（主分量）部分。空间函数部分概括场的地域分布特点，这部分是不随时间变化的；而时间函数部分则由空间点（变量）的线性组合所构成，成为主分量，这些主分量的头几个占有原空间点的总方差的很大部分。研究主分量随时间变化的规律就可以替代对场的随时间变化的研究。

原理与方法：

选定要分析的数据，进行数据预处理，通常处理成距平的形式。得到一个数据矩阵 $X_{m\times n}$，计算 X 与其转置矩阵 X^T 的交叉积，得到方阵

$$C_{m\times m}=\frac{1}{n}X\times X^T \tag{10.6}$$

如果 X 是已经处理成了距平的话，则 C 称为协方差阵；如果 X 已经标准化(即 C 中每行数据的平均值为 0，标准差为 1)，则 C 称为相关系数阵；计算方阵 C 的特征根 $(\lambda_1, \cdots, \lambda_m)$ 和特征向量 $V_{m\times m}$，二者满足：

$$C_{m\times m}\times V_{m\times m}=V_{m\times m}\times \Lambda_{m\times m} \tag{10.7}$$

其中 Λ 是 $m\times m$ 维对角阵，即

$$\Lambda=\begin{bmatrix}\lambda_1 & 0 & \cdots & 0\\ 0 & \lambda_2 & \cdots & 0\\ \cdots & \cdots & \cdots & \cdots\\ 0 & 0 & \cdots & \lambda_m\end{bmatrix} \tag{10.8}$$

一般将特征根按从大到小的顺序排列，即 $\lambda_1>\lambda_2>\cdots>\lambda_m$。因为数据 X 是真实的观测值，所以，λ 应该大于或者等于 0。每个非 0 的特征根对应一列特征向量值，也称 *EOF*。如 λ_1 对应的特征向量值称第一个 *EOF* 模态，也就是 V 的第一列即 $EOF_1=V(:, 1)$；第 λ_k 对应的特征向量是 V 的第 k 列，即 $EOF_k=V(:, k)$。

计算主成分。将 *EOF* 投影到原始资料矩阵 X 上，就得到所有空间特征向量对应的时间系数(即主成分)，即

$$PC_{m\times n}=V^T_{m\times m}\times X_{m\times n} \tag{10.9}$$

其中，PC 中每行数据就是对应每个特征向量的时间系数。第一行 $PC(1, :)$ 就是第一个 EOF 的时间系数，其他类推。

上面是对数据矩阵 X 进行计算得到的 *EOF* 和主成分 (*PC*)，因此利用 *EOF* 和 *PC* 也可以完全恢复原来的数据矩阵 X，即

$$X=EOF\times PC \tag{10.10}$$

有时可以用前面最突出的几个 *EOF* 模态就可以拟合出矩阵 X 的主要特征。此外，

EOF 和 *PC* 都具有正交性的特点，即不同的 *PC* 之间相关为 0。各个模态之间相关也为 0，是独立的。

10.2.3 结果与讨论

10.2.3.1 海表温度空间分布规律

从整个渤海来看，渤海湾、莱州湾、辽东湾温度最高，秦皇岛海域属于相对低温海域。秦皇岛及邻近海域，近岸海域属于相对高温区域，远海区域温度较低（图 10.7）。2003—2014 年这 12 年间，海温呈现先上升再下降再上升再下降的趋势。2003—2005 年，温度逐渐上升；2005—2008 年，海温逐渐下降；2009 年，沿岸海域海温开始上升，其他海域继续下降； 2010 年，秦皇岛及邻近海域海表温度整体偏高，尤其是远海海域，出现了 12 年间的最大值。2011 年，秦皇岛沿岸海域海温有所上升，滦河口—昌黎近岸海域表现尤其明显，远海海温则有所下降。2011—2013 年，秦皇岛及邻近海域海表温度呈逐年上升趋势。2014 年，近岸海域温度明显下降，而远海海域温度上升。2010—2014 年，滦河口—昌黎近岸海域海表温度变化比较剧烈，2010—2011 年温度上升，2012 年下降，2013 年再次上升，2014 年再次下降，年变化幅度大于 1℃。

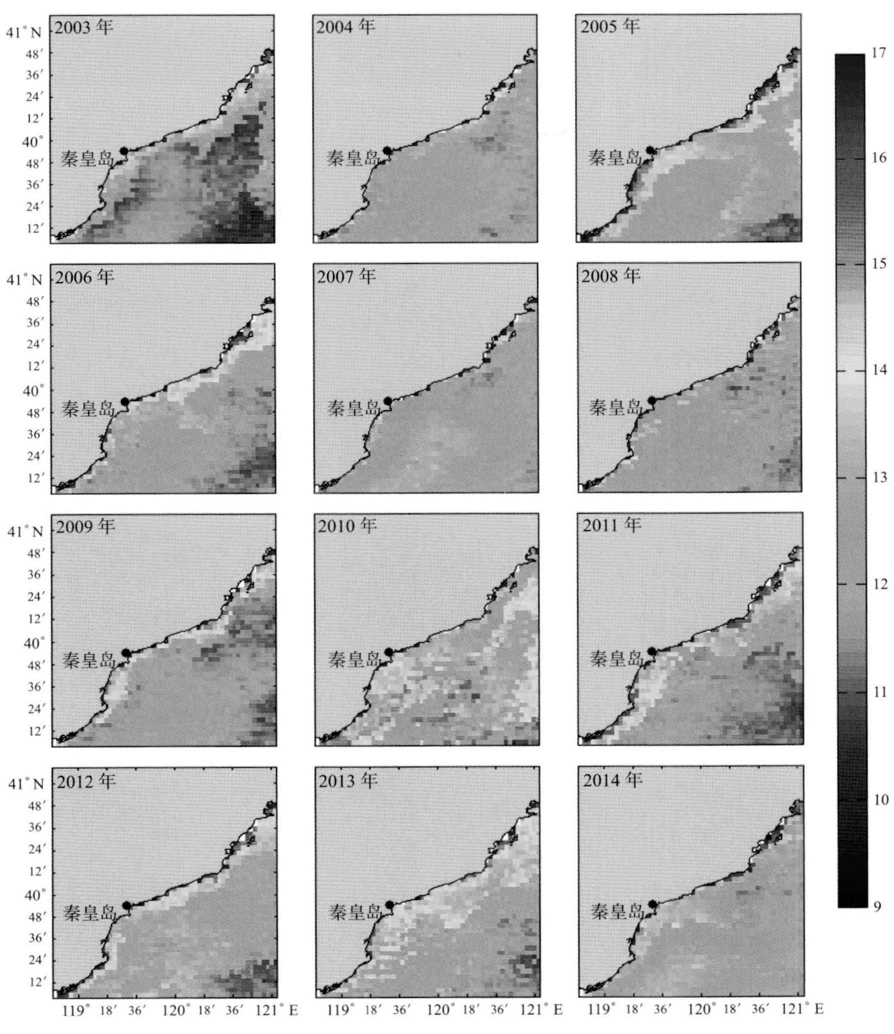

图 10.7 2003—2013 年秦皇岛海域年平均海表温度分布

10.2.3.2 海表温度多年月平均变化规律

秦皇岛海域冬夏温度逐月变化小，春秋逐月变化大；2 月为温度全年最小值，8 月为温度全年最大值；近岸 SST 比远海 SST 变化幅度大、速度快、升温时间提前 1 个月。10 月至翌年 2 月近岸温度低于远海，3—6 月高于远海（图 10.8）。

1 月，近岸温度低，一方面近岸受陆地低温影响，另一方面远海受渤海风生环流影响，温度较高；2 月，温度全年最低，近岸温度已经开始升高；3 月，等温线垂直于陆地，主要受纬度影响；4 月，近岸温度迅速上升，等温线开始倾斜，受纬度和陆地共同影响；5 月，等温线平行于海岸线，主要受陆地影响；6 月、7 月、8 月，温度逐渐升高，等温线分布类似 5 月，主要河口区，温度较高；9 月，温度开始降低；10—12 月，近岸温度低于远海，远海受环流影响，温度较高。

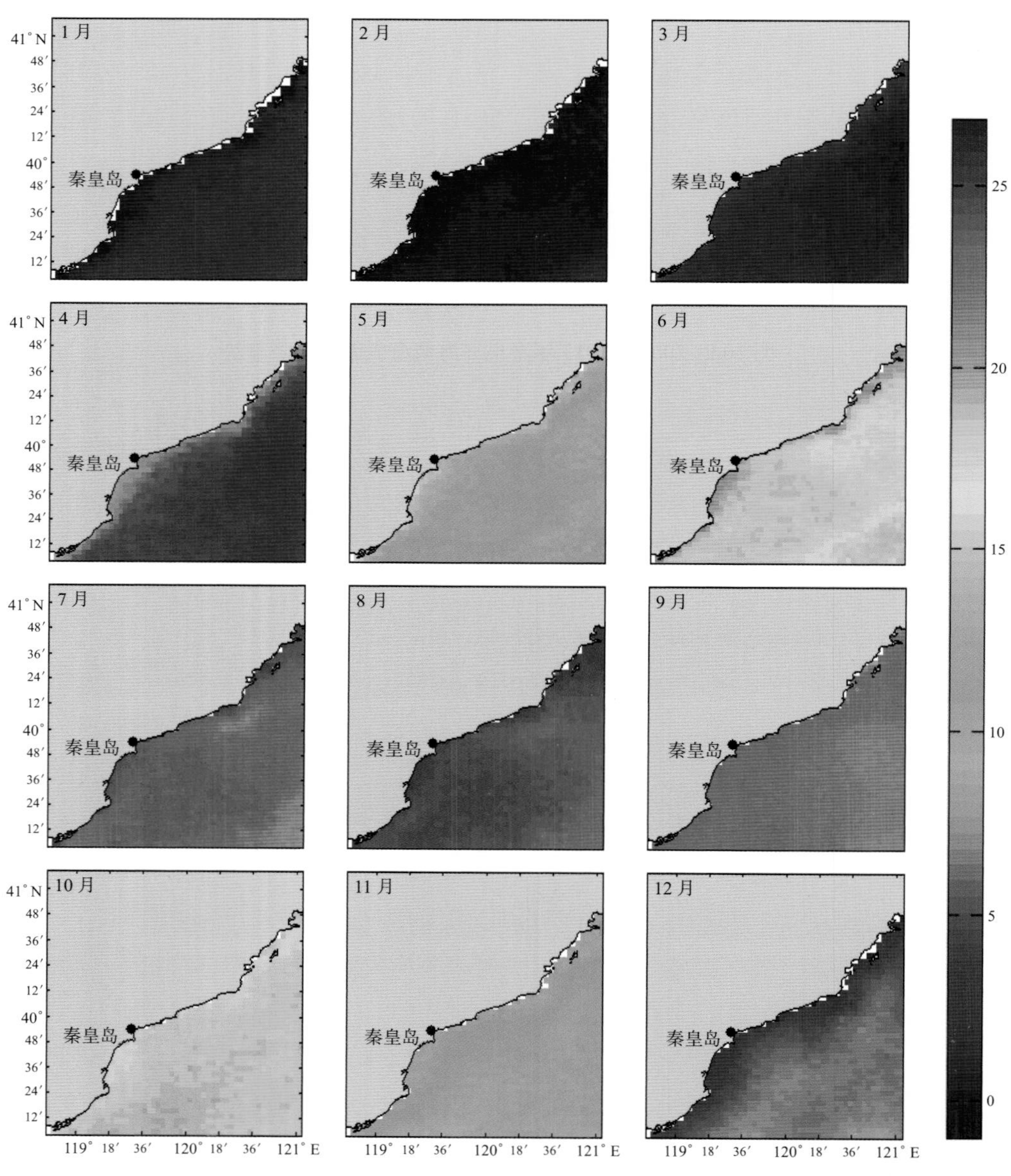

图 10.8 2003—2013 年秦皇岛海域多年月平均海表温度分布

10.2.3.3 2003—2013 年秦皇岛海域海表温度变化趋势

利用EMD方法分析2003—2013年秦皇岛海域海表温度月均卫星数据，分析结果表明，2003—2013 年秦皇岛海域海表温度呈现下降趋势，下降幅度 0 ~ 1.2℃，如图 10.9 所示，沿岸和南部海域下降幅度较大，在0.4 ~ 1.2℃；远海和北部海域下降幅度较小，在0 ~ 0.4℃。

秦皇岛部分海域海表温度在2003年就呈现了下降趋势，部分海域海表温度在2003—2013 年这 10 年间先呈现上升趋势，2007 年前后海表温度开始呈现下降趋势，总体上海表温度下降幅度比上升幅度要大，如图 10.10 所示。图中，2003 年 1 月为 1，2 月为 2，依次往下递推。

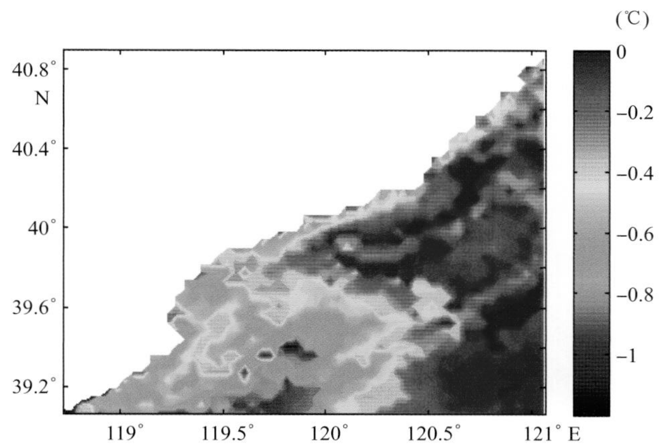

图 10.9 2003—2013 年秦皇岛海域海表温度下降趋势

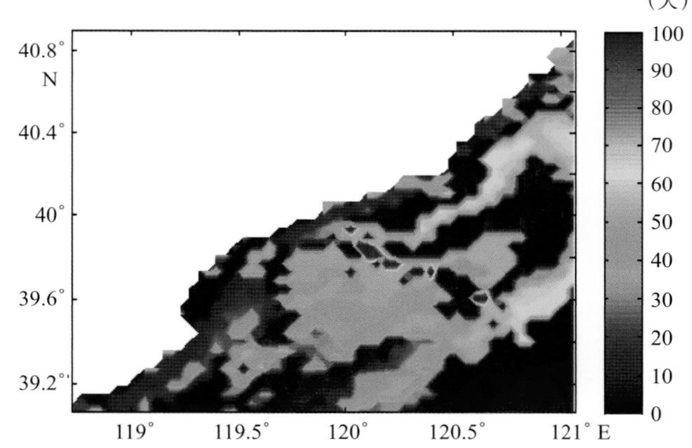

图 10.10 2003—2013 年秦皇岛海域海表温度下降开始时间分布

10.2.3.4 2003—2013 年秦皇岛海域海表温度时空变化趋势

图 10.11 展示了对 2002—2013 年秦皇岛海域海表温度数据做 *EOF* 分解获得 3 个主要模态，这 3 个模态方差贡献率高达 99%。对分解获得的 3 个时间模态做 EMD 分解和希尔伯特变换，提取其主要变化周期，如图 10.12 所示。

结合图10.11和图10.12来看，第1模态为变化周期在1年左右的比较规律、平稳的波动，在整个秦皇岛海域，该波动都比较明显且位相统一，在近岸波动相对更加强烈，远海波动相对较弱，等值线基本平行于海岸线。第 1 模态主要体现了海表温度的年变化，且近岸比远海变化更强烈。

第 2 模态波动周期主要为 1 年和 3 年，波动比较规律、平稳。空间分布上，近岸和远海波动都比较强烈，但位相相反，中间海域波动较弱，等值线基本平行于海岸线。

第 3 模态波动周期主要为 5 ～ 7 个月、1 年、1.5 年和 3 年，波动比较复杂且不平稳。空间分布上，该波动主要出现在昌黎外海。

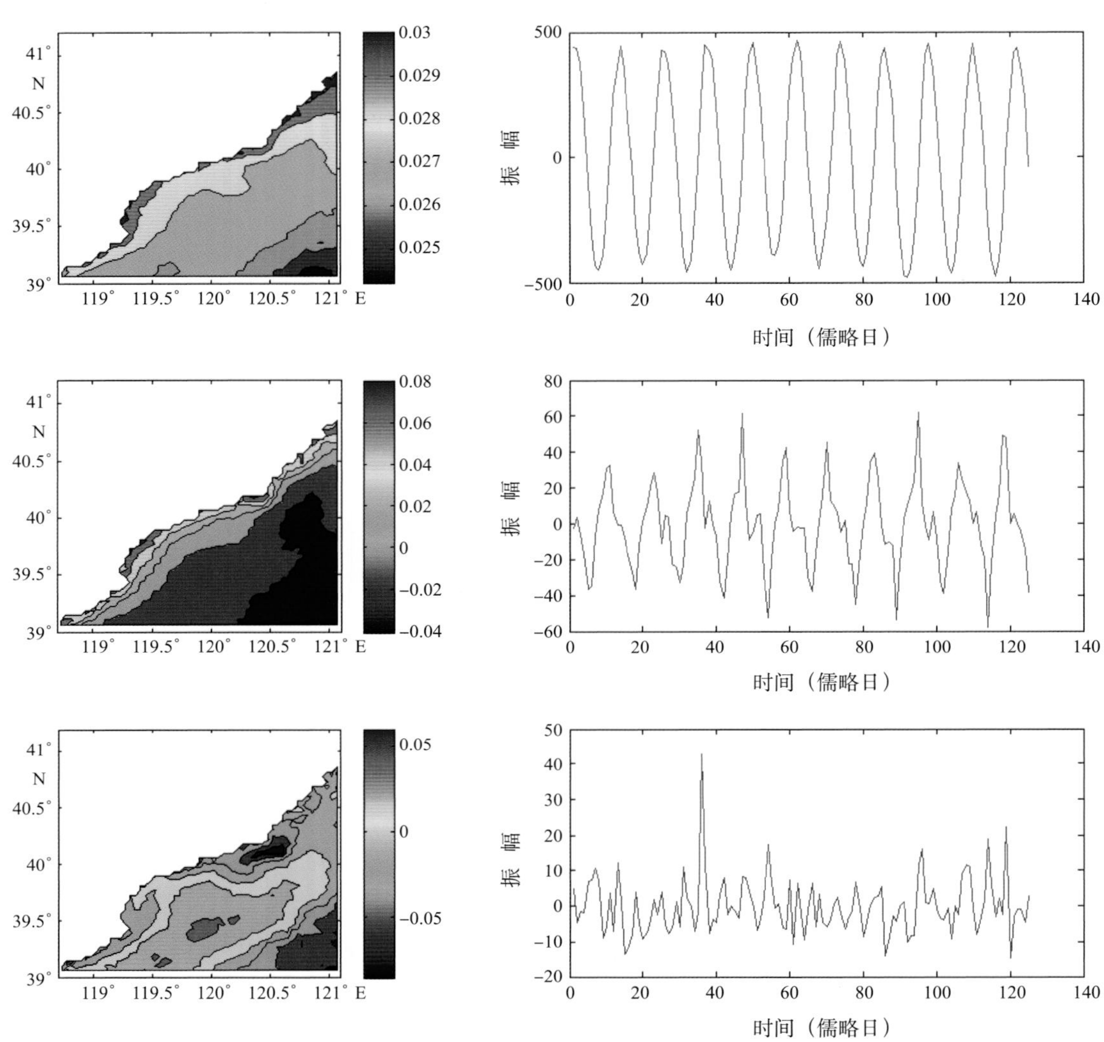

图 10.11　2002—2013 年秦皇岛海域海表温度 EOF 分解模态

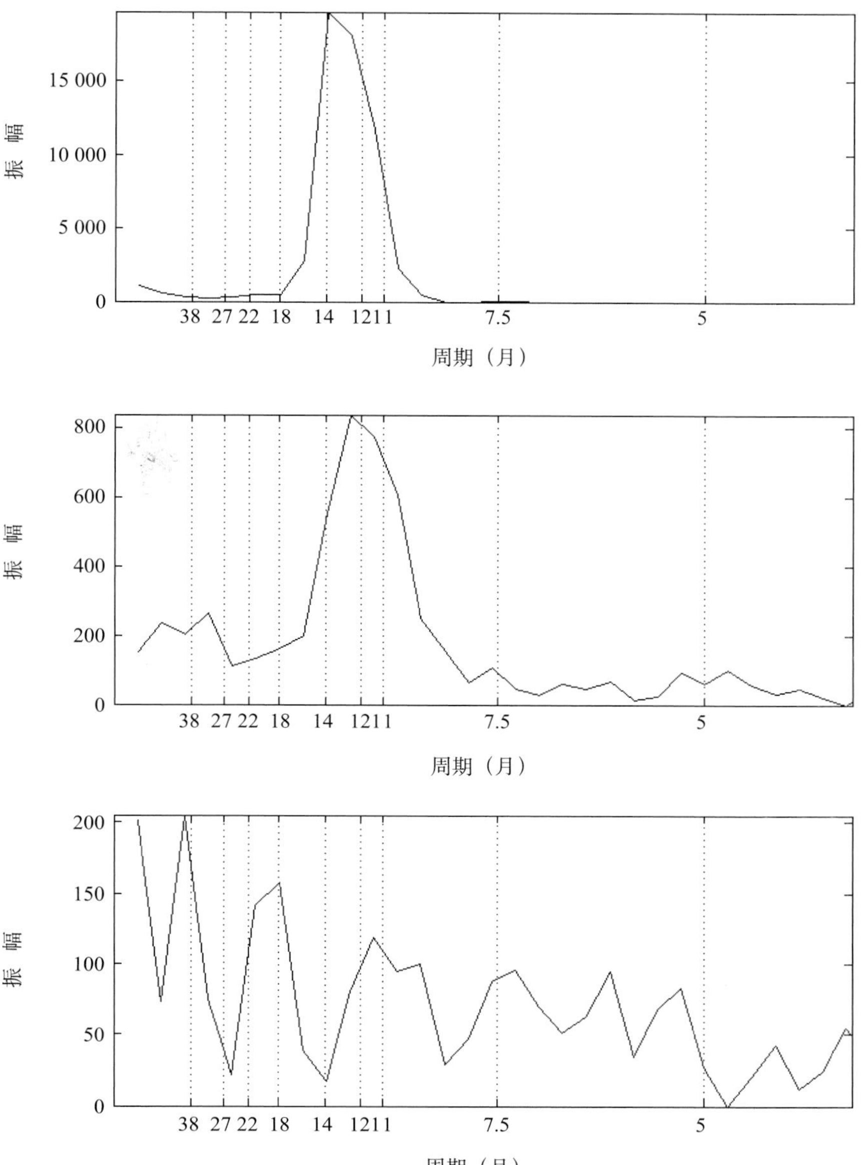

图 10.12 2002—2013 年秦皇岛海域海表温度 EOF 分解三模态边界谱

第 2 篇 海水表面盐度 (SSS) 遥感

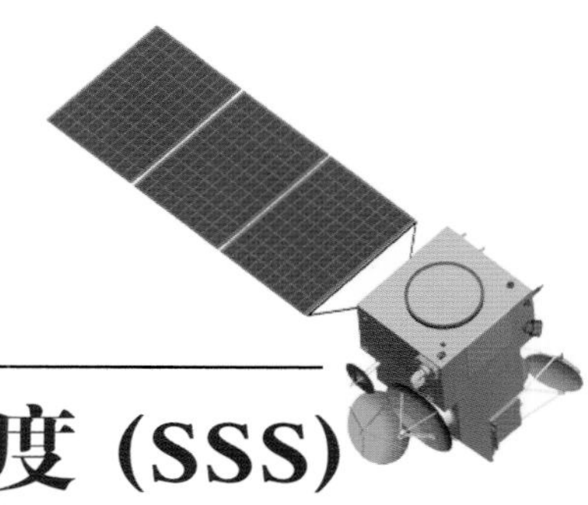

第 11 章　SSS 微波遥感

11.1　研究背景及意义

海洋环流和全球水循环是海洋气候系统中的两个重要组成部分。它们的相互作用导致海水盐度发生变化，从而会影响海洋储存和释放热能的能力，并且影响海洋调节地球气候的能力，所以海洋对全球气候变化有着深远的影响，海表盐度 (Sea Surface Salinity, SSS) 也成为海洋－气候系统中重要的参量之一；SSS 是描述海洋环流的关键变量，对 SSS 进行观测可以加强对全球水循环的理解，同时它也是研究水团的重要流量示踪物；SSS 也在海洋碳循环中起到了重要的作用，为估计海洋吸收和释放 CO_2 提供了可靠的参量依据；监测 SSS 的全球分布及其时空变化规律，对理解海洋在气候系统中的作用具有重要意义，对研究大洋环流和由海气界面动量和热通量输入驱动的海洋环流等提供了必要的物理参数；同时，SSS 也是分析厄尔尼诺和拉尼娜等海洋现象必不可少的环境变量。

近年来，人类活动对全球的气候变化起到了重要的作用和影响，人们对于气候变化的公众意识逐渐加强，极端的气候变化对全球水循环的影响越来越大，同时，全球水循环在缓和气候变化上也起到了重要的作用，SSS 作为监测和模拟海洋循环的关键变量，可以作为全球水循环强度的指标，从而预测气候变化对全球水循环的影响，同样也越来越引起了人们的重视，因此发展 SSS 大尺度卫星遥感监测，获取全球尺度下 SSS 数据，建立 SSS 与全球气候变化的相关关系模型，对于预测极端气候变化具有重要意义。

SSS 卫星微波遥感是目前唯一可行的大范围、连续观测方法，它克服了实测盐度数据远远不能满足研究和监测需要等问题。目前有两颗在轨卫星用于观测全球 SSS：欧洲空间局 (European Space Agency, ESA) 开发的 SMOS (Soil Moisture and Ocean Salinity) 卫星和美国宇航局 (National Aeronautics and Space Administration, NASA) 与阿根廷空间局 (Comision National De Actividades Espaciales, CNDAE) 等共同开发的 Aquarius/SAC–D 卫星，两颗卫星都已经升空，并已经发布相关版本的卫星数据产品。

11.2　观测方式发展进程

几个世纪以来，测量海水盐度的主要方法是在实验室测量出海船员带回来的海水样本，效率低，成本高，并且数据的详尽度远远不能满足研究需要。自 20 世纪五六十年代起，浮标等技术被广泛应用到海洋监测中，延伸了海洋参数调查的时空尺度，成为了海水盐度离岸监测的重要手段，并获取了大量的连续观测数据。比如，日本气象厅在 1970 年开始着手建立的海洋 – 气象观测浮标；美国国家海洋局等机构 1985 年在白令海开展的锚碇浮标计划和 1985 年国际上开展的 TOGA 计划中在热带西太平洋海域投放的大量浮标等。目前应用比较广泛的浮标主要为 1998 年开始实施的 ARGO 全球海洋观测网项目，计划在全球大洋中投放 3 000 个自律式拉格朗日环流剖面观测浮标（ARGO 浮标）。该浮标可在海洋中自由漂移，自动测量从海面到 2 000 m 水深之间的海水温度、盐度剖面资料，截至 2008 年 5 月底，在海上正常工作的浮标已经达到 3 111 个，截止到目前，总浮标数已经达到 3 567 个。尽管如此，浮标观测的海水盐度数据详尽程度依然不高，另外，还有许多海域的海水盐度从来没有被观测到。

由于现场观测数据难以满足海水盐度研究的需要，国际上从 20 世纪 60 年代末开始考虑将被动微波辐射计搭载在飞机上进行 SSS 遥感观测，探索微波辐射计的工作波段，建立了 SSS 遥感的基本理论体系，并广泛开展了大量的航空遥感实验，比如 Klein 和 Swift(1977 年) 在研究中建立了海表面亮温和 SSS 以及海水温度之间的关系式，并应用此关系式从海表面亮温数据成功获取了 SSS 数据，对后来建立的卫星微波遥感算法提供了理论依据。但在此之后相当长的时间里，受到技术限制，SSS 微波遥感的精度无法提高，达不到研究和监测的要求，同时人们对 SSS 微波遥感的必要性认识不足，SSS 航空遥感的研究几乎处于停滞状态。

近年来，极端的气候变化导致自然灾害频频发生，人们意识到了海水盐度变化在气候系统中的重要作用，所以 SSS 微波遥感再次受到重视，并开发研制了多种微波辐射计。比如，扫描式低频微波辐射计 (Scanning Low Frequency Microwave Radiometer, SLFMR)、STARRS (Salinity Temperature and Roughness Remote Scanner) 和全极化 L 波段多波束辐射计 (Polarimetric L Band Multi-beam Radiometer, PLMR) 等，促使 SSS 航空遥感进入快速发展阶段，大大提高了 SSS 微波遥感的精度。我国从 20 世纪 80 年代末开始进行了 SSS 微波遥感的相关研究。雷振东等提出了遥感海水盐度的频率和入射角选择方案，设计并研制了高精度机载 L 波段 (1.445 GHz ± 0.04 GHz) 微波辐射计系统，并于 1988 年下旬成功地进行了国内首次航空遥感海水盐度的试验。在此后相当长的时间里，国内 SSS 微波遥感研究处于停滞的状态，近年来，SSS 微波遥感受到国内学者的重视，并开展了大量的研究工作。殷晓斌等对 SSS 微波遥感和 SMOS 卫星算法等方面进行了大量的研究工作；“十五”期间，国家“863 计划”开展了 SSS 航空遥感信息反演技术的研究。在此项目的支持下，陆兆轼等开展了微波辐射计遥感海水盐度的水池实验研究；王杰于 2005 年 6 月至 11 月在渤海、黄海进行了 10 次 L/S 波段微波航空遥感实验，研究了微波遥感海表面盐度的反演算法及其误差分析，并对反演过程中的影响因素进行了修正；赵凯等开展了应用高灵敏度机载 L 波段微波辐射计探测海水表面盐度实验。

航空遥感在飞行高度、续航能力、姿态控制、全天候作业能力以及大范围的动态监测能力上依然存在问题，无法获取全球海域 SSS 数据，无法满足研究和监测的需要。自 ESA 开展实施 SMOS 卫星计划以来，SSS 卫星微波遥感代替航空遥感成为国内外研究的主要课题，并且呈现快速发展的趋势，目前有两颗在轨卫星用于 SSS 遥感观测，除了 SMOS 卫星之外，另外一颗在轨卫星是由 NASA 和 CNDAE 等共同开发的 Aquarius/SAC–D 卫星。

11.2.1 SSS 微波遥感理论

由瑞利—金斯定律可知，黑体的辐射度 $L(f)$ 与表面温度的关系为：

$$L(f)\cong\frac{2f^2k_bT}{c^2}=\frac{2k_bT}{\lambda^2} \tag{11.1}$$

其中，波尔兹曼常数 k_b=1.380 648 8(13) × 10^{23} J/K，括号内为误差值；T 为黑体热力学温度，单位为 K；c 为真空中的光速；f 为频率；λ 为波长。

由于地球自身并不是理想的黑体，而是灰体，单色辐射本领小于黑体同波长的单色辐射，根据瑞利－金斯公式计算得到的亮温是对应该辐射亮度的黑体的物理温度，具有温度量纲，但是不具有温度的涵义，只是辐射量度的代名词，本身不同于真正意义上的海表温度。由于灰体的单色辐射比相应黑体少，亮温也会比真正意义上的海表温度小。

亮温可以表示为完全平静海表亮温和海面粗糙度引起的亮温增量的总和。

$$T_{b,p}(\theta,SST,SSS,P_{\text{rough}})=T_{b,\text{Flat},p}(\theta,SST,SSS)+\Delta T_{b,\text{rough},p}(\theta,SST,SSS,\overrightarrow{P_{\text{rough}}}) \tag{11.2}$$

其中，$T_{b,\text{Flat},p}$ 和 $\Delta T_{b,\text{rough},p}$ 分别为完全平静海表亮温和海面粗糙度引起的亮温增量；p 为极化状态 (H/V 极化)；θ 为入射角；SST 为海表温度；SSS 为海表盐度。

海表亮温 $T_b(\theta)$ 和实际的海表温度通过发射率 $e(\theta)$ 相联系，$e(\theta)$ 是 L 波段的海表面发射率，它携带了盐度的主要信息。

$$T_b(\theta)=e(\theta)\cdot SST \tag{11.3}$$

在镜面反射界面条件下，辐射率 $e(\theta)$ 和菲涅尔反射率 $\rho(\theta)$ 存在如下的函数关系：

$$e(\theta)=1-\rho(\theta) \tag{11.4}$$

对于完全平静的海表面，H 和 V 极化条件下，菲涅尔反射系数可以定义为海水介电常数和入射角的函数，它们分别为：

$$\rho_H(\theta)=\left|R_H(\theta)\right|^2=\left|\frac{\cos\theta-\sqrt{\varepsilon_r-(\frac{n}{n'})^2\sin^2\theta}}{\cos\theta+\sqrt{\varepsilon_r-(\frac{n}{n'})^2\sin^2\theta}}\right|^2 \tag{11.5}$$

$$\rho_V(\theta)=\left|R_V(\theta)\right|^2=\left|\frac{\varepsilon_r\cos\theta-\sqrt{\varepsilon_r-(\frac{n}{n'})^2\sin^2\theta}}{\varepsilon_r\cos\theta+\sqrt{\varepsilon_r-(\frac{n}{n'})^2\sin^2\theta}}\right|^2 \tag{11.6}$$

其中，$R_H(\theta)$、$R_V(\theta)$ 分别为 H 和 V 极化菲涅尔反射系数；θ 为入射角；ε_r 为海水的复相对

电容率；n 为海水的复折射率；n' 为海水复折射率的实部。

因此对于完全平静的海表面来说，海表亮温可以按照以下公式计算：

$$T_{b,\,\mathrm{flat},\,h}(\theta)=(1-\rho_h(\theta))\cdot SST \tag{11.7}$$

$$T_{b,\,\mathrm{flat},\,v}(\theta)=(1-\rho_v(\theta))\cdot SST \tag{11.8}$$

海水的介电常数取决于温度和盐度，它可以通过 Debye 方程求出：

$$\varepsilon_r(\omega,SST,SSS)=\varepsilon_\infty+\frac{\varepsilon_s-\varepsilon_\infty}{1-(i\omega\tau)^{1-\delta}}+i\frac{\sigma}{\omega\varepsilon_0} \tag{11.9}$$

其中，$\varepsilon_r(\omega, T, S)$ 为海水的复相对电容率；$\omega=2\pi f$ 为电磁波的角频率；ε_∞ 为无限高频相对电容率；ε_s 为静态相对电容率；τ 为张弛时间；δ 为经验常数；σ 为离子电导率；真空中的电容率常数 $\varepsilon_0=8.854\times10^{12}$ F/m。

根据介电常数模型推导亮温、海水相对介电常数与海洋表面盐度之间的关系，得到海表亮温 T_b 与频率 (f)、入射角 (θ)、极化方式以及 *SST* 和 *SSS* 的函数。介电常数模型主要有 Klein–Swift 模型 (1997)、E1lison 模型 (1998)、Blanch–Aguasca 模型 (2003) 和 Meissner–Wentz 模型 (2004) 等。

$$T_{bp}=F(f,\theta,SSS,SST) \tag{11.10}$$

若其他参量已知，则可以由海表亮温推导 *SSS*，即：

$$SSS=F^{-1}(T_{bp},f,\theta,SST) \tag{11.11}$$

根据上述推导可知，海表亮温与海水的介电常数有关，而海水的介电常数本身是 *SSS*、*SST* 和 f 的函数，*SSS* 变化会改变海水的介电常数，进而使海表亮温发生变化，因此，应用微波辐射计观测海表亮温，再通过海表亮温与 *SSS* 的关系，应用算法进行 *SSS* 反演，就可以从微波辐射计观测的亮温数据反演得到 *SSS* 数据。

11.2.2 SSS卫星遥感方法

SMOS 卫星 SSS 反演主要采用的方法是迭代法，该算法通过设定相应的初始值，并根据各限制条件设定相应的权重函数，寻找近似解。权重函数可以由 MIRAS 的测量值（通过第 i 次测量值的辐射精确度进行加权）和海表粗糙度（由原始数据和辅助数据方差的倒数进行加权）两方面的贡献构成，该方法比较灵活，并且很容易开发和实现；Aquarius/SAC–D 卫星 Level 2 产品算法采用 Wentz 和 Yueh 提出的由海表发射率估算海表盐度的算法，假定 SSS 是海表亮温（H/V 极化）和风速的线性组合，处理过程可以通过 IDL 程序编程实现，这两种算法是目前主流的 SSS 反演算法，并且仍在不断完善改进中。

11.2.3 SSS卫星遥感影响因子

SSS 卫星遥感数据反演过程中受到多种影响因素的干扰，影响因素主要集中在海面和辐射计之间，具体可以归纳为以下 5 个方面：太空、电离层、大气、海表面、陆地射频干扰 (RFI)。

11.2.3.1 太空的影响

来自太空的污染主要包括银河射电辐射和各种天体辐射（主要是太阳系辐射），它们主要通过海面和大气的反射和散射被微波辐射计天线接收，从而造成污染，同时，还可能有一小部分辐射信号直接进入天线的旁瓣，这部分辐射通常是恒定的或者缓变的，大多可以通过公式定量计算进行修正。

银河射电辐射包括宇宙背景辐射和其他离散的辐射源的辐射。银河系是由数以亿计的恒星构成的，其中很多恒星在 L 波段是极强的辐射源，比如仙后座 A、天鹅座 A 和蟹状星云，其在地球表面上的辐射流密度是月亮的 1/3，其余的离散辐射源相对较小，可以忽略，基于早期的研究，由于这些离散辐射源而导致的数据丢失将会非常小。宇宙背景辐射主要集中在银河盘，最强的辐射源来自于温度为 16 K 的银河系中心，其频率为 1.4 GHz，在银河磁场中，背景辐射的连续分布显然是由未定义的离散辐射源发射的辐射、游离氢原子的热能辐射和粒子相对运动产生的非热能辐射构成的，这些背景辐射源的影响通过镜面反射进入到主要的天线波束。

相关研究结果表明，太阳在 L 波段是极强的辐射源。在太阳活动周期的高峰期，它的黑体温度在 L 波段可以高达 $1\ 000 \times 10^4$ K，Yueh 等在给出的相关计算公式中，考虑了海面反射和散射的作用，并估算了卫星遥感时可能进入辐射计的太阳辐射的大小。

11.2.3.2 电离层的影响

当电磁波在电离层中传播的过程中，由于电离层中的电子的作用而引起的法拉第旋转效应。对于线性极化测量方式获得的观测值来说，法拉第旋转可以导致几个 K 的误差。Yueh 等认为地球表面的微波辐射穿过电离层时，其第二、第三 Stokes 参数会发生改变，线性极化场的分量以一个角度 Ω 进行旋转，频率越低，影响越大。一般有两种方法修正电离层影响：第一种是使用电离层电子密度、地球磁场等辅助数据计算法拉第旋转；第二种是使用相关模型（Yueh 模型）。Yueh 模型算法如公式 (11.12)：

$$\Delta T_B = (T_v - T_h)\sin^2\Omega - \frac{U}{2}\sin 2\Omega \tag{11.12}$$

其中，T_v 和 T_h 分别为 V 极化和 H 极化亮温；U 为第三 Stokes 参数。

11.2.3.3 大气的影响

大气对 SSS 微波遥感的影响方式主要包括大气衰减（不透明度）、大气辐射传输以及强降水等。空气中的分子氧、水蒸气对微波辐射传输具有衰减作用，通常在较低频率的情况下，大气中液态水滴的大小比 L 波段的波长 (21 cm) 小几个量级，大气中的水汽、云以及小雨的影响可以忽略，大气衰减很少，因此由于大气吸收而造成的辐射损失这个权重因数对于微波辐射影响很小，但是在暴雨的天气时，需要考虑降雨对辐射传输的影响。Yueh 等根据大气上行辐射 Tu、大气下行辐射 Td 和传播损失之间的关系得到经验模型如公式 (11.13)。

$$\alpha = \alpha_0 + \alpha_1 T_a + \alpha_2 T_a^2 + bv \tag{11.13}$$

其中，V 为液态水滴的厚度（单位：cm）；T_a 为空气温度（单位：℃）；α_0、α_1、α_2、b 为经验系数，可以通过最小均方差准则求出。

11.2.3.4 海面粗糙度的影响

影响 SSS 微波遥感的海表面因素主要是海表面粗糙度，它不仅受风的影响，而且受海表温度 (SST) 等因素的影响。风是表征海表面粗糙度的主要参量，风通过促使海面粗糙度增大、白帽和泡沫的覆盖面积增大这两类效应导致海表亮温升高。相关研究结果表明，风速一般大于 6 m/s 时，海浪开始破碎并形成泡沫，泡沫的覆盖面积和粗糙度效应不仅与局地风有关，而且与海气间的温度差异、风的持续时间和风区范围以及观测海域过去时刻的海表面波谱有关。

海表粗糙度处理模型主要分为三大类：第一类是基于卫星数据和同步实测数据拟合得到的经验模型；第二类是基于粗糙海面发射率的电磁波辐射、散射理论的理论模型；第三类是半经验半理论模型，其中理论模型和半经验模型应用比较广泛。目前国内外用于修正海表面粗糙度的理论模型主要有双尺度模型 (Two Scale Model, TSM) 和微扰法 / 小斜率近似模型 (SPM/SSA)。

TSM 将海面的波动分成两种：一种是波长较小的波动，即与辐射计频率对应的电磁波波长相当的波动，它对电磁波的作用主要是散射；另一种是波长较大的波动，即比电磁波波长大的波动，这种波动对电磁波的作用主要是反射，小波动叠加在大波动之上彼此相互作用，微波辐射计接收到的信号是这两种尺度波动共同作用的产物。

SPM/SSA 模型分为两部分。微扰法 (SPM) 是建立在 Rayleigh 假设基础上的，该算法仅局限于海表高度起伏远小于入射波长的情况，即小尺度情形，其优点是可以求解大入射角下的散射；小斜率模型 (SSA) 适用于均方根斜率较小的粗糙面，而对表面的高度起伏没有限制，并且可以研究掠入射问题。

基于大量数据计算的半经验模型是将风速值、温度值等参数导入到公式中的经验模型，半经验半理论模型主要有 Hollinger 半经验模型、WISE 半经验模型和 Gabarró 模型，其中 Gabarró 模型应用比较广泛。即使每种模型的区别不大，但是 Reul 和 Chapron 得到的相关结果证明 SPM/SSA 与适当的统计模型相结合对于预测粗糙海面的发射率效果最佳，然而 TSM 的结果也表现出很高的准确度。

11.2.3.5 陆地射频干扰影响

相关研究结果表明，虽然卫星的工作频段 (1.413 GHz) 受国际 ITU 条例的保护，原则上不受人为电磁波辐射的干扰，但是在近岸海域，射频干扰 (Radio Frequency Interface, RFI) 依然会严重影响 MIRAS 接收目标的辐射信号，是影响近岸海域 SSS 卫星遥感的主要因子。由于 RFI 源的发射频率、功率、传输损耗等参数各异，所以目前针对 SMOS 卫星没有有效的 RFI 修正算法，但是可以通过检测算法，设定临界阈值，将受 RFI 污染的亮温数据剔除。

第 12 章　SSS 卫星遥感

12.1　SMOS卫星

12.1.1　SMOS卫星计划

2009 年 11 月，SMOS 卫星成功发射，基于其独特的被动微波干涉成像技术，能够有效地用于观测全球大气与海陆之间的水循环，未来对全球气候变化的预测可能起到重要作用。SMOS 卫星唯一的载荷“基于孔径综合技术的微波成像仪 (MIRAS)”由欧洲防务集团西班牙公司 (EADS Espacio) 研制，是全球第一台采用该技术的星载微波遥感器。SMOS 卫星的任务目的是应用 L 波段的微波辐射计观测土壤湿度和海水盐度，这两个参数首次通过卫星进行观测；在卫星运转期间，将提供分辨率为 200 km × 200 km 的 10 ～ 30 d 平均的全球大洋 SSS 数据，准确度预计达到 0.1 psu。

表 12.1　SMOS卫星主要参数

参数	信息
发射时间	2009 年
卫星寿命	最短 3 年
仪器设备	基于孔径综合技术的微波成像仪 MIRAS
仪器介绍	被动微波 2D 干涉仪
波段	L 波段（21 cm, 1.413 GHz）
接收器数目（个）	69
接收器间距 (cm)	18.37
极化方式	H & V（可选择的极化模式）
空间分辨率 (km)	35
倾斜角 (°)	32.5
辐射分辨率 (K)	0.8 ～ 2.2
角度变化范围 (°)	0 ～ 55
时间分辨率 (d)	3
轨道	太阳同步轨道，在高度为 758 km 的圆形轨道

12.1.2 SMOS卫星SSS遥感方法

SMOS 卫星 SSS 反演主要采用的方法是迭代法。该算法通过设定相应的初始值，并根据各限制条件设定相应的权重函数，寻找近似解。权重函数可以由 MIRAS 的测量值（通过第 i 次测量值的辐射精确度进行加权）和海表粗糙度（由原始数据和辅助数据方差的倒数进行加权）两方面的贡献构成。该方法比较灵活，并且很容易开发和实现。

SMOS 卫星 SSS 反演主要采用的方法是基于贝叶斯定理定义的迭代法，在迭代模型中，需要的参数主要有 MIRAS 观测亮温值和模拟亮温值，考虑海面各影响因素的影响，还需要风速、SST、SSS、有效波高 (SWH) 等辅助参数数据，设定相应的权重函数，并设定合理的初始值，进行迭代运算。关键的步骤主要有：

（1）获取辅助参数信息；

（2）通过相关正演模型模拟平静海面亮温、海表粗糙度增量、外部噪声增量，并修正大气衰减与辐射噪声等因素影响，最后通过几何修正、法拉第旋转修正模拟天线参考坐标系下亮温值；

（3）比较模拟亮温值与观测亮温值，进行 RFI 异常值检测；

（4）应用迭代算法模型，带入观测亮温值、模拟亮温值、辅助数据等反演 SSS。

12.1.2.1 模拟海表亮温

1）模拟平静海面亮温

由 SSS 微波遥感理论基础可知，平静海表亮温与 *SST* 通过发射率 $e(\theta)$ 相联系，而 $e(\theta)$ 和菲涅尔反射率 $\rho(\theta)$ 存在一定的关系，所以，可以通过入射角 θ 和海水的介电常数等参数计算 $\rho(\theta)$，同时获取 *SST* 辅助数据，模拟平静海表亮温。

2）模拟海表粗糙度亮温增量

由于真实的海表面并不平坦，受海面风的影响，海面不会处于理想的平静状态，当风速达到 6 m/s 以上时，海浪开始破碎并形成泡沫，同时，波浪的相互作用也会影响海表粗糙度，海浪引起的轻微散射会影响电磁波，从而改变菲涅耳方程中的反射率 $\rho(\theta)$，因此 $\rho(\theta)$ 不仅仅取决于入射角 θ 和海水的介电常数，而且取决于方位角和海面形状（海表面粗糙度），海表面粗糙度会导致海表亮温增大，SMOS 卫星采用模拟海表粗糙度亮温增量正演模型主要有 TSM、SPM/SSA、半经验半理论模型和泡沫发射率模型。

（1）TSM

SMOS 卫星粗糙度亮温增量模拟所采用 TSM 是由 Yueh 提出的四参数模型，该模型将微波反射和散射理论应用到 Stokcs 模型四参数中，发展了四参数模型。在这个模型中，海表面近似为随机表面，海表面被模拟为小波浪在大波浪上的叠加。通过截止波长 λ_c 将海表面粗糙度的尺度分解成小尺度和大尺度，小尺度是波高比 λ_c 小的波浪，即与辐射计频率对应的电磁波波长相当的波动，它对电磁波的作用主要是散射；大尺度是曲率半径比 λ_c 大的波浪，这种波动对电磁波的作用主要是反射，小尺度波处于大尺度重力波的顶部，大尺度波的特点是以一定斜率分布，两种尺度波相互作用，微波辐射计接收到的信号是两种尺度波动共同作用的产物。

由于 TSM 比较复杂，并且运算量大，粗糙度亮温增量 Tb_{rough} 可以表示为风速全向信号与一次谐波、二次谐波的和，Stokes 的 4 个参数可分别以傅立叶余弦函数展开。

（2）SPM/SSA

SPM/SSA 应用标准的小扰动理论预测粗糙海表面的收发分置散射系数，并将这些散射系数整合在一起计算海表发射率和海表亮温。通过利用 SPM、SSA 展开发射率的等价性，将 SSA 得出的小尺度发射率表达式推广到了较平滑的大尺度波动，再根据 SPM 理论可知，一维的粗糙海表面发射率可以展开为：

$$\varepsilon = \varepsilon_0 + \Delta\varepsilon \tag{12.1}$$

其中，ε_0 为完全平静海面的发射率；$\Delta\varepsilon$ 为由粗糙度导致的发射率增量。

$$\Delta\varepsilon = (k_0 a)^2 g_\gamma(\varepsilon, K / k_0, \theta) \tag{12.2}$$

其中，k_0为电磁波波长；g_γ 为海表面正弦分量能量的电磁权重函数；ε 为海水的介电常数；K 为波数；θ 为入射角。

由于地形关系海表面本身带有一定的倾斜度，因此 SPM 中定义的由小面元组成的粗糙面还带有一定的坡度。

（3）半经验半理论模型

① Hollinger 半经验模型

海表粗糙度对亮温的贡献可以表示为风速和入射角的线性函数：

$$\Delta T_{Bh} = 0.2\,(1 + \frac{\theta}{55^\circ})\,U_{10} \tag{12.3}$$

$$\Delta T_{Bv} = 0.2\,(1 - \frac{\theta}{55^\circ})\,U_{10} \tag{12.4}$$

其中，θ 为入射角；U_{10} 为位于 10 m 高度的风速，此模型适用的风速为 $U_{10} < 3$ m/s。

② WISE 半经验模型

$$\Delta T_{Bh} = 0.25\,(1 + \frac{\theta}{118^\circ})\,U_{10} \tag{12.5}$$

$$\Delta T_{Bv} = 0.25\,(1 - \frac{\theta}{45^\circ})\,U_{10} \tag{12.6}$$

$$\Delta T_{Bh} = 1.09\,(1 + \frac{\theta}{142^\circ})\,SWH \tag{12.7}$$

$$\Delta T_{Bv} = 0.92\,(1 - \frac{\theta}{51^\circ})\,SWH \tag{12.8}$$

其中，SWH 为有效波高，此模型适用的风速为 3 m/s $< U_{10} <$ 12 m/s。

③ Gabarró 模型

$$\Delta T_{Bh} = 0.12\,(1 + \frac{\theta}{24^\circ})\,U_{10} + 0.59\,(1 + \frac{\theta}{50^\circ})\,SWH \tag{12.9}$$

$$\Delta T_{BV} = 0.12\,(1-\frac{\theta}{40^{\circ}})\,U_{10} + 0.59\,(1+\frac{\theta}{50^{\circ}})\,SWH \tag{12.10}$$

其中，此模型适用的风速为 $U_{10} > 12$ m/s。

当前，根据 Gabarró 模型可以得到 SMOS 卫星算法使用的经验模型，5 个地球物理学变量用来描述影响海表粗糙度的不同现象，即 U_{10}、SWH、逆波龄 Ω、风摩擦速度（U^*）和波的均方波陡（MSS）。

（4）泡沫发射率模型

碎波在海表面产生泡沫，虽然泡沫仅仅出现在局部海域，但是它对于海表面平均亮温具有深远的影响。影响海表亮温的泡沫可分为两类：白帽（在海浪顶部形成，持续时间较短）和泡沫条块（比白帽薄，持续时间长），在一定泡沫厚度以下，发射率是泡沫厚度的函数。研究结果表明，泡沫的存在会提高 L 波段海表亮温，其影响程度主要取决于泡沫的覆盖面积和厚度，这些因素都可以依据局部风进行参数化，但是它也取决于其他因素，比如水汽温度差异、海水温度以及风区长度等。

泡沫部分对于辐射计观测到的总体海表亮温的贡献是风速的函数。

3）模拟外部噪声亮温增量

外部噪声主要是指来自于太空银河射频辐射和各种天体辐射（主要是指太阳系辐射），银河射频辐射包括离散的辐射源辐射和宇宙背景辐射等。基于早期的研究，离散辐射源对 SMOS 卫星造成的数据丢失非常少。宇宙背景辐射是来自宇宙空间背景上的各向同性的微波辐射，其最重要特征是具有黑体辐射谱，在 0.3 ～ 75 cm 波段，可以在地面上直接观测；在大于 100 cm 的波段，在地面上无法直接观测到；在小于 0.3 cm 的波段，受大气辐射传输的干扰，要依靠相关空间探测手段才能测到。相关研究表明，太阳辐射对于 SSS 微波遥感有一定的影响，太阳实际上在 L 波段是相当强的辐射源，需要通过一系列算法进行剔除。

对于上述外部噪声对 SMOS 卫星微波辐射计接收信号所造成的亮温增量，可以通过一系列算法对直接和通过海表面反射进入到天线的部分进行模拟，由于此步骤涉及大量的算法模型，此处不再叙述。

4）模拟大气传输模型

大气主要影响辐射传输模型，在不考虑大气影响时，观测亮温值 Tb_m 就是海表的上行亮温值 Tb_s，辐射传输方程为：

$$Tb_m = Tb_s = SST \cdot e \tag{12.11}$$

其中，SST 为海表温度；e 为海表发射率。

5）模拟天线参考坐标系亮温

考虑海表粗糙度、大气、银河射电辐射、太阳辐射等因子的影响，模拟得到大气顶层亮温，然后应用几何传输模型、法拉第旋转修正模型的影响，模拟得到天线参考坐标系亮温。

12.1.2.2 异常值检测

由于 RFI 的影响，SMOS 卫星观测亮温图像上会出现较高的异常值，RFI 是指频率相近的目标电磁波与干扰电磁波同时被卫星传感器接收时，干扰电磁波对传感器造成的干扰。

RFI 的典型特征是其在地表的不均匀几何分布，其中 99% 分布在陆地上，其余分布在海上的石油钻井平台或船只等设施上。对于海洋来说，远离陆地的海域受 RFI 影响较小，甚至不受其影响，但是对于近岸海域来说，主要的问题是陆地 RFI 源辐射微波信号会对卫星传感器造成干扰，同时受天线辐射旁瓣的影响，导致辐射源影响大范围区域，并且在近岸局部海域的海表面亮温图像上形成清晰的条带，严重影响 MIRAS 的观测精度，可见对于近岸海域来说，RFI 影响是不可忽视的。如何检测 RFI 源并且消除其对 SSS 遥感的影响，对提高近岸海域 SSS 遥感准确度具有重要意义。

由于 RFI 源的发射频率、功率、传输损耗等参数各异，所以目前针对 SMOS 卫星没有有效的 RFI 修正算法，但是可以通过检测算法设定临界阈值，将受 RFI 污染的亮温数据剔除。SMOS 卫星通过单一频率 (1.413 GHz) 通路进行数据收集，并且其采样频率并不高 (1.2 s)，因此应用频率域和时间域对 RFI 进行检测效果不理想。SMOS 卫星能够获取多角度观测亮温值，并且观测亮温值可以表示为入射角的函数，所以可以使用角域的方法进行 RFI 检测。

12.1.2.3 海表盐度迭代反演

SMOS 卫星 level 2 产品反演算法是根据贝叶斯定理定义的，整个 SSS 反演过程可以由处理系统 L2 OSPP 实现，在该系统中，可以修改各正演模型以及其他地球物理模型参数，由于使用了 3 种粗糙度修正模型，L2 产品中会相应输出 3 组 SSS 数据，并且输出其他相关物理参数数据产品。

12.1.3 卫星产品

表 12.2 SMOS 卫星 SSS 数据产品描述

数据产品级别	产品描述
L0	未处理的有效载荷数据（源代码数据包）。该数据包括观测数据、校准数据、卫星方位数据、姿态数据和工程参数等
L1A	重定格式、科学校准后的内务数据
L1B	SMOS 卫星观测数据图像重构后的输出产品，在天线极化参考系中，由亮温矢量构成，并且包含亮温光谱，即 SMOS 观测值和傅里叶分量亮温值进行图像重建后的输出数据产品
L1C	基于条带形状的亮温数据产品
L2	在 Level 1 级数据基础上，修正海表粗糙度、法拉第旋转、天线辐射图、大气和太空的反射等影响因子和其他因素的影响后，反演得到的 SSS 数据

12.2 Aquarius/SAC-D卫星

12.2.1 Aquarius/SAC-D卫星计划

2011 年 6 月 10 日，由美国、阿根廷、巴西等国联合研制的 Aquarius/SAC-D 科学应用卫星成功发射。该卫星是一颗搭载L波段主被动联合微波遥感仪器，卫星的设计寿命是3年，卫星主要的科学目的是进行全球 SSS 的测定，并且在时间分辨率为 30 d、考虑所有传感器和地球物理学的随机误差和偏差前提下，提供 150 km 空间分辨率下的平均准确度为 0.2 psu 的月均洋区 SSS 场的全球制图。

Aquarius/SAC–D 卫星主要分为 Aquarius 和 SAC–D 两个部分。Aquarius 是联合主被动 L 波段微波辐射仪器，是由 NASA 开发研制，由被动式的 L 波段推扫式微波辐射计（工作频率为 1.413 GHz）和主动式的 L 波段散射计（工作频率为 1.26 GHz）组成，具有辐射分辨率更高、精度与稳定性更好的优点；SAC–D 是由 CONAE 开发的，是 SAC 计划的第四颗空间服务平台。卫星安装了 3 个分别用来以 H 极化、V 极化方式测量海表亮温（TB_H 和 TB_V）和修正法拉第旋转效应的微波辐射计，同时卫星也搭载了检测和纠错设备，用于防止无线电、雷达和其他噪声干扰产生的监测误差，可以大大提高沿岸海域盐度反演的准确度。因此，它可从太空有效精确地跟踪测量 SSS，监测 SSS 年际性和季节性变化，从而更好地研究全球水循环及其变化过程。卫星参数及产品描述见表 12.3 至表 12.5。

表 12.3　Aquarius/SAC–D 星主要仪器参数

参数	辐射计	散射计
频率 (GHz)	~ 1.413	1.260
带宽 (MHz)	≤ 26	4
刈幅 (km)	407	373
极化方式	TH，TV，T+45，T−45	HH，HV，VV，VH
脉冲重复频率 (Hz)	100	100
发射器功率 (W)		200 ~ 250
传输脉冲持续时间 (ms)		1
脉冲积分时间 (ms)	~ 9	~ 1.6
测量积分时间 (s)	6	6
数据传输率 (bits/s)	11.0	2.1

表 12.4　Aquarius/SAC–D 卫星轨道参数

参数	高度 (km)	倾角 (°)	轨道	覆盖率
信息	657	98	太阳同步轨道	7 d 全覆盖、103 个轨道

表 12.5　Aquarius/SAC–D 卫星天线参数

仪器	波束	视角 (°)	方位角 (°)	入射角 (°)	射频效率 (%)	分辨率 (km)	探测器敏感度 (dB)	辐射计敏感度 (K)
辐射计	Beam1	25.8	9.8	28.7	94.0	94 × 76		0.06
	Beam2	33.8	15.3	37.8	92.4	120 × 84		0.06
	Beam3	40.3	6.5	45.6	90.4	156 × 97		0.06
散射计	Beam1	25.9	9.7	28.8	89.9	71 × 58	0.04	
	Beam2	33.9	15.3	37.9	87.6	91 × 56	0.06	
	Beam3	40.3	6.5	45.5	85.4	122 × 74	0.1	

12.2.2 遥感方法

Aquarius/SAC-D 卫星 Level 2 产品算法采用 Wentz 和 Yueh 提出的由海表发射率估算海表盐度的算法，假定 SSS 是海表亮温（H/V 极化）和风速的线性组合，处理过程可以通过 IDL 程序编程实现。根据 Wentz 等提出的通过海表发射估算 SSS 的理论算法，其表示形式为：

$$S = s_0(\theta_i, t_s) + s_1(\theta_i, t_s) T_{BV,sur} + s_2(\theta_i, t_s) T_{BH,sur} + s_3(\theta_i, t_s) W \quad (12.12)$$

式中，S 为海表盐度；$T_{BV,sur}$ 和 $T_{BH,sur}$ 分别代表垂直极化和水平极化方向的海表面亮温 (K)；t_s 代表海表温度(℃)；W 是海表面风速 (m/s)；θ_i 代表入射角(°)；系数 $s_0 \sim s_3$ 是 θ_i 和 t_s 的功能函数。

12.2.3 卫星产品

Aquarius/SAC-D 卫星产品见表 12.6。

表 12.6 Aquarius/SAC-D 卫星产品描述

数据产品级别	产品描述
L0	未处理的全分辨率的仪器数据 / 有效载荷数据（原始数据）
L1A	重构的未处理仪器数据；原始辐射计数
L1B	定标、校准后的辐射计、散射计的数据
L2A	在 Level 1 级数据基础上，进行大气校正（修正法拉第旋转、天线辐射图、大气和天空的反射等影响因子）后的数据
L2B	在 Level 2A 数据基础上，进行定标，并应用散射计数据修正海面粗糙度后的数据
L3（Bin）	二进制数据 (Bin)，由 SeaWiFs、MODIS、OCTS、CZCS、OCM2、VIIRS 和 Aquarius/SAC-D 构成的数据产品
L3（SMI）	标准图像映射（Standard Mapped Image，SMI）产品，是二进制产品的表示形式；从时间和空间上客观地分析了海表盐度数据（空间分辨率：150 km；时间分辨率：7 d/30 d）

第 13 章　中国南海 SSS 卫星遥感准确度评估

13.1　SMOS 卫星

13.1.1　评估数据与方法

13.1.1.1　数据源

实测数据选择 2011—2012 年中国南海海域 ARGO 浮标数据、AUV (Spray glider) 数据、以及其他 CTD 数据等，测量水深范围为 0 ～ 5 m。ARGO 是专用于海洋次表层温、盐、深剖面测量的浮标，ARGO 计划是全球性的海洋实时观测计划，旨在快速、准确、大范围地收集全球海洋上层的海水温、盐度剖面资料，ARGO 计划的观测目标是能取得精度分别为 0.5℃和 0.01 psu 的海水温盐资料；AUV (Spray Glider) 数据是由自主式潜水器（水下滑翔机）观测的数据。

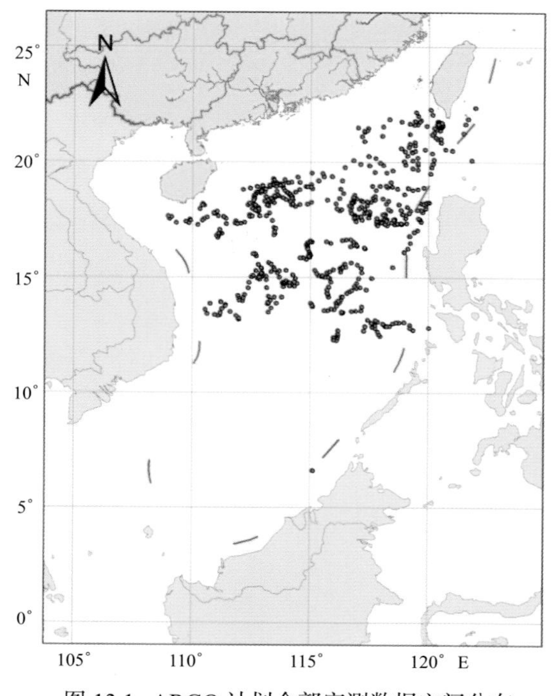

图 13.1　ARGO 计划全部实测数据空间分布

评估采用 SMOS 卫星 2011 年 1—12 月中国南海 SSS 数据产品 (OSUDP2)。该产品是在 L1C 数据基础之上，修正海表粗糙度、法拉第旋转、天线辐射图、大气和太空的反射等影响因素的影响，通过迭代反演模型反演得到的 SSS 数据。初次评估采用的 OSUDP2 数据版本为 V317，V317 是在 V316 的基础上，采用了 3 个新的粗糙度修正模型，并修正了风速相关参数。SMOS 卫星数据主要从欧空局数据产品客户端软件 EOLI (Earth Observation Link) 下载获得。

图 13.2 EOLI 软件工作界面

13.1.1.2 匹配方法

卫星观测数据与现场实测数据之间差异主要归纳为：

（1）卫星数据得到的是大范围综合性数据，会呈现出一定的梯度变化，而现场数据只是单点测量数据；

（2）卫星观测得到的是海洋表层数据，现场数据观测深度会影响数据匹配准确度；

（3）卫星数据与现场数据在匹配时，会出现时空差异等问题。

综合考虑上述问题后采用的匹配方法为，提取中国南海海域卫星观测数据和同步的近似实时的 ARGO 浮标数据信息（观测时间、浮标经纬度）进行匹配，参考国外相关评估研究所采用的数据匹配原则，Burrage 等采用的 SMOS 卫星数据匹配最大时间窗口为 2 d，最大空间匹配半径为 0.5°，而本次评估为了获得更接近实时的匹配数据对，选择的时空窗口分别为 6 h 和 0.5°。

13.1.1.3 评估方法

评估方法主要是采用统计学中线性最小二乘回归的方法，一元线性回归拟合方程为：

$$S_{\text{sat}} = a + b \cdot S_{\text{in-situ}} \tag{13.1}$$

其中，S_{sat}、$S_{\text{in-situ}}$ 分别为卫星数据和实测数据 (*SSS*、*SST*)。通过回归方程计算相关系数 R

和判定系数 R^2（直观判断拟合优劣的指标，不含单位）评估实测数据与卫星数据产品的相关性；计算 3 组海表盐度匹配数据平均偏差 *Bias*、均方根误差 (RMSE) 用来评估数据的准确度。RMSE 对一组测量值中特大、特小的误差反应非常敏感，所以用 RMSE 衡量观测值与真值之间的偏差，能够很好地反映出卫星 SSS 数据的准确度。

13.1.2 评估结果

SMOS 卫星 L2 数据产品 (OSUDP2) 中包含很多参数，比如 SSS、SST、Tb、WS 等，其中 SST、WS 等参数作为辅助数据在 SSS 反演中起到了很大的作用，它们显示了某些海洋特征，影响反演的准确度，所以在评估过程中，也要对其进行评估。本文主要对 SST 数据进行评估。从表 13.1 中可以看出，在中国南海海域，辅助数据 SST 的匹配结果显示出很高的相关性，相关系数 $R \approx 1$，可以认为是完全相关，并且匹配 SST 的 RMSE 为 0.49；SMOS 卫星观测数据与实测数据之间存在线性相关，且为正相关，从 R 和 R^2 来看，两组数据之间的线性关系并不显著，从表 13.1 中可以看出，SMOS 卫星 3 组 SSS 数据的 RMSE 分别为 1.13、1.08 和 1.18。

表 13.1 3 组数据产品准确度评估结果

评估参数	相关系数 R	判定系数 R^2	*RMSE*
SMOS SSS1	0.31	0.09	1.13
SMOS SSS2	0.45	0.20	1.08
SMOS SSS3	0.33	0.11	1.18
ECMWF SST	0.98	0.96	0.49

比较 3 组 SSS 数据判定系数 R^2 的大小结果为：SSS2 > SSS3 > SSS1，即粗糙度修正模型 SPM/SSA 得到的 SSS2 数据产品的线性回归拟合度相对于其他模型表现出一定的优越性，反演的 SSS 数据会相对可靠一些，但是此评估结果仅仅局限于南海海域，仅具有一定的参考价值。

将本课题评估结果与国外相关学者评估结果进行对比，Burrage 等选择大西洋中 3 个典型海区（SST 在 20℃以上，陆地径流量大，并且受陆地 RFI 严重）进行数据匹配，匹配结果表明：SMOS 卫星数据与 ARGO 数据之间相关系数在 0.45 左右，判定系数在 0.20 左右，二者的线性关系并不显著；Banks 等选择北大西洋亚热带海域（不包括近岸海域）进行大尺度的数据匹配，结果表明在该海域匹配数据的 RMSE 为 0.50；Boutin 等通过数据匹配得到大西洋热带海域 RMSE 在 0.40 以下，太平洋北部海域、太平洋热带海域的标准偏差分别约为 0.30、0.25。虽然南海统计分析中的 R 和 R^2 很小，但是与其他近岸海域的研究结果（表 13.2）相比大体一致，其线性关系都不显著；南海的 SSS 数据产品 (V317) 的 RMSE 约为 1.13，这与国外学者在全球和大西洋海域研究结果相比，误差相对较大，因为南海的盐度变化范围并不大，这主要是因为南海海域受陆地 RFI 影响严重，然而在诸多因素参数相同的情况下，3 组 SSS 数据准确度的差异却与 SSS 反演模型有关。

表 13.2　国外学者对 SMOS 卫星数据准确度的评估结果

研究海域	*RMSE*	*R*	R^2
大西洋近岸海域（Burrage 等）	—	0.45	0.20
北大西洋亚热带海域（Banks 等）	0.50	—	—
大西洋热带海域（Boutin 等）	≤ 0.40	—	—
全球尺度（Boutin 等）	＜ 0.30	—	—

13.2 Aquarius/SAC–D卫星

13.2.1　评估数据与方法

13.2.1.1　数据源

评估采用Aquarius/SAC–D卫星2011年8月至2012年9月中国南海L2B_V1.3数据产品，该产品是在 L1 数据产品的基础上，修正法拉第旋转、天线辐射图、大气和天空的反射等影响之后得到 L2A，再经过 SSS 定标和应用散射计数据修正海面粗糙度后得到的数据产品，V1.3 数据产品与之前版本 (V1.2) 的数据相比，修正了陆地 RFI，所以该版本数据的准确度会相对较高。该卫星每 7 d 完成一次全球覆盖（103 个轨道），即卫星轨道重复周期为 7 d，3 个波束的空间分辨率分别为 76 km × 94 km、84 km × 120 km、96 km × 156 km，数据产品由 Ocean Color 服务器提供。

13.2.1.2　匹配方法

Aquarius/SAC–D 卫星数据匹配选择 Werdell 等采用的时空窗口分别为 1 d 和 1°。

13.2.2　评估结果

依据上述数据匹配方法获取 SMOS 卫星匹配数据量为 243 对。应用线性最小二乘回归的方法，在南海海域对 SST 和 SSS 匹配数据拟合结果如表 13.3 所示。从匹配结果中可以看出，辅助SST数据与实测数据显示出很高的相关性，相关系数R≈1，可以认为是完全相关，SST 数据的 RMSE 为 0.47；Aquarius/SAC–D 卫星 SSS 数据与实测数据之间存在线性相关，且为正相关，从 R 和 R^2 来分析，两组数据之间的线性关系并不显著；Aquarius/SAC–D 卫星 SSS 数据的 RMSE 为 0.62。

表 13.3　Aquarius/SAC–D 卫星产品数据与现场实测数据匹配统计分析

评估参数	*R*	R^2	*RMSE*
NCEP SST	0.94	0.89	0.47
Aquarius/SAC–D SSS	0.46	0.21	0.62

Busalacchi等在印度洋、太平洋、大西洋三大洋区（30°N至30°S）对数据进行匹配和评估，数据选择2011年8—12月的Aquarius/SAC-D卫星SSS数据，得到卫星数据与现场实测数据的散点图，求出*R*、*RMSE*和*Bias*，并将其与本课题评估结果进行对比，如表13.4所示。对比结果显示，本课题评估结果与Busalacchi等得到的三大洋的评估结果相比，其准确度相对较高，这可能是因为研究海域靠近主要河流（亚马孙河等）的径流区域和季节性变化较大的区域，并且主要处于南太平洋辐合带(SPCZ)和热带辐合带(ITCZ)，这些区域主要特点是降雨量很大，这些因素会影响到大洋整体的评估结果，同时，选用的卫星数据版本是V1.3，该版本数据修正了陆地RFI的影响，理论上认为其准确度会比之前的版本高，Lagerloef等通过大量的对比研究也证实了这一结论。由于在数据分析时，即剔除了误差大于2的匹配数据对，这也可能是造成上述结果的原因。

从南海海域的盐度变化范围来看，南海实测盐度的变化范围为2.5左右，而南海海域RMSE为0.62，这相对于变化范围的误差为24.8%，误差相对较大，这主要是因为南海海域属于陆缘海，所选海区受季风和陆地RFI的影响，同时，由于陆地径流的影响，盐度随时间和空间变化梯度较大，这些因素都会严重影响SSS遥感的准确度。整体评估结果表明，南海海域Aquarius/SAC-D卫星数据与实测数据之间的线性关系并不显著，卫星数据的准确度为0.62。

表13.4 南海海域与三大洋区(Busalacchi等，2011) RMSE统计分析结果对比

参数	卫星数据版本	*R*	*RMSE*	*Bias*
印度洋	V1.1	0.80	0.91	0.13
	V1.2	0.80	0.95	0.42
太平洋	V1.1	0.85	0.80	0.07
	V1.2	0.86	0.91	0.48
大西洋	V1.1	0.79	0.71	0.33
	V1.2	0.81	0.64	0.29
南海	V1.3	0.46	0.62	0.35

第 14 章　SMOS 卫星 RFI 源检测及算法修正

14.1　MIRAS 成像仪的特征

SMOS 卫星搭载的微波辐射计“基于孔径综合技术的微波成像仪 (Microwave Imaging Radiometer with Aperture Synthesis, MIRAS)”是由 69 个接收单元构成的微波成像仪，能够探测地球表面 L 波段的微波辐射 (1.400 ~ 1.427 GHz)，所有接收单元均匀分布在 Y 字形伸展结构上，用以接收地球表面的亮温；MIRAS 的 69 个接收单元理论上可以观测直径近 3 000 km 的区域，然而，由于干涉测量原理、Y 字形的天线结构和各天线单元之间的间距等因素的混叠效应，观测范围限制在约 1 000 km 的六角形面积范围内；MIRAS 可以在两种测量模式下运行：双极化模式或全极化模式，基线是双极化模式，天线上所有的接收单元 LICEF 会在水平测量和垂直测量之间转换，从而可以测量接收微波信号的水平分量和垂直分量，此外，为了同时获得两个极化分量，开展了全极化模式。

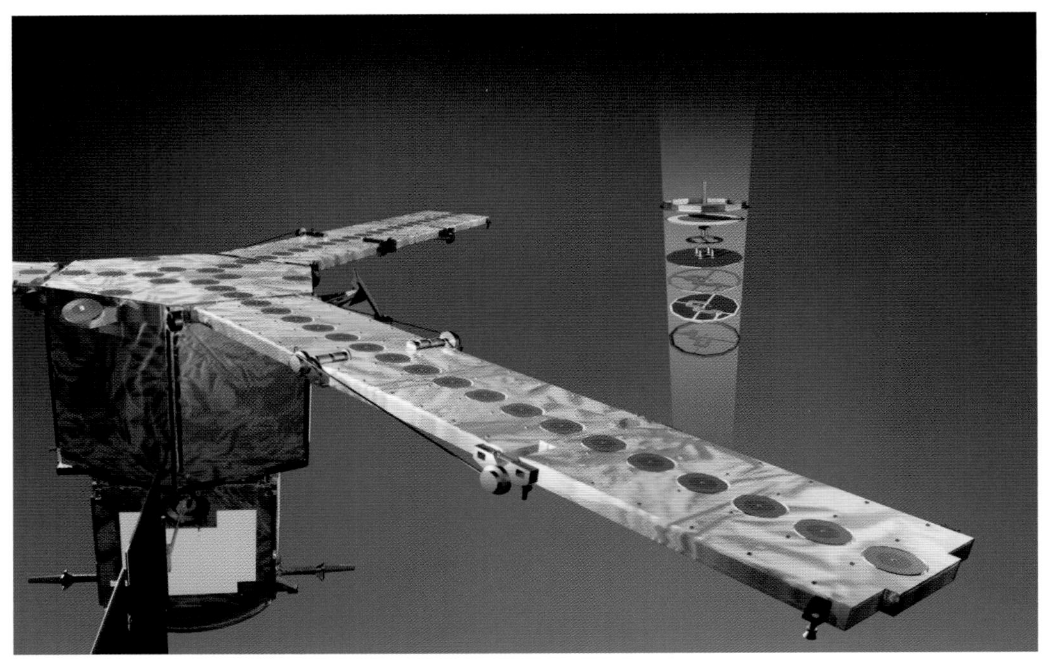

图 14.1　SMOS 卫星天线分解图

MIRAS 独特的天线结构、极化方式及观测成像方式，可以每 1.2 s 在地球表面形成一个 1 050 km × 650 km 的有效六角形视场，对于一个固定的栅格点可以生成多角度多极化观测数据，为 RFI 检测算法的选择提供了理论基础。

14.2 RFI 源检测算法

根据 SMOS 卫星独特的天线结构，MIRAS 能够获取多角度观测亮温值，并且观测亮温值可以表示为入射角的函数，所以可以使用角域的方法进行 RFI 检测；同时，根据 SMOS 卫星的极化特性，在全极化的模式下，有效利用第三、第四 Stokes 参数对 RFI 进行有效检测。本课题综合采用上述两种方法，以南海海域及其沿岸陆地为研究区域进行 RFI 检测，以确定陆地 RFI 源分布位置，并分析其对南海海域的影响强度和范围，根据中心发射源发射强度划分等级，并判断 RFI 源类型。

14.2.1 角域检测算法

根据 SMOS 卫星的极化特性，TB_{h} 和 TB_{v} 分别与入射角具有特定的依赖性。TB_{h} 和 TB_{v} 随入射角增大分别呈减小和增大的趋势，可以把海表亮温表示为入射角的函数。

角域检测算法的适用条件是具有足够数量的多角度观测亮温数据，首先获取单一栅格所有入射角下的观测亮温值 TB_{mean}，按照极化方式分为两类，并对两种极化的观测亮温数据进行 OTT (Ocean Target Transformation) 修正，OTT 修正是为了修正 MIRAS 仪器校正后的残差和重构亮温图像后的偏差；最后计算每种极化下所有观测亮温值 TB_{mean} 和模拟亮温值 TB_{model} 的中值，再计算两个中值的偏差 DA，然后对所有的 TB_{model} 进行偏差修正。

针对陆地区域，采用 Misra 等提出的三阶多项式模拟地表亮温的方法，采用修正后的观测亮温值 TB_{mean}，即标记样本中大于 330 K 或小于 0 K 的地表 TB_{mean} 为异常亮温值，并将其剔除，不参与线性拟合，以保证三次拟合不受 RFI 异常值的影响，达到修正偏差的目的，无需再进行 DA 修正。

最后，比较每个 TB_{mean_i} 和 $TB_{\mathrm{model\_cor}\_i}$ 的差异，如果其差异大于 N 倍的辐射噪声，就标记为 RFI 异常值，然后统计 RFI 异常值的百分比。

14.2.2 Stokes参数检测算法

微波辐射计 MIRAS 不仅可以探测 H 和 V 极化辐射信号，还可以提取观测目标的 Stokes 参数信息，其中，第三、第四 Stokes 参数分别用来描述线性极化部分和圆极化部分，由于人为辐射源通常为线性极化或圆极化，并且自然电磁辐射源与人为辐射源相比，其辐射值相对较低，在没有被 RFI 污染的区域，MIRAS 全极化通道（第三、第四 Stokes 参数）要比正交通道的亮温小两个量级，即第三、第四 Stokes 参数很小，在微波低频波段相对于其他干扰源很敏感，所以可以应用这两个参数检测 RFI 源。相关研究发现，人为辐射源很可能对第三、第四 Stokes 参数造成严重的污染，导致这两个参数异常增大，这表明可能是 RFI 源。

$$C = \sqrt{T_u^{\ 2} + T_4^{\ 2}} \tag{14.1}$$

其中，T_u 和 T_4 分别代表第三和第四 Stokes 参数。

14.3 RFI 源检测结果

14.3.1 Stokes 参数检测结果

应用 BEAM 软件提取固定入射角 (42.5°) 下第三、第四 Stokes 参数信息，然后将图像导入 ENVI 软件融合第三、第四 Stokes 参数数据图像计算参数 C，生成 RFI 检测图像。从图 14.2 中可以看出，RFI 源主要分布在南海北部沿岸地区，RFI 源辐射旁瓣对南海北部海域影响很大，在海面形成比较清晰的条带，并且多个 RFI 源辐射旁瓣在海面上形成叠加区域，导致其影响更加复杂。

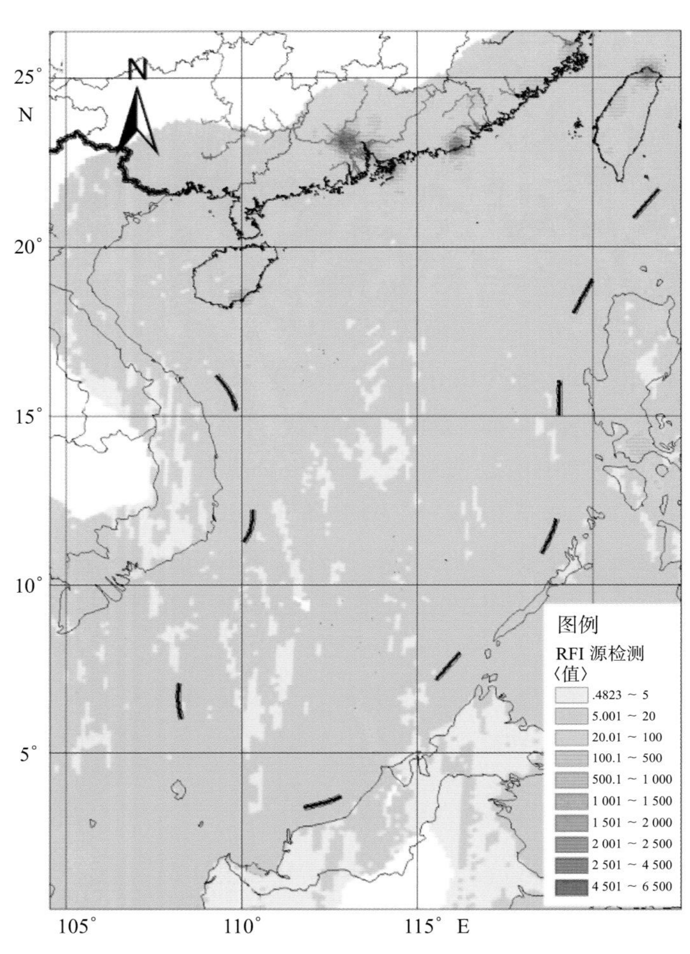

图 14.2　南海沿岸海域 Stokes 参数算法 RFI 源检测结果

根据参数 C 的大小定义划分 RFI 源强度等级，得到的结果如表 14.1 所示。检测结果显示，Stokes 参数检测算法能够有效地检测到中强源，并且 RFI 源主要集中在中国沿岸区域，强源主要分布在大珠三角和台北等地区，但是由于 Stokes 参数对 RFI 源辐射旁瓣比较敏感，同时受到单一入射角的限制，在旁瓣混叠影响的区域，该算法可能无法确定较低水平级别的 RFI 源，只能怀疑并标记为低 RFI 潜在源，如图 14.3 中的序号 A9 (C7)、D8、B11、B18，对于更低水平的 RFI 源无法检测，达不到全检测的目的，需要角域算法对其进一步确定。

表 14.1 RFI 源强度级别

RFI 源强度等级	参数 C 范围	序号	C 值
低	$100 < C \leqslant 500$	A9 (C7)	350
		D8	498
		B11	366
		B18	124
中	$500 < C \leqslant 2\ 000$	D13	701
强	$2\ 000 < C \leqslant 5\ 000$	B3	3 091
		A16	2 218
		C1 (D1)	4 533
很强	$5\ 000 < C \leqslant 10\ 000$	A1	6 183

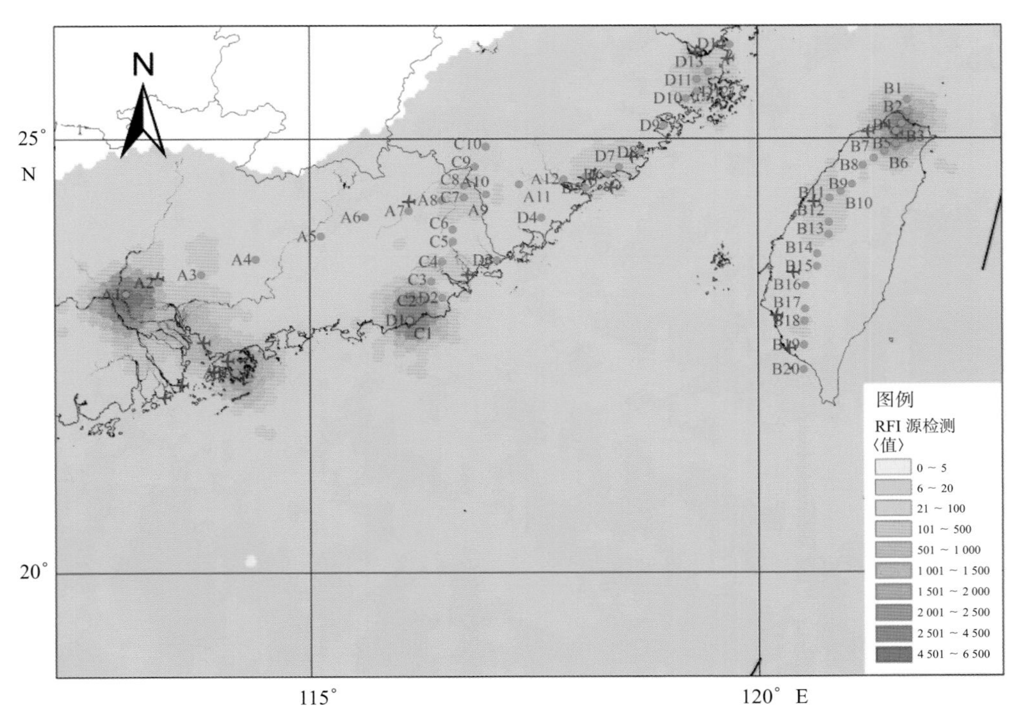

图 14.3 南海北部海域 RFI 源检测结果

14.3.2 角域检测结果

根据 Stokes 参数检测结果，对陆地区域标记像元采用角域检测，根据 RFI 辐射源的辐射特性，在中强 RFI 源和标记像元处设置特征点，由于无法确定中强 RFI 源的发射频率和功率等参数信息，无法确定其影响范围，所以在其余标记像元之间插入若干特征点，形成 4 条特征线 A、B、C、D。提取陆地区域特征点处的卫星数据，采用三次拟合的方法模拟地表亮温，同时通过 L2 OSPP 软件模拟南海海表亮温，然后通过角域检测算法计算每个特征点处和南海海域的RFI比重（特征点处受RFI影响样本的比例），根据不同点RFI比重的梯度变化，判断标记点是否为RFI源，同时确定南海受其影响的范围和程度。

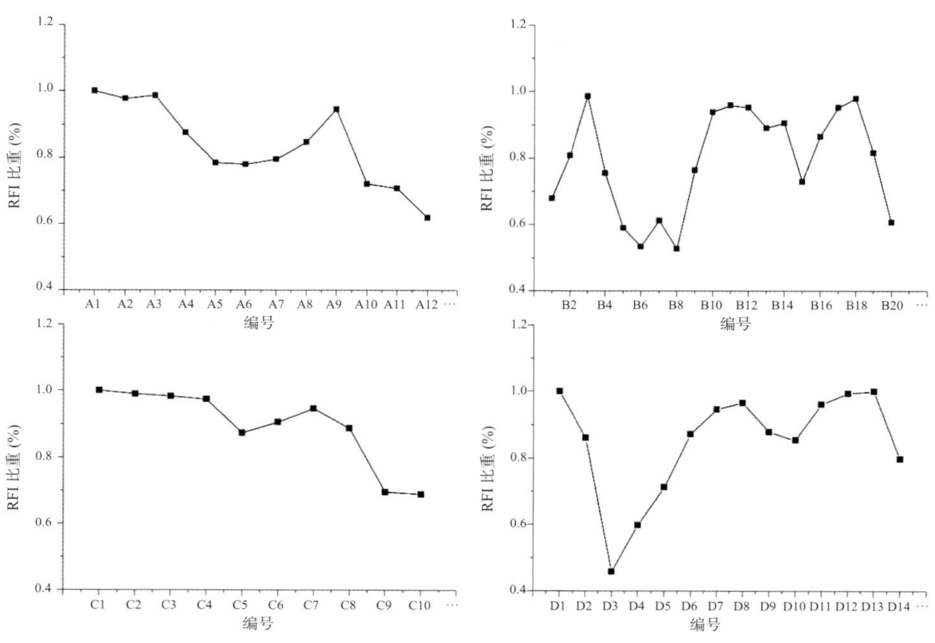

图 14.4　南海北部该海域沿岸角域检测算法计算结果

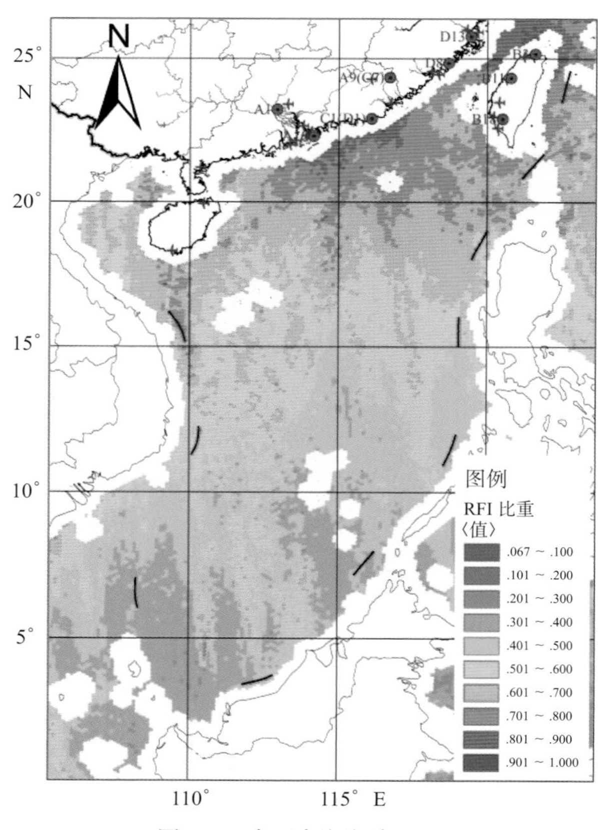

图 14.5　中国南海海域 RFI 比重

从图 14.4、图 14.5 可以得出以下结论：

（1）RFI 源中心像元处的特征点处于辐射源的近场区附近，其余特征点均处于远场区；RFI 中强源近场区附近辐射强度大，特征点 A1、B3、C1 (D1)、D13 处于波峰位置，RFI 比重趋均近于 1，这表明近场区附近各入射角下观测的地表亮温均受到不同程度的 RFI 污染，无法生成有效数据。

（2）在一定范围内，随着距强源距离的增大，RFI 比重呈衰减变化趋势，这表明 RFI 源的辐射强度随距离的增大而减小，其影响程度也随之减小，但影响范围增大；超过一定范围之后，标记像元周围特征点 RFI 比重异常递增，呈现反衰减的趋势，特征点 A9 (C7)、B11、B18、D8 再次处于波峰位置，且 RFI 比重也趋近于 1，并且与其周围特征点表现出一定的梯度变化，即各入射角下观测的标记像元亮温值同样受不同程度的 RFI 污染，这表明标记像元确定为低 RFI 源，但是特征点 A9 (C7) 处于强源天线辐射旁瓣叠加效应影响区域，可能受其影响而表现出梯度变化，需要进一步确定。

（3）强源通过天线辐射旁瓣的影响，导致辐射源周围区域数百公里内数据污染，在海面上形成明显的条带，随距离的增大而衰减，并且多个 RFI 源旁瓣在海面上形成叠加区域，导致其影响更加复杂。

（4）特征线 C 和 D 的方向不同，共同 RFI 源 C1 (D1) 的辐射衰减程度有所差异，特征线 C 衰减慢，特征线 D 衰减快，这表明在 RFI 源的影响范围内，RFI 源天线辐射图的波瓣方向不同，导致发射源周围各方向辐射强度存在明显差异。

14.3.3 结果分析

Stokes 参数检测算法可以有效地检测中强 RFI 源，但是受单一入射角和天线旁瓣影响的限制，无法确定弱 RFI 源，无法达到全检测的目的；角域检测算法可以针对海洋区域形成多角度检测，针对陆地区域，虽然提出三次拟合的模拟方法，但是由于数据量等问题，无法对陆地区域形成全检测。综合采用两种算法，应用 Stokes 参数算法确定中强源并标记潜在弱源，然后针对陆地潜在源和海洋区域应用两种不同的亮温模拟算法进行角域检测，以达到对近岸海域及其沿岸形成全检测的目的。

人为电磁辐射源主要有飞机场、广播电视微波发射台、手机发射基站、雷达系统、卫星地面工作站等，从图 14.5 中可以看出，通过两种算法检测的 RFI 发射源大部分为点状射线源，并且出现在机场附近，这表明机场很可能是南海北部海域沿岸比较常见的 RFI 发射源，特征点 A9 (C7) 也在机场附近，所以该处很可能也是 RFI 源。由表 14.2 可知各发射源的强度存在很大差异，这表明除了机场之外，还存在着其他的发射源。

在特征点 A1、A6、B3 作用的区域范围内坐落着微波发射站和雷达发射站等，比如 GSM900 和 GSM1800 基站，其发射频率分别是 900 MHz 和 1 800 MHz；广州新电视塔，发射频率最高可以达到 685.75 MHz，总发射功率范围为 346.4 kW；香港九龙坑山、金山、飞鹅山、青山、慈云山、南丫岛和深圳的梧桐山等处坐落的微波发射站，其发射频率范围为 482 ～ 706 MHz，发射功率范围为 100 W 至 2.5 kW，大部分是多载波水平发射，其建设位置海拔相对较高，一般都在几百米，其天线主瓣方向与发射塔垂直以达到水平发射的目的，但是由于地球是圆的，辐射功率大部分指向空间。

表 14.2 地面微波发射站相关参数信息

微波发射站位置	频率 (MHz)	功率 (W)	载波	极化方式
九龙坑山	546	1 000	多载波	水平
南丫岛	546	150	多载波	水平
青山	650	100	多载波	水平
飞鹅山	562	320	多载波	水平
金山	626	100	多载波	水平
慈云山	482	1 000	多载波	水平
梧桐山	706	2 500	多载波	垂直

由于微波发射基站发射频率与SMOS卫星频率相近，其指向太空的辐射很可能被SMOS卫星传感器接收，导致亮温图像上形成比较清晰的条带，影响海表亮温观测数据质量，进而影响反演的SSS卫星遥感的准确度。

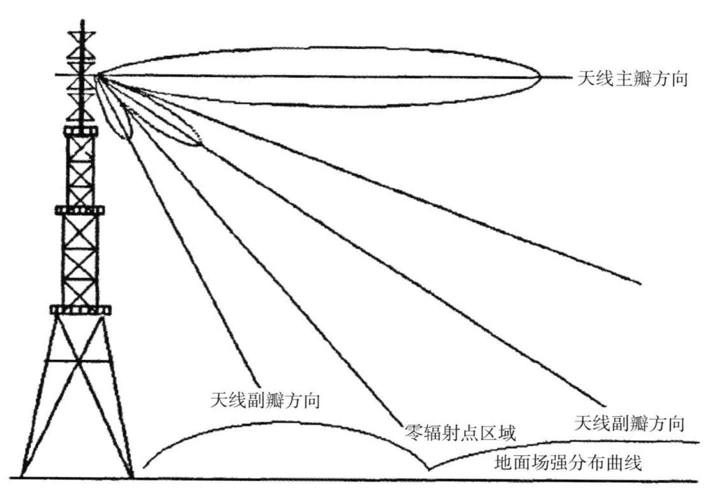

图 14.6 广播电视塔电磁辐射场强分布示意图

通过综合采用Stokes参数和角域检测算法，对南海北部海域及其沿岸区域进行RFI检测，检测结果显示南海北部海域处于RFI重度污染区域，研究区域存在多处RFI发射源，中强源主要集中分布在大珠三角和台北等地区。由于微波发射站频率与SMOS卫星频率接近，发射功率较大，并且大部分指向空间，所以它很可能是主要的发射源，并且由于数量比较多，在混叠效应的作用下，在检测图像上以面状形式表现，而不是点状射线源，在该区域内辐射强度大，几乎所有入射角观测的亮温均会受其污染，随着距RFI源距离的增大，其影响程度呈现衰减趋势；中国南海沿海省市均检测出弱RFI源，这部分发射源主要可能是机场，其强度差异与一定范围内机场的数量有关系；由于各发射源天线指向不同，导致不同方向辐射强度存在明显的差异。

14.4 RFI 减缓及算法参数修正

14.4.1 RFI 减缓算法相关程序

SMOS 卫星 RFI 减缓的目的是检测并标记一个栅格点处所有角度下的卫星观测值中受 RFI 污染的部分（异常值），减缓 RFI 对观测数据的影响。根据 SMOS 卫星独特的角域特点，应用 L2 OSPP 数据处理软件模拟天线坐标系下的亮温值，比较一个栅格点处每个观测亮温值和模拟亮温值的大小，设定阈值，将大于该阈值的观测值定义并标记为异常值。该算法的优点：

（1）采用了模拟值和观测值的中值，即使在测量值很少的情况下，中值也表现为一个稳定的估计量；

（2）剔除了模拟误差和仪器偏差的平均偏差；

（3）通过模拟天线参考坐标下亮温，考虑了大气、太空辐射、海表粗糙度，以及入射角变化等影响。

在 L2 OSPP 系统中，RFI 异常值减缓分为两个步骤：第一步，识别受 RFI 污染风险的栅格点；第二步，比较一个栅格点处所有的观测值和对应模拟值的大小，设定一个简化的异常值临界值。算法的主要程序语句及参数描述见附录 C。

14.4.2 RFI 减缓后数据准确度评估

在 L2 OSPP 软件系统中加入 RFI 减缓模块，对 L1C 全极化海表亮温数据 (SCSF1C) 进行重处理，得到 SSS 数据产品 (V500)，该数据版本是在 V317 的基础上，修正了粗糙度模型 1 和模型 3，并且开展了 RFI 异常值检测的相关工作，采用第 13 章的数据评估方案对重处理数据进行准确度评估，结果如表 14.3 所示，从表中可以看出应用 3 个粗糙度模型得到 3 组数据产品 SSS1、SSS2、SSS3 的 RMSE 分别为 0.48、0.45、0.49。

表 14.3　两组数据产品 RMSE 结果对比

产品类型	*RMSE*		
	SSS1	SSS2	SSS3
未 RFI 减缓数据产品	1.13	1.07	1.18
RFI 减缓数据产品	0.48	0.45	0.49
Δ (No RFI–RFI)	0.65	0.62	0.69

将本次评估结果与之前未进行 RFI 减缓产品 (V317) 的评估结果进行对比发现，进行 RFI 减缓后得到的 SSS 数据产品的准确度优于前者 0.66 psu 左右。虽然 V500 数据在 V317 数据的基础上除了增加 RFI 异常值检测与减缓，还修正了相关粗糙度模型 (SSS1 和 SSS3) 参数信息，这在理论上也可能会提高 SSS 数据产品的准确度，但是并没有修正粗糙度模型 2（SSS2）的参数，条件不一致在一定程度上会影响对比结果，从两者之差可以看出，

SSS1 和 SSS3 准确度的变化量要比 SSS2 稍大一些，这可能与这两个模型修正了相关参数有一定的关系，提高了相关产品的准确度，但是由于重新处理数据并没有修正 SSS2 的参数，所以 SSS2 数据产品准确度的变化量可以用来衡量评估 RFI 检测与减缓的可行性。结果表明，经 RFI 减缓后的数据产品的准确度会提高 0.66 psu 左右，近岸 SSS 数据的准确度有所提高。

对各数据产品进行质量控制滤波后，未进行 RFI 减缓的数据产品的有效数据较少，数据质量较差，而经过 RFI 减缓处理后，得到的有效数据较多，数据质量较好。但是 V500 数据产品中依然存在相对异常的观测值，这表明 RFI 减缓算法并不能完全过滤剔除受 RFI 污染的点，但是研究结果表明，该 RFI 减缓算法可以大大提高有效反演数据，并且能够有效地提高反演数据产品的准确度。

14.4.3 RFI 减缓算法参数修正

由于该减缓算法对其他污染源比较敏感，因此一般只应用于远离陆地的海洋区域。算法中可以可修改的参数有 RFI_std、RFI_nsig 和 Tg_num_RFI_max，其中相关学者大量的研究结果表明，参数 RFI_std 和 RFI_nsig 分别取 1.2 和 3 是相对比较合理的。但是对于不同的海域来说，其 Tg_num_RFI_max 会存在很大差异，受陆地 RFI 源影响较大的区域，该参数会相对较大，相反该参数会相对较小。中国南海沿岸的 RFI 源检测结果表明，中国南海北部海域沿岸强 RFI 源影响范围较大，该海域受 RFI 影响严重，Tg_num_RFI_max 会相对较大，需要通过统计分析得到具体的局地化修正参数。

一般采用统计学的方法计算该参数，首先获取 2011 年 3 月南海海域数据产品中 Dg_RFI_L2 和 Dg_num_meas_L1C 数据，统计每个栅格处两个参数的个数，并计算单一栅格处 RFI 异常值百分比，并划分为 6 个区间，然后统计每个区间内受 RFI 污染的栅格数量占所有有效栅格数量的百分比，设定 50% 作为异常栅格判别的临界阈值，统计计算参数 Tg_num_RFI_max。统计结果如表 14.4 所示，统计大于 50% 的异常栅格百分比，得到参数 Tg_num_RFI_max=44%。

表 14.4 2011 年 3 月南海海域各异常值区间内栅格个数占有效栅格个数的百分比

产品日期	RFI 异常值百分比						单轨产品有效栅格个数（个）
	＜20%	20% ~ 40%	40% ~ 50%	50% ~ 60%	60% ~ 80%	＞80%	
2011-03-01	2.6%	28.8%	1.4%	32.1%	31.0%	4.1%	274 543
2011-03-02	7.4%	61.1%	2.3%	24.3%	4.3%	0.7%	254 316
2011-03-03	5.7%	44.8%	16.2%	9.9%	18.5%	5.0%	403 156
2011-03-04	3.5%	27.6%	15.3%	16.1%	35.9%	1.6%	354 504
2011-03-05	2.9%	51.3%	23.1%	9.7%	11.6%	1.6%	383 090
2011-03-06	6.3%	49.9%	11.7%	13.9%	17.4%	0.8%	294 255
2011-03-07	0.9%	16.0%	20.0%	23.8%	36.7%	2.6%	357 664
2011-03-08	5.8%	47.3%	14.6%	10.9%	19.2%	2.3%	403 880
2011-03-09	0.4%	15.5%	17.6%	23.0%	39.9%	3.5%	322 325
2011-03-10	5.7%	26.7%	6.3%	9.6%	39.9%	11.8%	296 297

续表14.4

产品日期	RFI 异常值百分比						单轨产品有效栅格个数(个)
	＜20%	20% ~ 40%	40% ~ 50%	50% ~ 60%	60% ~ 80%	＞80%	
2011-03-11	6.8%	44.8%	12.5%	8.4%	24.5%	3.1%	336 197
2011-03-12	1.1%	20.0%	22.6%	21.6%	32.4%	2.3%	381 873
2011-03-13	3.0%	53.2%	13.7%	10.4%	18.0%	1.7%	402 804
2011-03-14	0.2%	8.4%	18.1%	20.0%	44.5%	8.8%	292 026
2011-03-15	1.4%	22.4%	13.8%	14.8%	43.2%	4.4%	327 470
2011-03-16	4.7%	45.9%	14.5%	11.6%	20.5%	2.8%	375 478
2011-03-17	3.6%	32.6%	17.3%	14.5%	28.4%	3.6%	379 301
2011-03-18	2.2%	54.1%	18.2%	10.2%	14.1%	1.2%	406 759
2011-03-19	1.4%	25.7%	17.8%	13.5%	33.3%	8.3%	276 064
2011-03-20	6.7%	59.5%	18.0%	9.5%	5.4%	0.8%	258 650
2011-03-21	6.4%	47.1%	14.8%	10.8%	16.0%	5.0%	402 093
2011-03-22	1.2%	24.2%	18.4%	20.8%	33.8%	1.7%	358 626
2011-03-23	3.5%	46.5%	16.9%	12.6%	16.7%	3.9%	386 720
2011-03-24	5.5%	47.2%	11.5%	13.4%	21.5%	0.9%	290 327
2011-03-25	0.8%	17.9%	18.5%	21.6%	35.1%	6.1%	354 334
2011-03-26	5.5%	49.4%	14.9%	9.6%	17.5%	3.2%	403 337
2011-03-27	0.4%	16.5%	24.2%	29.7%	26.3%	2.9%	324 507
2011-03-28	5.6%	25.3%	7.4%	10.5%	38.8%	12.4%	292 956
2011-03-29	5.9%	45.7%	11.4%	11.2%	23.3%	2.5%	333 208
2011-03-30	0.6%	23.3%	22.5%	20.2%	29.5%	1.3%	382 184
2011-03-31	3.7%	54.0%	14.0%	9.8%	17.0%	1.5%	401 544
平均值	3.6%	36.9%	15.5%	15.1%	25.4%	3.5%	345 500

14.4.4 修正算法可行性分析

根据本课题得到的新参数结果对数据进行重处理，生成 SSS 卫星数据产品，然后统计比较修改参数前后两组数据产品中有效反演数据和 Fg_ctrl_suspect_rfi 标记个数，同时绘制不同参数下得到的 Fg_ctrl_suspect_rfi 标记图像，并计算二者的差值 (delta)，采用统计分析的方法评价修正参数的可行性，结果如表 14.5、图 14.7 所示。

对比结果表明，修正 Tg_num_RFI_max 参数后的有效反演数据个数相对有所增加，在一定程度上缓解了误判导致的数据问题，同时标记为 Fg_ctrl_suspect_rfi 的栅格数量减少了 20% 左右。图 14.7 表明，南海北部海域处于 RFI 重度污染区域，这与 RFI 源检测得到的结果相吻合；由于原始参数相对较小，导致一些区域的栅格数据被误判为 Fg_ctrl_suspect_rfi，这些区域主要离散的分布在南海中南部海域。总体来说，将参数 Tg_num_RFI_max 设定为 44%，可以有效解决单一栅格点处数据不必要的数据丢失问题，并且在一定程度上提高了有效反演数据的覆盖范围。

表 14.5　不同 Tg_num_RFI_max 参数得到的数据产品统计分析对比结果

数据日期	有效反演数据个数		Fg_ctrl_suspect_rfi 标记个数		有效栅格个数		有效反演数据百分比		标记个数百分比	
	33%	44%	33%	44%	33%	44%	33%	44%	33%	44%
02–09	303 794	306 033	348 557	254 156	376 943	376 980	80.6%	81.2%	92.5%	67.4%
02–19	240 576	242 616	298 435	254 864	318 030	318 171	75.6%	76.3%	93.8%	80.1%
02–20	237 048	236 798	241 044	199 294	300 720	300 754	78.8%	78.7%	80.2%	66.3%
02–21	284 711	288 888	218 213	139 789	342 335	341 757	83.2%	84.5%	63.7%	40.9%
03–27	249 581	251 393	302 970	249 600	324 507	324 644	76.9%	77.4%	93.4%	76.9%
11–01	200 116	202 691	123 661	48 841	231 768	231 665	86.3%	87.5%	53.4%	21.1%
11–04	223 670	226 944	202 392	172 204	272 897	272 963	82.0%	83.1%	74.2%	63.1%
11–05	279 602	280 579	194 829	122 898	311 261	312 316	89.8%	89.8%	62.6%	39.4%
11–06	294 437	296 403	355 212	320 905	372 252	372 215	79.1%	79.6%	95.4%	86.2%
11–25	356 269	357 556	258 385	167 260	400 739	400 672	88.9%	89.2%	64.5%	41.7%
平均	266 980	268 990	254 370	192 981	325 145	325 214	82.1%	82.7%	78.2%	59.3%

在南海北部海域选取实测 ARGO 数据，采用相同的时空窗口对两组卫星数据进行数据匹配，获得匹配数据各 34 对，并采用相同的评估方案对两组卫星反演数据进行准确度评估，得到结果如下。

表 14.6　南海北部海域两组数据产品准确度评估结果对比

数据产品类型	RMSE		
	SSS1	SSS2	SSS3
未修正参数产品	0.59	0.58	0.65
修正参数后产品	0.49	0.46	0.48

对比结果表明：修正 Tg_num_RFI_max 参数要比同等条件下未修正参数得到的数据产品准确度提高 0.11 psu 左右。由于南海北部海域受陆地 RFI 污染严重，并且受评估数据量和实测数据量的限制，对比评估选取南海北部海域为研究区域具有代表性，但是评估结果发现，南海北部海域 SSS 数据准确度要比南海整体评估结果低 0.15 psu 左右，这也说明了南海北部海域受 RFI 影响严重，SSS 数据准确度较低。综合分析对比评估结果发现参数修正具有一定的可行性，可以在一定程度上提高 SSS 数据的准确度。

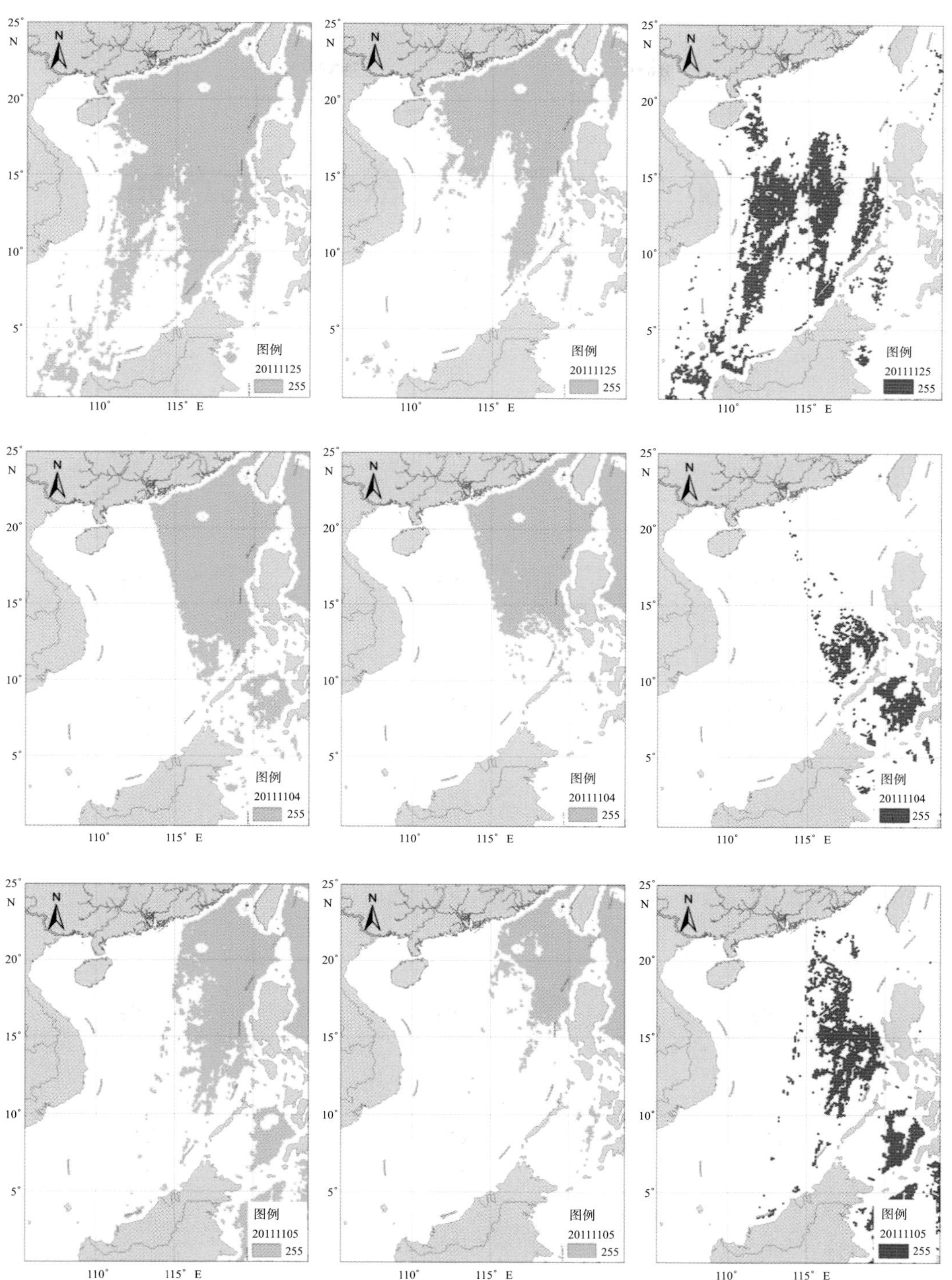

图 14.7　Fg_ctrl_suspect_rfi 标记图像对比

第 15 章　SSS 卫星遥感业务化产品

15.1　产品生产流程

SMOS 卫星 L2 级数据产品的时空分辨率大约为 15.74 km × 15.74 km/3d，数据量非常大，同时由于反演算法的复杂性，其观测误差也大于可接受的范围。通过对 L2 级产品进行网格化处理，进一步得到 L3 级标准化产品。

首先采用加权平均法，得到分析值 x^a，公式为：

$$x^a = \frac{\sum_i x_i/\sigma_i^2}{\sum_i 1/\sigma_i^2} \tag{15.1}$$

式中，σ_i 为 L2 观测值 x_i 的观测误差，它由观测点在 FOV 中的位置和其他外源误差决定。

然后采用最优插值方法，并时空平均处理，时空窗口选择 30 d 和 0.25°。

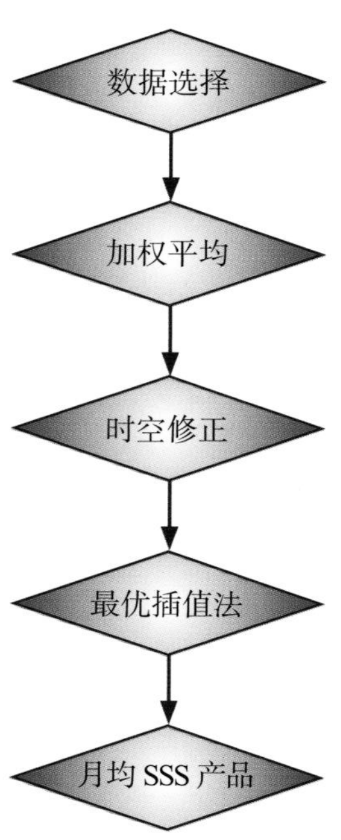

图 15.1　海表盐度月均产品处理具体流程

15.1.1 数据预处理

数据预处理包括数据选择、数据偏差修正，其主要目的是剔除噪声数据，即在统计学意义上选择最优的数据，偏差误差源主要有微波辐射计 MIRAS 仪器噪声、地球物理模型、辅助参数数据等，其中仪器噪声和模型误差在前期数据处理过程中已经进行了相关修正，剩余的偏差主要是由辅助数据造成的，这部分偏差是非齐次、不稳定的，在生成月均产品之间，要将这部分偏差剔除掉，即通过数据质量控制，设定阈值对数据进行初步过滤。

15.1.2 时空修正

对于时空修正模型来说一般采用推广的高斯函数模型与指数函数相结合的方法对两点进行时空修正。

$$b_{ij} = \mathrm{e}^{-(Ax_{ij}^2 + By_{ij}^2 + Cxy)}\,\mathrm{e}^{-\frac{t}{Td}} \tag{15.2}$$

其中，x_{ij}、y_{ij} 分别为经纬度之间距离；A、B、C 为不对称高斯分布函数的参数（椭球函数参数）；t 为时间间隔；Td 为时间相关尺度，这些参数取决于所选用的海洋模型。

15.1.3 最优插值法

最优插值法 (Optimum Interpolation, OI) 是假定背景值、观测值和分析值均无偏估计的前提下，求解分析方差最小化的一种分析插值方法。SSS 卫星数据月均融合采用的最优插值法分析的公式主要有：

$$\psi(r) = \sum_{i=1}^{Nobs} w_i(r) d_i = \boldsymbol{w}^T \boldsymbol{d} \tag{15.3}$$

其中，$\psi(r)$ 为已知点 r 处的分析场；d_i 和 w_i 分别为观测值和相应的权重，可以表示为列向量 $\boldsymbol{w}$ 和 $\boldsymbol{d}$，$Nobs$ 为有效的观测值个数，一般认为观测值 d_i 与真实值之间有差异：

$$d_i = \psi_t(r_i) + \varepsilon_i \tag{15.4}$$

其中，$\psi_t(r_i)$ 和 ε_i 分别为观测位置 i 处的真实值和观测的误差。

最优插值旨在缩小同一栅格位置处分析场和真实场之间的误差方差来获得最优的权重 w_i，解决最小化问题，最优插值法分析的公式可以推广为：

$$\psi(r) = \boldsymbol{S}^T(\boldsymbol{B} + \boldsymbol{R})^{-1}\boldsymbol{d} \tag{15.5}$$

其中，$\boldsymbol{S}$ 为 r 处真实场中所有点的协方差矩阵（包含数据点和分析点之间的协方差）；$\boldsymbol{B}$ 为观测点处真实场的协方差矩阵（包含真实场中不同数据点位置之间的协方差）；$\boldsymbol{R}$ 为观测误差协方差矩阵；$\boldsymbol{d}$ 为数据的列向量。

OI 算法的特点是可以提供误差统计分析的估计值，分析误差协方差矩阵定义为：

$$\sum\nolimits_a = \sigma^2(\boldsymbol{F} - \boldsymbol{S}^T(\boldsymbol{B} + \boldsymbol{R})^{-1}\boldsymbol{S}) \tag{15.6}$$

其中，σ^2 为真实场方差，假定它是均匀的；$\boldsymbol{F}$ 为不同栅格点之间的协方差矩阵。

15.2 产品真实性检验

应用 ARGO 浮标数据对月均卫星数据进行匹配，参考国外相关评估研究所采用的数据匹配原则，SMOS 卫星月均数据匹配的时空窗口分别为 15 d 和 0.25°，对匹配数据进行统计分析，计算各月份匹配数据的 RMSE 和平均偏差，分析月均数据的准确度。

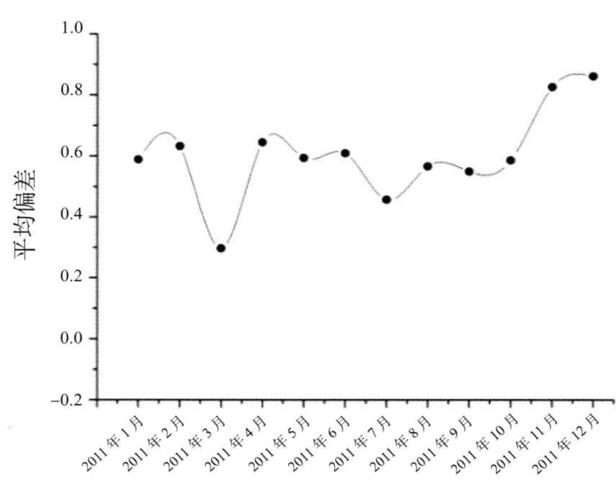

图 15.2 2011 年各月份匹配数据平均偏差分布

评估结果显示，月均数据平均偏差在 2011 年 3 月出现最低值 0.29，10 月之后呈现明显增高趋势，并在 12 月出现最大值 0.86，其他月份变化比较平稳，维持在 0.5 左右；从统计直方图可以看出，统计结果遵循正态分布规律，服从正态分布的随机变量的均值 μ=0.25，数据分布中心向右偏离中心点位置；通过计算得到 2011 年南海月均数据的 RMSE 为 0.39。相关研究结果表明，分析误差与观测误差正相关，与空间分辨率负相关。本课题所生成的月均产品时空分辨率分别为 30 d 和 0.25°，规定的允许的最大观测误差为 0.1 psu，本课题得到月均数据准确度相对于理论规定还有一定的差距，但是参考国外相关学者的相关结果，Boutin 等在 2012 年发布的评估结果显示：远离陆地和海冰的海域 SSS 升轨平均数据（10 d、100 km × 100 km）的准确度在 0.3 ～ 0.5 psu 之间；Boutin 等在 2013 年针对各大洋开阔海域（亚热带大西洋、热带太平洋、南印度洋、南太平洋）得到的 SMOS 卫星 L2 平均数据（10 d、100 km × 100 km）的最新准确度评估结果为：在热带和亚热带，准确度近似等于 0.3 ～ 0.4 psu；在寒冷海域，RMSE 在 0.5 左右。本课题结果与国外学者的研究结果相比，在目前研究水平允许的误差范围之内。

表 15.1 Boutin 等的统计分析结果

	Mean (ΔSSS)	Std (ΔSSS)	RMSE	N
亚热带大西洋	−0.13	0.28	0.31	206
热带太平洋	−0.23	0.35	0.42	692
南印度洋	0.04	0.39	0.39	114
南太平洋	−0.08	0.51	0.52	467
南海	0.24	0.46	0.39	323

注：$\Delta SSS = SSS_{SMOS} - SSS_{ARGO}$。

对于中国南海来说，主要的误差源是陆地 RFI，但是各月份之间的平均偏差结果的差异可能与季风有一定的关系。相关结果表明，南海 11—12 月，尤其是 12 月，南海东北部海峡中心风速达到 11 m/s， 南海中南部中心最大风速达到 10 m/s，其他月份的风速会维持在 4 m/s 左右。风的作用导致海表面粗糙度增大，并且可以导致白帽和泡沫的覆盖面积增大，致使 SSS 反演误差增大。

SSS 反演误差随风速的增大而增大，并且当风速大于 7 m/s 后误差有明显增大的趋势，其他风速影响区别不明显，比较平缓。从整体上来看，风速对 SSS 反演的准确度影响很大。可见，对于中国南海来说，误差源海表粗糙度对 SSS 反演数据准确度影响很大，将是未来重点的研究方向，同时对于陆地 RFI 的检测与减缓，未来也需要进一步开展局地化的参数优化工作。

参考文献

陈奋, 闫冬梅, 赵忠明. 基于无抽样小波的遥感影像薄云检测与去除. 武汉大学学报（信息科学）, 2007, 32(1): 71–74.
陈宏. 海表温度(SST)遥感反演系统设计与实现: [硕士学位论文]. 福州: 福建师范大学, 2009.
陈述彭, 赵英时. 遥感地学分析. 北京: 测绘出版社, 1990.
邓书斌, 于强, 骆知萌, 等. ENVI下基于GLT的风云三号气象卫星几何校正研究. 遥感信息, 2009(2): 98–99.
丁风, 徐涵秋. 单窗算法和单通道算法对参数估计误差的敏感性分析. 测绘科学. 2007, 32(1): 87–90.
董金芳. 基于HJ–1B热红外数据的单通道地表温度反演. 陕西气象, 2012(6):39–40.
杜勇, 吕红民. 青岛近海表皮温度和表层温度之差的观测及模糊数学分析. 海洋与湖沼, 1999, 30(1): 81–87.
段四波, 阎广建, 钱永刚, 等. 利用HJ–1B模拟数据反演地表温度的两种单通道算法. 自然科学进展, 2009, 18(9): 1001–1008.
方莉, 刘强, 柳钦火, 等. HJ–1B 星红外扫描图像的几何定位和精校正方法研究. 高技术通讯, 2009, 19(3): 237–241.
甘甫平, 陈伟涛, 张绪教, 等. 热红外遥感反演陆地表面温度研究进展. 国土资源遥感, 2006, 18(1): 6–11.
高郭平, 钱成春, 鲍献文, 等. 中国东部海域卫星遥感PFSST和现场观测资料的差异, 海洋学报, 2001, 23(4):121–126.
高文兰, 李新通, 石锋, 等. 环境一号B星热红外波段单通道算法温度反演. 中国科学: 信息科学, 2011, 41(增刊): 89–98.
高玉川, 梁洪有, 李家国, 等. 针对HJ–1B的水表温度反演方法研究. 遥感信息, 2011, 2(3): 9–12.
过杰, 谢强, 陈忠彪. 莱州湾环境污染遥感信息提取试验. 海洋科学, 2012, 36(2): 119–128.
韩春峰. 基于 HJ–1B 星的云检测及土地覆盖模式与地表温度研究: [硕士学位论文]. 福州: 福建师范大学, 2010.
韩杰, 杨磊库, 李慧芳, 等. 基于动态阈值的HJ–1B图像云检测算法研究. 国土资源遥感, 2012, 24(2): 12–18.
韩启金, 傅俏燕, 潘志强, 等. 利用HJ–1B星热红外遥感图像研究城市热岛效应. 航天返回与遥感, 2012, 33(1): 67–74.
何全军, 曹静, 陈翔, 等. 基于非线性算法的 FY3A/VIRR SST反演. 气象, 2013, 39(1): 74–79.
胡菊旸. 风云卫星地表温度反演算法研究: [硕士学位论文]. 北京: 中国气象科学研究院, 2012.
胡秀清, 黄意玢, 陆其峰, 等. 利用 FY–3A 近红外资料反演水汽总量. 应用气象学报, 2011, 22(1): 46–56.
黄大吉, 苏纪兰, 陈宗镛. 三维陆架海模式在渤海中的应用Ⅱ. 温度的季节性变化. 海洋学报(中文版), 1996, 18(6): 8–17.
黄意玢, 董超华, 范天锡. 用神舟三号中分辨率成像光谱仪数据反演大气水汽. 遥感学报, 2006, 10(5): 742–748.
贾瑞丽, 孙璐. 渤海, 黄海冬夏季主要月份的海温分布特征. 海洋通报, 2002, 21(4): 1–8.
江兴方, 潘国卫, 陶纯堪. 惠更斯次波法在遥感图像去云和云影中的应用. 应用光学, 2007, 28(2): 165–168.
雷震东, 曾原, 林士杰, 等. 航空微波遥感海水盐度的研究. 宇航学报, 1992, 2: 62–67.
李娟. 粗糙面及其与目标复合电磁散射的FDTD方法研究: [博士学位论文]. 西安: 西安电子科技大学, 2010.

李宁, 谢峰, 顾卫, 等. 渤海海冰反射光谱基本特征的观测研究. 光谱学与光谱分析, 2008, 28(2): 356–360.

李青侠, 张靖, 郭伟, 等. 微波辐射计遥感海洋盐度的研究进展. 海洋技术, 2007, 26(3): 58–63.

李万彪, 刘盈辉, 朱元竞, 等. GMS–5红外资料反演大气可降水量. 北京大学学报: 自然科学版, 1998, 34(5): 71–78.

李微, 方圣辉, 佃袁勇, 等. 基于光谱分析的MODIS云检测算法研究. 武汉大学学报: 信息科学版, 2005, 30(5): 435–438.

李秀珍, 梁卫, 温之平, 等. 南海盐度对南海夏季风响应的初步分析. 热带海洋学报, 2011, 30(1): 29–34.

李艳芳, 李小娟, 孟丹. 环境减灾卫星热红外数据的地表温度反演及LST分布分析——以北京市城八区为例. 首都师范大学学报: 自然科学版, 2010, 31(3): 70–75.

李志. 海洋表层盐度遥感反演机理及应用研究: [博士学位论文]. 青岛: 中国海洋大学, 2008.

梁珊珊, 张兵, 李俊生, 等. 环境一号卫星热红外数据监测核电站温排水分布——以大亚湾为例. 遥感信息, 2012(2): 41–46.

刘春霞, 何溪澄. QuikSCAT散射计矢量风统计特征及南海大风遥感分析. 热带气象学报, 2003, 19(Supp1): 107–117.

刘良明. 卫星海洋遥感导论. 武汉: 武汉大学出版社, 2005.

刘茂盛. 新广州电视塔电磁辐射环境评价. 全国电磁兼容学术会议, 扬州, 2007: 347–354.

刘三超, 柳钦火, 高懋芳, 等. 波谱响应函数和波宽对地表温度反演的影响. 遥感信息, 2007(5): 3–6.

刘玉光. 卫星海洋学. 北京: 高等教育出版社, 2009.

刘增宏, 许建平, 朱伯康. 一个Argo剖面浮标的观测过程及其资料应用探讨. 热带海洋学报, 2008, 27(4): 66–72.

鲁欣. 红外图像目标识别技术研究: [硕士学位论文]. 哈尔滨: 哈尔滨工程大学, 2007.

陆兆轼, 史久新, 矫玉田, 等. 微波辐射计遥感海水盐度的水池实验研究. 海洋技术, 2006, 25(3): 70–76.

罗菊花, 张竞成, 黄文江, 等. 基于单通道算法的 HJ–1B 与 Landsat 5 TM 地表温度反演一致性研究.光谱学与光谱分析,2010,30(12):3285–3289.

毛克彪, 施建成, 覃志豪, 等. 一个针对ASTER数据同时反演地表温度和比辐射率的四通道算法. 遥感学报, 2006, 10(4): 593–599.

毛克彪, 覃志豪, 王建明, 等. 针对 MODIS数据的大气水汽含量反演及31和32波段透过率计算. 国土资源遥感, 2005, 17(1): 26–29.

毛克彪, 唐华俊, 陈仲新, 等. 一个从ASTER数据中反演地表温度的劈窗算法. 遥感信息, 2006, (5): 7–11.

毛克彪, 唐华俊, 周清波, 等. 用辐射传输方程从MODIS数据中反演地表温度的方法. 兰州大学学报: 自然科学版, 2007, 43(4): 12–17.

毛克彪. 大气辐射传输模型及MODTRAN中透过率计算. 测绘与空间地理信息, 2004, 27(4): 1–3.

毛克彪. 基于热红外和微波数据的地表温度和土壤水分反演算法研究. 北京: 中国农业科学技术出版社, 2007.

毛克彪. 针对 MODIS 数据的地表温度反演方法研究: [硕士学位论文]. 南京: 南京大学, 2004.

毛克彪. 针对热红外和微波数据的地表温度和土壤水分反演算法研究: [博士论学位文]. 北京: 中科院遥感所. 2007.

毛志华, 朱乾坤, 潘德炉. 卫星遥感业务系统海表温度误差控制方法. 海洋学报, 2003, 25(5): 49–57.

孟宪红, 吕世华, 张堂堂. MODIS 近红外水汽产品的检验, 改进及初步应用. 红外与毫米波学报, 2007, 26(2): 107–111.

曲卫平, 刘文清, 刘建国, 等. 应用单波段亮度变化率获取无云干扰的卫星数据. 光谱学与光谱分析, 2007, 26(11): 2011–2015.

师春香, 谢正辉. 卫星多通道红外信息反演大气可降水业务方法. 红外与毫米波学报, 2005, 24(4): 304–308.

施晶晶. 中巴资源一号卫星湖泊信息提取——以南京景为例. 湖泊科学, 2001, 13(3): 280–284.

史久新, 朱大勇, 赵进平, 等. 海水盐度遥感反演精度的理论分析. 高技术通讯, 2004, 14(7): 101–105.

宋佳. 基于MODIS数据的海面温度反演及应用研究: [硕士学位论文]. 西安: 西安电子科技大学, 2011.

孙鹤. 随机粗糙面的光散射特性的理论研究: [硕士学位论文]. 哈尔滨: 黑龙江大学, 2011.

孙俊, 张慧, 王桥, 等. 基于环境一号卫星的太湖流域地表温度与地表类型的关系分析. 环境科学研究, 2011, 24(11): 1291–1296.

孙伟英. ICMEs导致的行星际高密度等离子体云射电辐射测量方法——原理、稀疏孔径设计与图像模拟研究: [博士学位论文]. 北京: 中国科学院空间科学与应用研究中心, 2006.
覃志豪, Minghua Zhang, Karnieli Arnon, 等. 用陆地卫星 TM6 数据演算地表温度的单窗算法. 地理学报, 2001, 56(4): 456–466.
覃志豪. 单窗算法的大气参数估计方法. 国土资源遥感, 2004, 15(2): 37–43.
覃志豪. 用 NOAA–AVHRR 热通道数据演算地表温度的劈窗算法. 国土资源遥感, 2001, 13(2): 33–42.
田国良. 热红外遥感. 北京: 电子工业出版社, 2006.
童明荣, 刘增宏, 孙朝辉, 等. ARGO剖面浮标数据质量控制过程剖析. 海洋技术, 2003, 22(4): 79–84.
王爱华, 姜小三, 潘剑君. CBERS与TM在水体污染遥感监测中的比较研究. 遥感信息, 2008(2): 46–50.
王杰, 矫玉田, 曹勇, 等. 海表面盐度遥感技术的发展与应用. 海洋技术, 2006, 36(10): 968–976.
王杰. 微波遥感海水盐度的算法和影响因素分析: [硕士学位论文]. 青岛: 国家海洋局第一海洋研究所, 2007.
王桥, 韦玉春. 太湖水体环境遥感监测实验及其软件实现. 北京: 科学出版社, 2008.
王伟武. 地表演变对城市热环境影响的定量研究: [博士学位论文]. 杭州: 浙江大学, 2004.
王祥, 赵冬至, 黄凤荣, 等. 基于高空间分辨率的热污染遥感监测研究进展. 遥感技术与应用, 2011, 26(1): 103–110.
王祥, 赵冬至, 苏岫, 等. 基于岸基实测数据的 FY–3A 近红外通道海洋大气水汽反演.红外与毫米波学报, 2012, 31(6): 550–555.
王祥, 赵冬至, 杨建洪, 等. HJ–1B 卫星海表温度定量反演业务化算法研究——以中国北部海区为例. 海洋科学, 2012(6): 72–77.
王晓慧, 林明森. L波段海水辐射率模型综述. 遥感技术与应用, 2007, 22(2): 216–221.
王新彪, 李靖, 姜景山. 相关型全极化辐射计研究. 遥感技术与应用, 2008, 23(5): 582–586.
王新新, 赵冬至, 杨建洪, 等. 海表面盐度卫星微波遥感研究进展. 遥感技术与应用, 2012, 27(5): 671–679.
王永红, Heron M L, Ridd P. 航空微波遥感观测海水表层盐度的研究进展. 海洋地质与第四纪地质, 2007, 27(1): 139–145.
吴弼人. 奏响绿色欢乐颂——欧盟在全球气候变化中采取的措施. 华东科技, 2010, 2: 60–61.
吴传庆, 王桥, 王文杰, 等. 利用TM影像监测和评价大亚湾温排水热污染. 中国环境监测, 2006, 22(3): 80–84.
奚萌. 基于最优插值算法的红外和微波遥感海表温度数据融合: [硕士学位论文]. 北京: 国家海洋环境预报中心, 2011.
邢前国, 陈楚群, 施平. 利用 Landsat 数据反演近岸海水表层温度的大气校正算法. 海洋学报: 中文版, 2006, 29(3): 23–30.
熊文成, 王桥, 游代安, 等. 环境卫星CCD数据全国快速镶嵌拼图应用评价. 见: 中国环境科学学会. 2009年学术年会论文集(第四卷). 北京: 北京航空航天大学, 2009.
徐青, 刘玉光. 菲涅耳反射率的一个新公式及其在海洋遥感中的应用. 中国科学: 地球科学, 2002, 33: 1103–1111.
徐希孺. 遥感物理. 北京: 北京大学出版社, 2005.
杨斌利. 用于海洋盐度观测的主被动联合遥感器. 空间电子技术, 2010, 2:49–54.
杨军, 董超华, 卢乃锰, 等. 新一代风云极轨气象卫星业务产品及应用. 北京: 科学出版社, 2011.
杨军, 董超华, 卢乃锰, 等. 中国新一代极轨气象卫星——风云三号. 气象学报, 2009, 67(4): 501– 509.
殷晓斌, 刘玉光, 王振占, 等. 一种用于微波辐射计遥感海表面盐度和温度的反演算法. 中国科学: 地球科学, 2006, 36(10): 968–976.
殷晓斌, 刘玉光, 张汉德, 等. 海表面盐度的微波遥感——平静海面的微波辐射机理研究. 高技术通讯, 2005, 15(8): 86–90.
殷晓斌, 刘玉光, 张汉德. 海面风向不确定性对海表面盐度反演影响的剔除. 科学通报, 2006, 51(3): 349–354.
殷晓斌, 王振占, 刘玉光, 等. 红外和微波辐射计反演海表面温度的比较. 海洋通报, 2009, 11(2): 1–12.
殷晓斌. 海面风矢量、温度和盐度的被动微波遥感及风对温盐遥感的影响研究: [博士学位论文]. 青岛:中国海洋大学, 2007.
于杰, 李永振, 陈丕茂, 等. 利用Landsat TM6 数据反演大亚湾海水表层温度. 国土资源遥感, 2009, 21(3): 24–29.

余晓磊, 巫兆聪. 利用环境一号卫星热红外影像反演渤海海表温度. 海洋技术, 2011, 30(2): 1-6.
曾浩. FDTD及其并行算法在粗糙面和目标复合电磁波散射中的应用: [硕士学位论文]. 西安: 西安电子科技大学, 2010.
张春桂, 陈家金, 谢怡芳, 等. 利用MODIS多通道数据反演近海海表温度. 气象, 2008, 34(3): 30-36.
张弓, 许健民, 黄意玢. 用 FY-1C 两个近红外太阳反射光通道的观测数据反演水汽总含量. 应用气象学报, 2003, 14(4): 385-394.
张建康. 基于 HJ/IRS 数据的太湖水温遥感研究. 厦门: 第28届中国气象学会年会——S1第四届气象综合探测技术研讨会, 2011: 1-13.
赵凯, 史久新, 张汉德. 高灵敏度机载L波段微波辐射计探测海表盐度. 遥感学报, 2008, 12(2): 277-283.
赵少华, 秦其明, 张峰, 等. 基于环境减灾小卫星(HJ-1B)的地表温度单窗反演研究. 光谱学与光谱分析, 2011, 31(6): 1552-1556.
赵英时. 遥感应用分析原理与方法. 北京: 科学出版社, 2003.
郑玉凤, 李海涛, 顾海燕. 基于环境卫星CCD影像的薄云去除研究. 遥感信息, 2011(3): 77-81.
周纪, 李京, 赵祥, 等. 用HJ-1B卫星数据反演地表温度的修正单通道算法. 红外与毫米波学报, 2011, 30(1): 61-67.
周立. 基于3S技术的核电站温排热污染监测模型研究. 青岛: 第十四届全国遥感技术学术交流会, 2003: 135-136.
周睿东, 孔令丰, 宁健. 广州新中轴线电视塔电磁辐射环境影响理论分析. 三亚: 全国环境声学电磁辐射环境学术会议, 2004: 58-62.
周旋, 杨晓峰, 程亮, 等. 单通道物理法反演海表温度的参数敏感性分析及验证.红外与毫米波学报, 2012, 31(1): 91-96.
周颖, 巩彩兰, 匡定波, 等. 基于环境减灾卫星热红外波段数据研究核电厂温排水分布.红外与毫米波学报, 2012, 31(6): 544-549.
朱伯康, 许建平. 国际Argo计划执行现状剖析. 海洋技术, 2008, 27(4): 102-114.
Ackerman S A, Holz R E, Frey R, et al. Cloud detection with MODIS. Part II:validation. Journal of Atmospheric and Oceanic Technology. 2008, 25(7): 1073-1086.
Ackerman S, Strabala K, Menzel P, et al. Discriminating Clear-Sky From Cloud With MODIS Algorithm Theoretical Basis Document (MOD35), Version 5.0. Coop. Inst. for Meteorol. Satell. Stud., Univ. of Wis., Madison. 2006.
Aksoy M, Johnson J T. A study of SMOS RFI over north America.IEEE Transaction on Geoscience and Remote Sensing, 2013,10(3): 515-519.
Aksoy M, Park J, Johnson J T. Joint analysis of radio frequency interference from SMOS measurements and from airborne observations. General Assembly and Scientific Symposium-URSI, Istanbul, 2011:1-4.
Albert P, Bennartz R,Preusker R, et al. Remote sensing of atmospheric water vapor using the Moderate Resolution Imaging Spectroradiometer. Journal of Atmospheric and Oceanic Technology. 2005, 22(3): 309-314.
Anding D, Kauth R. Estimation of sea surface temperature from space.Remote Sensing of Environment. 1970, 1(4): 217-220.
Artis D A,Carnahan W H. Survey of emissivity variability in thermography of urban areas.Remote Sensing of Environment. 1982, 12(4): 313-329.
Banks C, Gommenginger C, Srokosz M et al. Validating SMOS ocean surface salinity in the Atlantic with Argo and operational ocean model data. IEEE Geoscience and Remote Sensing Society, 2012, 50(5): 1688-1702.
Barnes W L, Pagano T S, Salomonson V V. Prelaunch characteristics of the moderate resolution imaging spectroradiometer (MODIS) on EOS-AM1. Geoscience and Remote Sensing, IEEE Transactions on.1998, 36(4): 1088-1100.
Barré N, Provost C, Saraceno M. Spatial and temporal scales of the Brazil-Malvinas Current confluence documented by simultaneous MODIS Aqua 1. 1-km resolution SST and color images. Advances in space research. 2006, 37(4): 770-786.
Barton I J,Zavody A M,O′ Brien D M, et al. Theoretical algorithms for satellite-derived sea surface temperatures. Journal of Geophysical Research. 1989, 94(D3): 3365-3375.
Barton I J. Dual channel satellite measurements of sea surface temperature.Quarterly Journal of the Royal Meteorological Society. 1983, 109 (460): 365-378.
Becker F, Li Z L. Surface temperature and emissivity at various scales: definition, measurement and related problems. Remote Sensing Reviews. 1995, 12(3-4): 225-253.

BECKER F, LI Z. Towards a local split window method over land surfaces.International Journal of Remote Sensing.1990, 11(3): 369–393.

Becker F, Zhao–Liang L. Towards a local split window method over land surfaces.Remote Sensing. 1990, 11(3): 369–393.

Bentz C M, Politano A T, Genovez P, et al. The contribution of ASTER,CBERS,R99/SIPAM OrbiSAR–1 data to improve the oceanic monitoring: Geoscience and Remote Sensing Symposium, IGARSS 2007. IEEE International. Barcelona, 2007: 994–996.

Blanch s, Auasca A. Sea water dielectric permittivity models: review and impact on the brightness temperature at L–band. 4th SMOS Workshop, Universidade do Porto, 2003: 137–141.

Boutin J, Martin N, Reverdin G. Sea surface freshening inferred from SMOS and ARGO salinity: impact of rain. Ocean Science, 2013, 9(1): 183–192.

Boutin J, Martin N, Yin X. First Assessment of SMOS data over open ocean: part II–sea surface salinity. IEEE Transactions on Geoscience and Remote Sensing, 2012, 50(5): 1662–1675.

Boutin J, Reul N, Font J. Sea surface salinity from SMOS satellite: complementarity to in situ observations. WCRP Open Science Conference Climate Research in Service to Society, Denver, 2011: poster.

Brown O B, Brown J W, Evans R H. Calibration of advanced very high resolution radiometer infrared observations. Journal of Geophysical Research: Oceans(1978–2012). 1985, 90(C6): 11667–11677.

Brown O B,Minnett P J, Evans R, et al. MODIS Infrared Sea Surface Temperature Algorithm Theoretical Basis Document Version 2.0. University of Miami. 1999, 31098–33149.

Brown O B,Minnett P J. MODIS infrared sea surface temperature algorithm–Algorithm Theoretical Basis Document. Products: MOD28. ATBD Reference Number: ATBD–MOD–25.1999.

Burrage D, Wang D, Wesson J, et al. SMOS observations of the Gulf of Mexico and Caribbean Sea: evaluating surface salinity retrieval and roughness correction performance.European Geosciences Union General Assembly 2011, Vienna, 2011: poster.

Busalacchi A, Alory G, Arkin P, et al. Satellite sea surface salinity error in the Tropics. 2011 AGU Fall Meeting, San Francisco, 2011: poster.

Cai G, Huang X, Du M, et al. Detection of natural oil seeps signature from SST and ATI in South Yellow Sea combining ASTER and MODIS data. International Journal of Remote Sensing. 2010, 31(17–18): 4869–4885.

Camps A, Corbella I, Vall–Llossera M, et al. L–band sea surface emissivity: preliminary results of the wise–2000 campaign and its application to salinity retrieval in the SMOS mission. Radio Science, 2003, 38(4): 1–8.

Camps A, Gourrion J, Tarongi J. RFI analysis in SMOS imagery. IEEE International Geoscience and Remote Sensing Symposium (IGARSS), Vancouver, 2010: 2007–2010.

Camps A, Vall–llossera M, Villarino R, et al. The emissivity of foam–covered water surface at L–band: theoretical modeling and experimental results from the FROG 2003 field experiment.IEEE Transactions on Geoscience and Remote Sensing, 2005, 43(5): 925–937.

Carrere V, Conel J E. Recovery of atmospheric water vapor total column abundance from imaging spectrometer data around 940 nm–sensitivity analysis and application to airborne visible/infrared imaging spectrometer (AVIRIS) data. Remote Sensing of Environment.1993, 44(2): 179–204.

Castro R, Gutierrez A, Barbosa J. A first set of techniques to detect radio frequency interferences and mitigate their impact on SMOS data. IEEE Transaction on Geoscience and Remote Sensing, 2012, 50(5):1440–1447.

Chuprin A, P S, Delwart S. L2OS OTTs. France: ESA, 2010.

Coll C, Caselles V, Sobrino J A, et al. On the atmospheric dependence of the split–window equation for land surface temperature.Remote Sensing. 1994, 15(1): 105–122.

Coll C, Caselles V, Valor E, et al. Temperature and emissivity separation from ASTER data for low spectral contrast surfaces. Remote sensing of environment. 2007, 110(2): 162–175.

Cracknell A P. Advanced very high resolution radiometer AVHRR. CRC, 1997.

Czaja A, Frankignoul C. Influence of the North Atlantic SST on the atmospheric circulation.Geophysical Research Letters. 1999, 26(18): 2969–2972.

Debye P. Polar Molecules. New York: Chemical Catalogue Company, 1929.

Demarcq H, Citeau J. Sea surface temperature retrieval in tropical area with Meteosat: the case of the Senegalese coastal upwelling. International Journal of Remote Sensing. 1995, 16(8): 1371–1395.

Deschamps P Y, Phulpin T. Atmospheric correction of infrared measurements of sea surface temperature using channels at 3.7, 11and12 μ m. Boundary–Layer Meteorology. 1980, 18(2): 131–143.

Dinnat E, LeVine D. Impact of sunglint on salinity remote sensing: an example with the Aquarius radiometer. IEEE Transactions on Geoscience and Remote Sensing, 2008, 46(10): 3137–3150.

Durden S, Vesecky J. A physical padar cross–section model for a wind–driven sea with swell.IEEE Journal of Oceanic Engineering, 1985, 10(4): 445–451.

EIlison W, Balana A, Delbos G, et al. New permittivity measurements of seawater. Radio Science, 1998, 33(3): 639–648.

Engman E T, Chauhan N. Status of microwave soil moisture measurements with remote sensing.Remote Sensing of Environment. 1995, 51(1): 189–198.

Fisher J I,Mustard J F. High spatial resolution sea surface climatology from Landsat thermal infrared data. Remote Sensing of Environment. 2004, 90(3): 293–307.

Font J, Camps A, Borges A, et al. SMOS: The challenging sea surface salinity measurement from space. Proceedings of the IEEE, 2010, 98(5): 649–665.

Font J. SMOS: ocean salinity retrieval. 4th Aquarius/SAC–D Science Workshop, Chubut, 2008: 1–30.

Franc G B, Cracknell A P. Retrieval of land and sea surface temperature using NOAA–11 AVHRR data in north–eastern Brazil. International Journal of Remote Sensing.1994,15(8): 1695–1712.

François C, Ottlé C. Atmospheric corrections in the thermal infrared: global and water vapor dependent split–window algorithms–applications to ATSR and AVHRR data.Geoscience and Remote Sensing, IEEE Transactions on. 1996, 34(2): 457–470.

François C,Ottlé C. Atmospheric corrections in the thermal infrared: global and water vapor dependent split–window algorithms–applications to ATSR and AVHRR data. Geoscience and Remote Sensing, IEEE Transactions on. 1996, 34(2): 457–470.

Fraser R S,Kaufman Y J. The relative importance of aerosol scattering and absorption in remote sensing. Geoscience and Remote Sensing, IEEE Transactions on. 1985, GE–23(5): 625–633.

Frey R A, Ackerman S A, Liu Y, et al. Cloud detection with MODIS. Part I: Improvements in the MODIS cloud mask for collection 5. Journal of Atmospheric and Oceanic Technology. 2008, 25(7): 1057–1072.

Frouin R, Deschamps P, Lecomte P. Determination from space of atmospheric total water vapor amounts by differential absorption near 940 nm: Theory and airborne verification. Journal of Applied Meteorology. 1990, 29(6): 448–460.

Gabarró C, Font J, Camps A, et al. Retrieved sea surface salinity and wind speed from L–band measurements for WISE and EuroSTARRS Campaigns.Proceedings of the First Results Workshop on EuroSTARRS, WISE, LOSAC Campaigns.Toulouse: European Space Agency, Scientific & Technical Publications Branch, 2003: 163–171.

Gabarró C. Study of salinity retrieval errors for the SMOS mission: [dissertation]. Barcelona: Universitat Politècnica de Catalunya, 2004.

Gao B C, Goetz A F. Column atmospheric water vapor and vegetation liquid water retrievals from airborne imaging spectrometer data. Journal of Geophysical Research: Atmospheres (1984–2012). 1990, 95(D4): 3549–3564.

Gao B, Montes M J, Li R, et al. An atmospheric correction algorithm for remote sensing of bright coastal waters using MODIS land and ocean channels in the solar spectral region. Geoscience and Remote Sensing, IEEE Transactions on. 2007, 45(6): 1835–1843.

Gesell G. An algorithm for snow and ice detection using AVHRR data An extension to the APOLLO software package. International Journal of Remote Sensing. 1989, 10(4–5): 897–905.

Gillespie A R, Rokugawa S, Hook S J, et al. Temperature/emissivity separation algorithm theoretical basis document,version 2.4. ATBD contract NAS5–31372, NASA. 1999.

Gillespie A, Rokugawa S,Matsunaga T, et al. A temperature and emissivity separation algorithm for Advanced Spaceborne Thermal Emission and Reflection Radiometer (ASTER) images.Geoscience and Remote Sensing, IEEE Transactions on. 1998, 36(4): 1113–1126.

Gillespie A, Rokugawa S,Matsunaga T, et al. A temperature and emissivity separation algorithm for Advanced Spaceborne Thermal Emission and Reflection Radiometer (ASTER) images. Geoscience and Remote Sensing, IEEE Transactions on. 1998, 36(4): 1113–1126.

Goodrum G, Kidwell K B, Winston W, et al. NOAA KLM user′s guide.US Department of Commerce, National Oceanic and Atmospheric Administration, National Environmental Satellite, Data, and Information Service, National Climatic Data Center, Climate Services Division, Satellite Services Branch,1999.

Guenther B, Barnes W, Knight E, et al. MODIS calibration: a brief review of the strategy for the at–launch calibration approach. Journal of Atmospheric and Oceanic Technology. 1996, 13(2): 274–285.

Guenther B, Godden G D, Xiong X,et al. Prelaunch algorithm and data format for the Level 1 calibration products for the EOS–AM1 Moderate Resolution Imaging Spectroradiometer (MODIS).Geoscience and Remote Sensing, IEEE Transactions on. 1998, 36(4): 1142–1151.

Hansen J E, Travis L D. Light scattering in planetary atmospheres.Space Science Reviews. 1974, 16(4): 527–610.

Harris A R,Mason I M. An extension to the split–window technique giving improved atmospheric correction and total water vapour. International Journal of Remote Sensing. 1992, 13(5): 881–892.

Henocq C, Boutin J, Vergely J L. Outlier detection in L2OSPP and its usefulness in RFI detection and correction. Plymouth: ARGANS, 2011.

Ho D, Asem A, Deschamps P Y. Atmospheric correction for the sea surface temperature using NOAA–7 AVHRR and METEOSAT–2 infrared data. International Journal of Remote Sensing. 1986, 7(10): 1323–1333.

Hollinger J P. Passive microwave measurements of sea surface roughness. IEEE Transactions on Geoscience Electronics, 1971, 9(3): 165–169.

Hook S J, Gabell A R, Green A A,et al. A comparison of techniques for extracting emissivity information from thermal infrared data for geologic studies. Remote Sensing of Environment. 1992, 42(2): 123–135.

http://www.argo.ucsd.edu.

http://www.cssar.ac.cn/xwzx/zhxw/200911/t20091117_2656634.html.

Jedlovec G J. Precipitable Water Estimation from High–Resolution Split Window Radiance Measurements. Journal of Applied Meteorology. 1990, 29(9): 863–877.

Jimenez–Munoz J C, Sobrino J A. A generalized single–channel method for retrieving land surface temperature from remote sensing data. Journal of geophysical research. 2003, 108(D22): 4688.

Johnson J T, Aksoy M. Studies of radio frequency interference in SMOS observations.IEEE International Geoscience and Remote Sensing Symposium (IGARSS), Vancouver, 2011: 4210–4212.

Jorda G, Gomis D, Talone M. The SMOS L3 mapping algorithm for sea surface salinity. IEEE Transactions on Geoscience and Remote Sensing, 2011, 49(3): 1032–1051.

Kang I, An S, Jin F. A systematic approximation of the SST anomaly equation for ENSO. Journal of the Meteorological Society of Japan. Ser. II. 2001, 79(1): 1–10.

Kaufman Y J, Gao B. Remote sensing of water vapor in the near IR from EOS/MODIS. Geoscience and Remote Sensing, IEEE Transactions on.1992, 30(5): 871–884.

Kawamura H, Qin H, Hosoda K, et al. Advanced sea surface temperature retrieval using the Japanese geostationary satellite, Himawari–6. Journal of oceanography. 2010, 66(6): 855–864.

Kawamura H, Qin H, Sakaida F, et al. Hourly sea surface temperature retrieval using the Japanese geostationary satellite, Multi–functional Transport Satellite (MTSAT). Journal of oceanography. 2010, 66(1): 61–70.

Kealy P S,Hook S J. Separating temperature and emissivity in thermal infrared multispectral scanner data:Implications for recovering land surface temperatures. Geoscience and Remote Sensing,IEEE Transactions on. 1993, 31(6): 1155–1164.

Kerr Y H, Waldteufel P, Wigneron J P, et al. Soil moisture retrieval from space:the Soil Moisture and Ocean Salinity (SMOS) mission. IEEE Transactions on Geoscience and Remote Sensing, 2001, 39(8): 1729–1735.

Kerr Y H, Lagouarde J P, Imbernon J. Accurate land surface temperature retrieval from AVHRR data with use of an improved split window algorithm. Remote Sensing of Environment. 1992, 41(2): 197–209.

Keshavamurty R N. Response of the Atmosphere to Sea Surface Temperature Anomalies over the Equatorial Pacific and the Teleconnections of the Southern Oscillation.Journal of Atmospheric Sciences.1982, 39(6): 1241–1259.

Khalil I, Mannaerts C, Ambarwulan W. Distribution of chlorophyll–a and sea surface temperature (SST) using MODIS data in East Kalimantan waters, Indonesia. Journal of Sustainability Science and Management. 2009, 4(2): 113–124.

KIein L A, Swift C T. An improved model for the dielectric constant of sea water at microwave frequencies.IEEE Journal of Oceanic Engineering, 1977, 2(1): 104–111.

Kim M, Ou M, Sohn E, et al. Characteristics of sea surface temperature retrieved from MTSAT–1R and in–situ data. Asia–Pacific Journal of Atmospheric Sciences. 2011, 47(5): 421–427.

Kimes D S, Kirchner J A. Directional radiometric measurements of row–crop temperatures. International Journal of Remote Sensing. 1983, 4(2): 299–311.

Kimes D S,Smith J A, Link L E. Thermal IR exitance model of a plant canopy. Applied optics. 1981, 20(4): 623–632.

Kimes D S. Remote sensing of row crop structure and component temperatures using directional radiometric temperatures and inversion techniques. Remote Sensing of Environment.1983, 13(1): 33–55.

Kleidman R G, Kaufman Y J, Gao B C, et al. Remote sensing of total precipitable water vapor in the near–IR over ocean glint. Geophysical research letters. 2000, 27(17): 2657–2660.

Kraus J D. Radio Astronomy.Ohio: Cygnus–Quasar Books, 1986.

Kriebel K T, Saunders R W, Gesell G. Optical properties of clouds derived from fully cloudy AVHRR pixels.Beitrge zur Physik der Atmosphere.1989, 62(3): 165–171.

Kristensen S S, Balling J E, Skou N, et al. RFI detection in SMOS data using 3rd and 4th Stokes parameters.12th Specialist Meeting on Microwave Radiometry and Remote Sensing of the Environment (MicroRad), Roman, 2012:1–4.

Labed J, Stoll M P. Angular variation of land surface spectral emissivity in the thermal infrared: laboratory investigations on bare soils. Remote Sensing. 1991, 12(11): 2299–2310.

Labrot T, Lavanant L, Whyte K. AAPP documentation scientific description.European Centre for Medium–Range Weather Forecasts, 2003.

Lagerloef G, Colomb F R, LeVine D, et al. The Aquarius/SAC–D mission: designed to meet the salinity remote sensing challenge. Oceanography, 2008, 21(1): 68–81.

Lagerloef G, Kao H Y. Aquarius satellite salinity measurements assessment. 7th Aquarius/SAC–D Science Meeting, Buenos Aires, 2012: poster.

Lagerloef G. Resolving the global surface salinity field and variation by blending satellite and in situ observation. Proceedings of OceanObs′09: Sustained Ocean Observations and Information for Society. Venice: ESA Publication WPP–306, 2011: Vol.2

Le Borgne P, Legendre G, Marsouin A. Operational SST retrieval from MSG/SEVIRI data: Proceedings of the 2006 EUMETSAT conference, Helsinki, Finland. 2006:12–16.

Lerner R M, Hollinger J P. Analysis of 1.4 GHz radiometric measurements from skylab. Remote Sensing of Environment, 1977, 6(4):251–269.

LeVine D, Abraham S. Galactic noise and passive microwave remote sensing from space at L–band. IEEE Transactions on Geoscience and Remote Sensing, 2004, 42(1): 119–129.

LeVine D, Abraham S. The Effect of the ionosphere on remote sensing of sea surface salinity from Space. IEEE Transactions on Geoscience and Remote Sensing, 2002, 40(4): 771–782.

LeVine D, Lagerloef G, Colomb F R, et al. Aquarius: an instrument to monitor sea surface salinity from space.IEEE Transaction on Geoscience and Remote Sensing, 2007, 45(7): 2040–2050.

Li C, Nelson J R, Koziana J V. Cross–shelf passage of coastal water transport at the South Atlantic Bight observed with MODIS Ocean Color/SST. Geophysical research letters. doi: 10.1029/ 2002GL016496.

Li X, Pichel W, Clemente–Colón P, et al. Validation of coastal sea and lake surface temperature measurements derived from NOAA/AVHRR data. International Journal of Remote Sensing. 2001, 22(7): 1285–1303.

Li Z, Becker F. Feasibility of land surface temperature and emissivity determination from AVHRR data.Remote Sensing of Environment. 1993, 43(1): 67–85.

Li Z, Becker F. Feasibility of land surface temperature and emissivity determination from AVHRR data.Remote Sensing of Environment. 1993, 43(1): 67–85.

Liang S. An optimization algorithm for separating land surface temperature and emissivity from multispectral thermal infrared imagery. Geoscience and Remote Sensing, IEEE Transactions on. 2001, 39(2): 264–274.

Liu G, Ji L, Wu R. An east-west SST anomaly pattern in the midlatitude North Atlantic Ocean associated with winter precipitation variability over eastern China. Journal of Geophysical Research. doi: 10.1029/2012JD017960.

LIU Z, DANG A, LEI Z. The algorithm of SST estimation by ASTER data. The progress of Geographical Science. 2003, 22(5): 507–515.

Mao K, Qin Z, Shi J, et al. A practical split-window algorithm for retrieving land-surface temperature from MODIS data. International Journal of Remote Sensing. 2005, 26(15): 3181–3204.

Matsuoka Y, Kawamura H, Sakaida F, et al. Retrieval of high-resolution sea surface temperature data for Sendai Bay, Japan, using the Advanced Spaceborne Thermal Emission and Reflection Radiometer (ASTER). Remote Sensing of Environment. 2011, 115(1): 205–213.

McClain E P, Pichel W G,Walton C C. Comparative performance of AVHRR-based multichannel sea surface temperatures. Journal of Geophysical Research. 1985, 90(C6): 11511–11587.

Mcllin L M. Estimation of Sea Surface Temperature from Two Infrared Window Measurements with Different Absorptions. J Geophys Res. 1975, 80(36): 5113–5117.

Meissner T, Wentz F. The complex dielectric constant of pure and sea water from microwave satellite observations. IEEE Transaction on Geoscience and Remote Sensing. 2004, 42(9): 1836–1849.

Menzel W P, Frey R A, Zhang H, et al. MODIS global cloud-top pressure and amount estimation: Algorithm description and results. Journal of Applied Meteorology and Climatology. 2008, 47(4): 1175–1198.

Michael J M, Freitag H P, Shepherd A J. Moored salinity time series measurements at 0°, 140° W. Journal of Atmospheric and Oceanic Technology, 1990, 7: 569–575.

Minnett P J, Evans R H, Kearns E J, et al. Sea-surface temperature measured by the Moderate Resolution Imaging Spectroradiometer (MODIS): Geoscience and Remote Sensing Symposium, 2002. IGARSS'02. 2002 IEEE International. IEEE, 2002: 1177–1179.

Misra S, Ruf C S. Analysis of radio frequency interference detection algorithms in the angular domain for SMOS. IEEE Transaction on Geoscience and Remote Sensing, 2012, 50(5): 1448–1457.

Niclòs R,Caselles V, Coll C, et al. Determination of sea surface temperature at large observation angles using an angular and emissivity-dependent split-window equation.Remote Sensing of Environment. 2007, 111(1): 107–121.

Olesen F, Kind O, Reutter H. High resolution time series of IR data from a combination of AVHRR and METEOSAT. Advances in Space Research. 1995, 16(10): 141–146.

Oliva R, Daganzo E, Kerr Y H, et al. SMOS radio frequency interference scenario: status and actions taken to improve the RFI environment in the 1400–1427 MHz passive band. IEEE Transaction on Geoscience and Remote Sensing, 2012, 50(5): 1427–1439.

Olsen A, Triñanes J A, Wanninkhof R. Sea-air flux of CO2 in the Caribbean Sea estimated using in situ and remote sensing data. Remote Sensing of Environment. 2004, 89(3): 309–325.

Ottlé C, Vidal-Madjar D. Estimation of land surface temperature with NOAA9 data. Remote Sensing of Environment. 1992, 40(1): 27–41.

Ottlé C,Vidal-Madjar D. Estimation of land surface temperature with NOAA9 data. Remote Sensing of Environment. 1992, 40(1): 27–41.

Paris J. Microwave radiometry and its applications to marine meteorology and oceanography: [dissertation]. Texas: Texas A & M University, 1969.

Peng S, Robinson W A. Relationships between atmospheric internal variability and the responses to an extratropical SST anomaly. Journal of climate. 2001, 14(13): 2943–2959.

Pichel W G. Operational production of multichannel sea surface temperatures from NOAA polar satellite AVHRR data. Global and Planetary Change. 1991, 4(1): 173–177.

Pichel W, Maturi E, Clemente-Colon P, et al. Deriving the operational nonlinear multichannel sea surface temperature algorithm coefficients for NOAA-15 AVHRR/3. International Journal of Remote Sensing. 2001, 22(4): 699–704.

Prabhakara C, Dalu G, Kunde V G. Estimation of sea surface temperature from remote sensing in the 11–13 μm window region. Journal of Geophysical Research. 1974, 79(33): 5039–5044.

Prata A J, Platt C. Land surface temperature measurements from the AVHRR.Proceedings: 5th AVHRR data users' Meeting, Tromso, Norway, 1991: 25–28.

Prata A J. Land surface temperatures derived from the advanced very high resolution radiometer and the along-track scanning radiometer 2. Experimental results and validation of AVHRR algorithms.Journal of Geophysical Research. 1994, 99(D6): 13013–13025.

Price J C. Land surface temperature measurements from the split window channels of the NOAA 7 Advanced Very High Resolution Radiometer. Journal of Geophysical Research.1984, 89(D5): 7231–7237.

Qin Z, Dall'Olmo G, Karnieli A, et al. Derivation of split window algorithm and its sensitivity analysis for retrieving land surface temperature from NOAA-advanced very high resolution radiometer data. Journal of Geophysical Research. 2001, 106(D19): 22655–22670.

Qin Z, Karnieli A, Berliner P. A mono-window algorithm for retrieving land surface temperature from Landsat TM data and its application to the Israel-Egypt border region.International Journal of Remote Sensing. 2001, 22(18): 3719–3746.

Reul N, Chapron B. SMOS-salinity data processing study: improvements in emissivity models-WP 1100 Report. France: ESA contract N_15165/01/NL/SF by CLS/IFREMER/NERSC,2001.

Reul N, Chapron B. A model of sea-foam thickness distribution for passive microwave remote sensing applications. Journal Of Geophysical Research Oceans, 2003, 108(C10): 1–14.

Reynolds R W, Smith T M. Improved global sea surface temperature analyses using Optimum Interpolation.Journal of Climate, 1994, 7(6): 929–948.

Reynolds R W, Smith T M, Liu C,et al. Daily high-resolution-blended analyses for sea surface temperature.Journal of Climate. 2007, 20(22): 5473–5496.

Rice S O. Reflection of electromagnetic waves from slightly rough surfaces. Communications on Pure and Applied Mathematics, 1951, 4(2-3): 351–378.

Rosenkranz P. Water vapor microwave continuum absorption:a comparison of measurements and models. Radio Science, 1998, 33(4): 919–928.

Rossow W B, Garder L C. Cloud detection using satellite measurements of infrared and visible radiances for ISCCP. Journal of Climate. 1993, 6(12): 2341–2369.

Rossow W B. Measuring cloud properties from space: A review. Journal of Climate. 1989, 2(3): 201–213.

Sakuno O Y, Matsunaga T. Watanabe. SST and water quality monitoring using ASTER data in Lake Shinji, Lake Nakaumi, and Hiroshima Bay, Japan: Corpus of 14rd Chinese National Remote Sensing colloquium, China. 2003.

SAKUNO Y, TSUSHIMA K, MATSUNAGA T. Validation of ASTER water surface temperature algorithm using MODIS SST data: Proceedings of the 39th Conference of the Remote Sensing Society of Japan. 2005: 241–242.

Saunders R W, Kriebel K T. An improved method for detecting clear sky and cloudy radiances from AVHRR data. International Journal of Remote Sensing. 1988, 9(1): 123–150.

Schmugge T, French A, Ritchie J C, et al. Temperature and emissivity separation from multispectral thermal infrared observations. Remote Sensing of Environment. 2002, 79(2): 189–198.

Schmugge T, Hook S J, Coll C. Recovering surface temperature and emissivity from thermal infrared multispectral data. Remote Sensing of Environment. 1998, 65(2): 121–131.

Serrano L, Ustin S L, Roberts D A, et al. Deriving water content of chaparral vegetation from AVIRIS data. Remote Sensing of Environment. 2000, 74(3): 570–581.

Seze G, WILLIAM B R. Time-cumulated visible and infrared radiance histograms used as descriptors of surface and cloud variations.International Journal of Remote Sensing. 1991, 12(5): 877–920.

Simpson J J, McIntire T J, Stitt J R, et al. Improved cloud detection in AVHRR daytime and night-time scenes over the ocean. International Journal of Remote Sensing. 2001, 22(13): 2585–2615.

Sirounian V. Effect of temperature, angle of observation, salinity, and the ice on the microwave emission of water. Journal of Geophysical Research, 1968, 73(14): 4481–4486.

SMOS Barcelona Expert Centre. SMOS CP34 OS L3 Algorithm Theoretical Baseline Document. CSIC: CP34-ATBD-OS-0001 Issue 2 Rev 3, 2011.

SMOS Team, Spurgeon P, Lavender S, et al. SMOS L2 OS Detailed Processing Model. France: ESA, 2011.

Sobrino J A, Jimenez-Munoz J C, Paolini L. Land surface temperature retrieval from LANDSAT TM 5. Remote Sensing of Environment. 2004, 90(4): 434–440.

Sobrino J A, Li Z, Stoll M P, et al. Improvements in the split-window technique for land surface temperature determination. Geoscience and Remote Sensing, IEEE Transactions on. 1994, 32(2): 243-253.

Sobrino J A, Raissouni N. Toward remote sensing methods for land cover dynamic monitoring: application to Morocco. International Journal of Remote Sensing. 2000, 21(2): 353-366.

Sobrino J, Coll C, Caselles V. Atmospheric correction for land surface temperature using NOAA-11 AVHRR channels 4 and 5. Remote Sensing of Environment. 1991, 38(1): 19-34.

Stowe L L, Davis P A, McClain E P. Scientific basis and initial evaluation of the CLAVR-1 global clear/cloud classification algorithm for the Advanced Very High Resolution Radiometer.Journal of Atmospheric and Oceanic Technology. 1999, 16(6): 656-681.

Sutherland R A. Broadband and Spectral Emissivities (2-18 μm) of Some Natural Soils and Vegetation.Journal of Atmospheric and Oceanic Technology. 1986, 3(1): 199-202.

Takashima T, Masuda K. Emissivities of quartz and Sahara dust powders in the infrared region (7-17 μm). Remote sensing of environment. 1987, 23(1): 51-63.

Thomann G C. Remote measurement of salinity in an estuarine environment.Remote Sensing of Environment, 1973, 2: 249-259.

Thomas A, Byrne D, Weatherbee R. Coastal sea surface temperature variability from Landsat infrared data. Remote Sensing of Environment. 2002, 81(2): 262-272.

Trisakti B, Sulma S, Budhiman S. Study of sea surface temperature (SST) using Landsat-7 ETM (In comparison with sea surface temperature of NOAA-12 AVHRR): Proceedings The Thirteenth Workshop of OMISAR (WOM-13) on Validation and Application of Satellite Data for Marine Resources Conservation. Denpasar. 2004.

Ulivieri C, Castronuovo M M, Francioni R, et al. A split window algorithm for estimating land surface temperature from satellites. Advances in Space Research. 1994, 14(3): 59-65.

Vall-llossera M, Miranda J, Camps A, et al. Sea surface emissivity modeling at L-band: an inter-comparison study. Proceedings of the First Results Workshop on EuroSTARRS, WISE, LOSAC Campaigns.Toulouse: European Space Agency, Scientific & Technical Publications Branch, 2003: 143-153.

Vidal A. Atmospheric and emissivity correction of land surface temperature measured from satellite using ground measurements or satellite data. Title REMOTE SENSING. 1991, 12(12): 2449-2460.

Walton C C, McClain E P, Sapper J F. Recent changes in satellite based multichannel sea surface temperature algorithms: Marine Technology Society Meeting MTS'90Washington, DC September. 1990.

Walton C C, Pichel W G, Sapper J F, et al. The development and operational application of nonlinear algorithms for the measurement of sea surface temperatures with the NOAA polar-orbiting environmental satellites. Journal of Geophysical Research: Oceans (1978-2012). 1998, 103(C12): 27999-28012.

Walton C C. Nonlinear multichannel algorithms for estimating sea surface temperature with AVHRR satellite data. Journal of Applied Meteorology. 1988, 27(2): 115-124.

Wan Z, Li Z. A physics-based algorithm for retrieving land-surface emissivity and temperature from EOS/MODIS data. Geoscience and Remote Sensing, IEEE Transactions on. 1997, 35(4): 980-996.

Wan Z, Dozier J. A generalized split-window algorithm for retrieving land-surface temperature from space. Geoscience and Remote Sensing, IEEE Transactions on. 1996, 34(4): 892-905.

Watson K. Spectral ratio method for measuring emissivity. Remote Sensing of Environment. 1992, 42(2): 113-116.

Weng H, Lau K, Xue Y. Multi-scale summer rainfall variability over China and its long-term link to global sea surface temperature variability. Journal of the Meteorological Society of Japan. 1999, 77(4): 845-857.

Weng Q, Lu D, Schubring J. Estimation of land surface temperature-vegetation abundance relationship for urban heat island studies. Remote sensing of Environment. 2004, 89(4): 467-483.

Wentz F, LeVine D. Algorithm Theoretical Basis Document: Aquarius level-2 radiometer algorithm: revision 1.USA: RSS Technical Report 012208, 2008.

Wentz F. A two-scale scattering model for foam-free sea microwave brightness temperatures. Journal of Geophysical Research, 1975, 80(24): 3441-3446.

Wentz F. Measurement of oceanic wind vector using satellite microwave radiometers. IEEE Transactions on Geoscience and Remote Sensing, 1992, 30(5): 960–972.

Werdell P J. Aquarius Validation Data Segment (AVDS) to Aquarius Data Processing Segment (ADPS) interface control document revision 1.1. Washington: Aquarius Project Document, 2011.

Wilf I, Manor Y. Simulation of sea surface images in the infrared. Applied optics. 1984, 23(18): 3174–3780.

Wu S T, Fung A T. A noncoherent model for microwave emissions and backscattering from the sea surface.Journal of Geophysical Research, 1972, 77(30): 5917–5929.

Wu Y, He Y, Cui X. Analysis and validation of sea surface temperature from multi–sensors in East–China Sea: Geoscience and Remote Sensing Symposium (IGARSS), 2010 IEEE International. IEEE, 2010: 1174–1177.

Xing Q, Chen C, Shi P. Method of integrating Landsat–5 and Landsat–7 data to retrieve sea surface temperature in coastal waters on the basis of local empirical algorithm. Ocean Science Journal. 2006, 41(2): 97–104.

Xiong J, Toller G, Chiang V, et al. MODIS level 1b algorithm theoretical basis document. MODIS Characterization Support Team. 2005.

YAMAMOTO M, YOSHIDA T, SAKUNO Y, et al. Validation of water temperature estimated from ASTER/TIR data of day and night at the lake and the bay in Japan: Proceedings of the Japanese Conference on Remote Sensing. Japan, 2003: 257–258.

Yin X, Boutin J, Spurgeon P. Biases between measured and simulated SMOS brightness temperatures over ocean: influence of sun.IEEE Journal of Selected Topics in Applied Earth Observations and Remote Sensing, 2013, pp(99): 1–10.

Yin X, Boutin J, Spurgeon P. First Assessment of SMOS data over open ocean: part I–Pacific Ocean.IEEE Transactions on Geoscience and Remote Sensing, 2012, 50(5): 1648–1661.

Yueh H A, Shin R T, Kong J A. Scattering of electromagnetic waves from a periodic surface with random roughness. Journal of Applied Physics, 1988, 64: 1657–1670.

Yueh S H, Richard W, William J W et al. Error sources and feasibility for microwave remote sensing of ocean surface salinity. IEEE Transaction on Geoscience and Remote Sensing, 2001, 39(5): 1049–1060.

Yueh S. Modeling of wind direction signals in polarimetric sea surface brightness temperatures. IEEE Transactions on Geoscience and Remote Sensing, 1997, 35(6): 1400–1418.

Zhang M, Carder K, Muller–Karger F E, et al. Noise reduction and atmospheric correction for coastal applications of Landsat TM imagery. Remote Sensing of Environment. 1999, 70(2): 167–180.

Zine S, Boutin J, Font J E A. Overview of the SMOS sea surface salinity prototype processor. IEEE Transactions on Geoscience and Remote Sensing, 2008, 46(3): 621–645.

附录A　FY-3A_VIRR L1 数据定标方法及相关参数

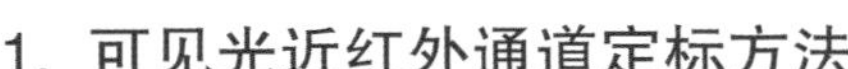

1. 可见光近红外通道定标方法

定标公式如下：

$$A = SC_E + I$$

式中，A 为通道反照率；S 为斜率；I 为截距；C_E 为可见光和近红外通道的对地观测计数值。

S 和 I 的数值存放在文件属性“RefSB_Cal_Coefficients”中，共有 14 个数值，分别为 S_{ch1}、I_{ch1}、S_{ch2}、I_{ch2}、S_{ch6}、I_{ch6}、S_{ch7}、I_{ch7}、S_{ch8}、I_{ch8}、S_{ch9}、I_{ch9}、S_{ch10}、I_{ch10}。

2. 红外通道定标方法

红外通道定标按以下 4 个步骤进行：

（1）星上线性定标，公式如下：

$$N_{\text{LIN}} = Scale \cdot C_E + Offset$$

式中，N_{LIN} 为线性定标辐亮度值 (单位：mW/(m^2 · sr · cm))；*Scale* 为增益；*Offset* 为截距；C_E 为红外通道的对地观测计数值。*Scale* 和 *Offset* 分别存放在如下两个 SDS 中：

Emissive_Radiance_Scales

Emissive_Radiance_Offsets

每条扫描线给一组线性定标系数，SDS 中有 3 列数据，依次为各扫描线的 3、4、5 通道系数。

（2）辐亮度非线性订正，公式如下：

$$N = b_0 + (1 + b_1)N_{\text{LIN}} + b_2 N_{\text{LIN}}^2$$

式中，N 为订正后的定标辐亮度值 (单位：mW/(m^2 · sr · cm))，b_0、b_1、b_2 为订正系数。

订正系数在地面定标时给出，每个红外通道有一组，存放在文件属性“Prelaunch_Nonlinear_Coefficients”中，共有 12 个数值，目前只用到前 9 个数值，分别为：CH3 的 b_0、b_1、b_2，CH4 的 b_0、b_1、b_2 和 CH5 的 b_0、b_1、b_2。

（3）计算有效黑体温度，公式如下：

$$T_{BB}^{*} = \frac{c_2 \nu_c}{\ln[1 + (\frac{c_1 \nu_c^3}{N})]}$$

式中，T_{BB}^{*} 为有效黑体温度；$c_1 = 1.191\,042\,7 \times 10^{-5}$ mW/(m^2 · sr · cm^4)；$c_2 = 1.438\,775\,2$ cm · K；ν_c 是地面标定得到的红外通道中心波数，3 个红外通道的中心波数存放在文件属性“Emissive_Centroid_Wave_Number”中。

（4）计算黑体温度，公式如下：

$$T_{BB} = \frac{(T_{BB}^{*} - A)}{B}$$

式中，T_{BB} 为黑体温度；A、B 为常数，每个红外通道有一组，存放在文件属性“Emissive_BT_Coefficients”中，分别为：CH3 的 A、B，CH4 的 A、B 和 CH5 的 A、B。

3. 定标参数表

附表 A–1　红外通道辐亮度非线性订正系数

通道	b_0	b_1	b_2
3	8.267 243 E–03	–3.811 100 E–02	1.508 700 E–02
4	1.595 651 E+00	–6.220 200 E–02	3.809 432 E–04
5	1.954 244 E+00	–6.424 600 E–02	3.476 301 E–04

附表 A–2　红外通道中心波数及带宽订正系数

通道	中心波数 (cm^{-1})	A	B
3	2 699.119 000 0	2.058 068 10	0.982 316 65
4	923.427 053 0	0.200 025 36	0.997 916 78
5	830.241 775 0	0.131 499 49	0.998 204 59

附表 A–3　可见光近红外通道参数

通道	太阳辐照度 (W/m^2 · μm)	等效带宽 (μm)	有效波长 (μm)
1	1 662.492 9	0.088 532 6	0.626 140 4
2	1 000.569 6	0.062 723 9	0.847 565 9
6	252.099 9	0.113 726 6	1.591 76

通道	太阳辐照度 ($W/m^2 \cdot \mu m$)	等效带宽 (μm)	有效波长 (μm)
7	1 951.920 4	0.042 499 4	0.470 224
8	1 884.035	0.045 223 7	0.508 453 2
9	1 835.982 6	0.046 978 5	0.550 369 5
10	373.792 5	0.060 661 5	1.349 131 2

附表 A-4 可见光近红外通道最新定标系数 (2008年9月更新)

通道	斜率 S	截距 I
1	0.123 9	−0.978 9
2	0.128 9	−1.291 5
6	0.099 5	−2.306 1
7	0.061 9	−0.147 2
8	0.058 1	−0.143 8
9	0.056 0	−0.156 8
10	0.090 267	−1.112 086

附录B　FY-3A_MERSI L1数据定标方法及相关参数

1. 通道光谱响应函数文件

文件名：FY3A_mersi_srf_bnn.txt　通道编号nn＝01，02，…，20

文件内容：列1：波长(nm)；列2：光谱响应

注： FY-3A_MERSI虽然是多探元器件，但是预处理时已经做了逐探元定标和归一化处理，因此次光谱响应数据均为标准探元的光谱响应值。

附表B-1　FY-3A_MERSI太阳反射通道中心波长和大气外界太阳常数

波段	中心波长(nm)	辐照度(mW/m^{2}nm)	波段	中心波长(nm)	辐照度(mW/m^{2}nm)
1	472.27	2 007.95	11	534.03	1 764.17
2	562.89	1 741.58	12	573.21	1 759.01
3	652.33	1 558.31	13	647.80	1 565.39
4	866.23	957.31	14	686.77	1 458.94
5	11.250 μm	红外通道	15	764.56	1 234.98
6	1 642.22	233.65	16	862.74	958.25
7	2 122.90	97.33	17	882.70	922.54
8	419.68	1 722.03	18	940.09	822.58
9	449.27	1 897.63	19	972.46	766.38
10	492.66	1 954.46	20	1 018.28	695.36

附表 B-2 FY-3A_MERSI 红外通道 5 的中心波长和典型温度黑体辐亮度

	典型温度点 (K)	中心波数 *wn* (cm^{-1})	典型温度黑体辐亮度 Radiance ($mW/(m^2 \cdot sr \cdot cm)$)
1	220	866.637 6	25.880 0
2	250	870.860 5	51.357 4
3	290	875.137 9	103.414 4
4	330	878.353 8	176.869 7

FY-3A/MERSI L1 数据中红外通道科学数据集 EV_250_Emissive 和 EV_250_Aggr_1 KM_Emissive 直接为红外辐亮度，将它转换成黑体亮温按如下两步进行，先以中心波数 $wn=875.137\ 9$/cm 进行 Plank 亮温计算得到等效黑体亮温 T_e：

$$T_e = Planck^{-1}(radiance, wn)$$

将 T_e 转换为黑体亮温 T_{bb}，用如下公式进行转换：

$$T_{bb} = A \cdot T_e + B$$

其中，$A=1.010\ 3$；$B=-1.852\ 1$。

2. FY-3A_MERSI太阳反射通道定标系数

通道反射率转换公式如下：

$$R = A \cdot DN + B$$

附表 B-3 MERSI 太阳反射通道定标系数

通道序号	A	B	中心波长 (nm)	通道序号	A	B	中心波长 (nm)
1	0.031 2	−7.584 7	472.27	12	0.023 7	−1.424 4	573.21
2	0.029 5	−6.354 3	562.89	13	0.023 0	−1.345 5	647.80
3	0.025 3	−3.258 6	652.33	14	0.022 0	−1.271 6	686.77
4	0.029 9	−3.611 9	866.23	15	0.028 0	−2.214 8	764.56
6	0.022 9	−4.900 6	1642.22	16	0.021 9	−1.432 3	862.74
7	0.024 1	−2.884 8	2 122.90	17	0.026 7	−1.845 0	882.70
8	0.023 0	−2.635 8	419.68	18	0.023 2	−2.280 6	940.09
9	0.024 5	−1.465 1	449.27	19	0.024 9	−3.050 2	972.46
10	0.024 7	−2.030 3	492.66	20	0.026 5	−1.621 8	1 018.28
11	0.019 9	−1.295 5	534.03				

附录C　环境减灾星座A/B星各载荷在轨绝对辐射定标系数—2012

附表 C–1　HJ–1A/B 星 CCD 相机 (增益2) 的定标系数

卫星	参量	波段			
		Band1	Band2	Band3	Band4
HJ–1A–CCD1	A (DN/(W/m^2 · sr · μm))	0.706 9	0.749 7	1.067 3	1.042 9
	L_0	7.325 0	6.073 7	3.612 3	1.902 8
HJ–1A–CCD2	A (DN/(W/m^2 · sr · μm))	0.725 7	0.729 1	1.046 4	1.051 9
	L_0	4.634 4	4.098 2	3.736 0	0.738 5
HJ–1B–CCD1	A (DN/(W/m^2 · sr · μm))	0.669 7	0.711 8	1.055 5	1.104 2
	L_0	3.008 9	4.448 7	3.214 4	2.560 9
HJ–1B–CCD2	A (DN/(W/m^2 · sr · μm))	0.758 7	0.762 9	1.024 5	1.014 6
	L_0	2.221 9	4.068 3	5.253 7	6.349 7

附表 C–2　HJ–1B 星 IRS 相机 5、6 波段的定标系数

卫星	参量	波段	
		IRS–Band5	IRS–Band6
HJ–1B–IRS	A (DN/(W/m^2 · sr · μm))	4.182 3	17.160 0

附表 C–3　HJ–1B 星 IRS 相机 Band8 的定标系数

卫星	参量	波段
		IRS–Band8
HJ–1B–IRS	A (DN/(W/m^2 · sr · μm))	47.744
	L_0	70.185

利用绝对定标系数将 CCD 图像 *DN* 值转换为辐亮度图像的公式为：

$$L = \frac{DN}{A} + L_0$$

式中，*A*/Gain 为绝对定标系数增益；L_0 为绝对定标系数偏移量，转换后辐亮度单位为 W/(m^2 · sr · mm)。

对于 HJ–1B IRS–Band5、IRS–Band6 近红外波段图像，由于没有偏移量，其辐亮度图像的公式为：

$$L = \frac{DN}{A}$$

对于 IRS–Band8 热红外波段图像，其辐亮度图像的公式为：

$$L = \frac{DN - L_0}{A}$$

其中，*A* 为绝对定标系数增益；L_0 为偏移量。